2024 全国二级建造师执业资格考试经典题荟萃

市政公用工程管理与实务
百题讲坛

主编 胡宗强

中国建材工业出版社

北京

图书在版编目（CIP）数据

市政公用工程管理与实务百题讲坛/胡宗强主编. --北京：中国建材工业出版社，2024.1
2024全国二级建造师执业资格考试经典题荟萃
ISBN 978-7-5160-3965-6

Ⅰ.①市… Ⅱ.①胡… Ⅲ.①市政工程-工程管理-资格考试-自学参考资料 Ⅳ.①TU99

中国国家版本馆CIP数据核字（2023）第249855号

市政公用工程管理与实务百题讲坛
SHIZHENG GONGYONG GONGCHENG GUANLI YU SHIWU BAITI JIANGTAN
主　编　胡宗强

出版发行：中国建材工业出版社
地　　址：北京市海淀区三里河路11号
邮　　编：100831
经　　销：全国各地新华书店
印　　刷：北京雁林吉兆印刷有限公司
开　　本：787mm×1092mm　1/16
印　　张：16.5
字　　数：380千字
版　　次：2024年1月第1版
印　　次：2024年1月第1次
定　　价：79.80元

本社网址：www.jccbs.com，微信公众号：zgjcgycbs
请选用正版图书，采购、销售盗版图书属违法行为
版权专有，盗版必究。本社法律顾问：北京天驰君泰律师事务所，张杰律师
举报信箱：zhangjie@tiantailaw.com　举报电话：（010）57571389
本书如有印装质量问题，由我社事业发展中心负责调换，联系电话：（010）57571387

前　言

经过多年的发展和实践，二级建造师市政专业考试已成为备受关注和重视的考试之一。为了满足广大考生的应试需求，我们特别推出了这本"百题讲坛"，旨在为考生提供全面、系统的学习辅导，帮助考生探寻考试规律、了解考题形式，提高解题能力和应试水平，从而更加自信和从容地迎接考试。

众所周知，选择题在二级建造师考试中占据了三分之一的权重，相较于案例题，选择题更容易得分，因此选择题的正确率对考试分数影响很大。本书第一部分着重进行了选择题的编写和解析，希望通过精心研究和实践，考生能更熟悉各种选择题的类型，掌握解题技巧，进而提高整体成绩。

对考生来说，考试中的4道案例题是通过考试的最大障碍。考虑到考生对突破案例题的迫切需要，本书第二部分精心配备了历年真题的详尽解析，并在第三部分提供了20道经典案例模拟题。编者从考试命题的角度出发，每道题目均经过精挑细选，力求贴近实际考试的难度和要求，结合历年常考及未来仍是热点的相关知识点，反复揣摩、精心编制而成。

本书通过对经典案例题的深入剖析，帮助考生理顺案例分析思路，把握命题考核点，正确掌握答题方法和技巧，助力考生事半功倍，攻克难关。案例题的解答要求考生结合实际情况，仔细分析案例信息，抓住关键问题，并综合运用所学知识和技能，结合规范和法规要求，分析问题并提出解决方案。在解答过程中，力求思路清晰，逻辑严谨，步骤严密，抓住关键点进行重点阐述。

最后，需要强调的是，本书只是帮助考生备考的工具之一。真正的成功源于考生对目标的长期坚持和不懈努力，衷心祝愿每位考生取得优异成绩！

本书在编写过程中，虽经反复推敲核正，仍不免有疏漏和不妥之处，恳请广大读者提出宝贵的意见和建议。

2024年1月

目　录

第一部分　二建模拟选择题

城镇道路工程 …………………………………………………………………… 1
城市桥梁工程 …………………………………………………………………… 16
城市隧道工程 …………………………………………………………………… 28
城市管道工程 …………………………………………………………………… 35
城市综合管廊工程 ……………………………………………………………… 44
海绵城市建设工程 ……………………………………………………………… 48
城市基础设施更新工程 ………………………………………………………… 51
施工测量与监测 ………………………………………………………………… 57
法规、标准和管理 ……………………………………………………………… 63

第二部分　二建经典案例真题（2016—2023 年）

案例 1　2023 年二建案例真题一 ……………………………………………… 68
案例 2　2023 年二建案例真题二 ……………………………………………… 71
案例 3　2023 年二建案例真题三 ……………………………………………… 74
案例 4　2023 年二建案例真题四 ……………………………………………… 77
案例 5　2022 年二建案例真题一 ……………………………………………… 81
案例 6　2022 年二建案例真题二 ……………………………………………… 84
案例 7　2022 年二建案例真题三 ……………………………………………… 86
案例 8　2022 年二建案例真题四 ……………………………………………… 89
案例 9　2021 年二建案例真题一 ……………………………………………… 92
案例 10　2021 年二建案例真题二 …………………………………………… 95
案例 11　2021 年二建案例真题三 …………………………………………… 99
案例 12　2021 年二建案例真题四 …………………………………………… 102

案例 13　2021.05.23 二建案例真题一 ……………………………………… 105
案例 14　2021.05.23 二建案例真题二 ……………………………………… 108
案例 15　2021.05.23 二建案例真题三 ……………………………………… 111
案例 16　2021.05.23 二建案例真题四 ……………………………………… 114
案例 17　2020 年二建案例真题一 …………………………………………… 116
案例 18　2020 年二建案例真题二 …………………………………………… 120
案例 19　2020 年二建案例真题三 …………………………………………… 123
案例 20　2020 年二建案例真题四 …………………………………………… 126
案例 21　2019 年二建案例真题一 …………………………………………… 130
案例 22　2019 年二建案例真题二 …………………………………………… 134
案例 23　2019 年二建案例真题三 …………………………………………… 136
案例 24　2019 年二建案例真题四 …………………………………………… 140
案例 25　2018 年二建案例真题一 …………………………………………… 142
案例 26　2018 年二建案例真题二 …………………………………………… 145
案例 27　2018 年二建案例真题三 …………………………………………… 148
案例 28　2018 年二建案例真题四 …………………………………………… 151
案例 29　2017 年二建案例真题一 …………………………………………… 156
案例 30　2017 年二建案例真题二 …………………………………………… 160
案例 31　2017 年二建案例真题三 …………………………………………… 163
案例 32　2017 年二建案例真题四 …………………………………………… 167
案例 33　2016 年二建案例真题一 …………………………………………… 170
案例 34　2016 年二建案例真题二 …………………………………………… 173
案例 35　2016 年二建案例真题三 …………………………………………… 176
案例 36　2016 年二建案例真题四 …………………………………………… 180

第三部分　经典案例模拟题

案例 1 ……………………………………………………………………………… 183
案例 2 ……………………………………………………………………………… 187
案例 3 ……………………………………………………………………………… 190
案例 4 ……………………………………………………………………………… 193
案例 5 ……………………………………………………………………………… 197

案例 6	201
案例 7	205
案例 8	208
案例 9	211
案例 10	216
案例 11	218
案例 12	222
案例 13	226
案例 14	230
案例 15	234
案例 16	238
案例 17	241
案例 18	244
案例 19	247
案例 20	251

第一部分 二建模拟选择题

城镇道路工程

一、单项选择题

1. 下列关于主干路说法正确的是（　　）。
   A. 完全为交通功能服务　　　　　　　　B. 以交通功能为主
   C. 为区域交通集散服务，兼有服务功能　　D. 解决局部地区交通，以服务功能为主

   解析：主干路以交通功能为主，为连接城市各主要分区的干路，是城市道路网的主要骨架，B 选项正确。A 选项属于快速路的内容，快速路又称城市快速路，完全为交通功能服务，是解决城市大容量、长距离、快速交通的主要道路。C 选项属于次干路的内容，次干路是城市区域性的交通干道，为区域交通集散服务，兼有服务功能，结合主干路组成干路网。D 选项属于支路的内容，支路为次干路与居住小区、工业区、交通设施等内部道路的连接线路，解决局部地区交通，以服务功能为主。

2. 在道路结构中，基层的主要作用是（　　）。
   A. 提供足够的强度和扩散荷载的能力
   B. 改善土基的湿度和温度状况
   C. 提供抗滑能力和良好的平整度
   D. 保证面层和基层的强度稳定性和抗冻胀能力

   解析：基层主要起承重作用，应具有足够的强度和扩散荷载的能力，并具有足够的水稳定性，A 选项正确。B、D 两个选项属于垫层的作用，垫层的主要作用为改善土基的湿度和温度状况，保证面层和基层的强度稳定性和抗冻胀能力，扩散由基层传来的荷载应力，以减小土基所产生的变形。C 选项属于面层的作用，面层应有足够的抗滑能力及良好的平整度，以保证交通安全和舒适性。

3. 关于降噪排水路面的说法，正确的是（　　）。
   A. 上面层采用骨架型混合料 SMA　　　　B. 上面层采用 OGFC 沥青混合料
   C. 下面层采用热拌沥青碎石（AM）　　　D. 上面层采用 AC 型混合料

解析：本题考核降噪排水路面的结构。降噪排水路面结构组合，一般为上面层采用 OGFC 沥青混合料，中面层、下面层采用密级配沥青混合料。

热拌沥青混合料，按空隙率大小将沥青混合料分为密级配、半开级配、开级配三大类。AC 型混合料及骨架型混合料 SMA 均属于密级配混合料，显然不利于排水。热拌沥青碎石（AM）是一种半开级配混合料，OGFC 排水沥青混合料是一种开级配沥青混合料。

4. 下列不属于沥青表面处治面层的作用是（　　）。
   A. 改善碎石路面   B. 透水性
   C. 防滑层   D. 磨耗层

解析：沥青表面处治面层主要起防水层、磨耗层、防滑层或改善碎（砾）石路面的作用，其集料最大粒径应与处治层厚度相匹配。

5. 城市主干道沥青路面可采用（　　）。
   A. 热拌沥青混合料面层   B. 沥青表面处治路面
   C. 冷拌沥青混合料面层   D. 沥青贯入式路面

解析：本题也可用排除法选择。冷拌沥青混合料适用于支路及其以下道路的面层、支路的表面层，沥青贯入式与沥青表面处治路面适用于支路、停车场。所以正确答案一定是 A 选项。

6. 仅依靠墙体自重抵挡土压力作用的挡土墙，属于（　　）挡土墙。
   A. 恒重式   B. 重力式
   C. 扶壁式   D. 悬臂式

解析：本题考核常见挡土墙的结构形式及特点。重力式挡土墙依靠墙体自重抵挡土压力作用，是目前城镇道路常用的一种挡土墙形式，可用浆砌片（块）石或混凝土预制块砌筑，也可现场浇筑混凝土。

从题干中的"依靠墙体自重"即可排除 C 和 D 两个选项；A 选项中的此"恒"非彼"衡"，命题者换名称来迷惑考生。衡重式的特点是上墙利用衡重台上填土的下压作用和全墙重心的后移增加墙体稳定；扶壁式挡土墙沿墙长，隔相当距离加筑肋板（扶壁），使墙面与墙踵板连接；悬臂式挡土墙采用钢筋混凝土材料，由立壁、墙趾板、墙踵板三部分组成。

7. 下列属于路堑施工要点的是（　　）。
   A. 碾压前检查铺筑土层的宽度、厚度及含水量
   B. 路床碾压时应视土的干湿程度而采取洒水或换土、晾晒等措施

C. 路基高程应按设计标高增加预沉量值

D. 先修筑试验段，以确定压实机具组合、压实遍数及沉降差

解析：本题考核的知识点比较综合，如果对教材不熟悉，亦可通过分析得出答案。首先路堑是路床顶面低于现况路面，属于挖土路基，而 A、C 两个选项描述的是填土路基的施工要求，D 选项描述的是填石路基的施工要求。所以 B 选项最符合题意。

相关知识点：挖方段应自上而下分层开挖，严禁掏洞开挖。机械开挖作业时，必须避开构筑物、管线，在距管道 1m 范围内应采用人工开挖；在距直埋缆线 2m 范围内必须采用人工开挖。挖方段不得超挖，应留有碾压后到设计标高的压实量。压路机不小于 12t 级，碾压应自路两边向路中心进行，直至表面无明显轮迹为止。

8. 路基填方高度应按设计标高增加预沉量值。填土至最后一层时，应按设计断面、高程控制（　　）并及时碾压修整。

A. 填土宽度　　　　　　　　　B. 填土坡度

C. 填土厚度　　　　　　　　　D. 填土密度

解析：本题如果记不清教材内容，也可通过分析得出答案。宽度和密度很显然不符合题意。题目中有"按设计标高增加预沉量值"，指的是为了使路基标高达到要求，需要考虑填土的合理高度，再结合后面的"断面和高程控制"，不难想到"填土厚度"，因为只有厚度与高程密切相关。这里的填土厚度是一个变量，需要及时修整，以便碾压完成后的路基标高达到规定数值。至于填土坡度，因为整个坡度是上下一致的，只要设定了填土高度，路基坡度也就得到了保证，所以本题正确答案应为 C。

9. 下列原则中，不属于土质路基压实原则的是（　　）。

A. 先低后高　　　　　　　　　B. 先快后慢

C. 先轻后重　　　　　　　　　D. 先静后振

解析：本题考核土质路基的压实原则。土质路基压实原则是先轻后重、先静后振、先低后高、先慢后快、轮迹重叠。

本题可以用排除法作答。先低后高保证了路拱的形成；先轻后重和先静后振都是为了保证平整度；而先快后慢的碾压会导致路面呈现波浪，平整度不能得到保证，这显然是不符合土质路基压实要求的。

相关知识点：路基压实方法分为重力压实（静压）和振动压实两种。压路机最快速度不宜超过 4km/h。碾压应从路基边缘向路中心进行，压路机轮外缘距路基边应保持安全距离。碾压不到的部位应采用小型夯压机夯实，防止漏夯，要求夯击面积重叠 1/4～1/3。

10. 下图所示挡土墙的结构形式为（　　）。

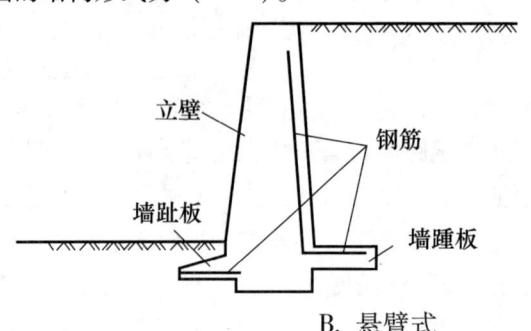

A. 重力式
C. 扶壁式
B. 悬臂式
D. 衡重式

> **解析**：本题考核教材中常用挡土墙结构形式的表格内容。钢筋混凝土悬臂式挡土墙采用钢筋混凝土材料，由立壁、墙趾板、墙踵板三部分组成。注意与其他挡土墙不要混淆。这种直接考核表格内容的题目几乎年年有。
>
> 另外，挡土墙也有可能以案例题的形式考核，要求根据背景中的图形，写出部件名称（例如墙趾板及墙踵板）及作用。
>
> 相关知识点：悬臂式挡土墙墙高时，立壁下部弯矩大，配筋多，不经济；扶壁式挡土墙与悬臂式挡土墙相比，比悬臂式受力条件好，在高墙时较悬臂式经济。

11. 关于路缘石施工技术说法，正确的是（　　）。
A. 路缘石基础宜与相应的面层同步施工
B. 平石宜在雨水口位置进行收口
C. 侧石与平石应对缝铺设
D. 路缘石应采用预拌干硬性砂浆铺砌

> **解析**：路缘石基础宜与相应的基层同步施工，A 选项错误。平石宜从雨水口两侧开始铺设，不得在雨水口位置进行收口，B 选项错误。侧石与平石应错缝铺设，不得出现通缝现象，C 选项错误。

12. 可用于高等级道路基层的是（　　）。
A. 石灰粉煤灰稳定土
C. 水泥稳定土
B. 级配碎石
D. 二灰稳定粒料

> **解析**：石灰土、水泥土、二灰稳定土都只能作为高等级路面的底基层，二灰稳定粒料既可以作为高等级路面基层，又可以用作底基层。
>
> 本题涉及两个知识点，不能仅局限于在"土"与"粒料"上面。首先，不管是水泥稳定土还是二灰土，都被禁止用于高等级路面的基层，而只能用作高级路面的底基层。其次，B、D 两个选项作为粒料都可以用作基层，但是级配碎石基层属于柔性基层，

仅可用作城市次干路及其以下道路基层。二灰稳定粒料属于半刚性基层，可用于高等级路面的基层与底基层。

13. 下列指标中，不属于沥青路面使用指标的是（　　）。
A. 温度稳定性　　　　　　　　B. 平整度
C. 变形量　　　　　　　　　　D. 承载能力

解析：本题考核沥青路面使用指标。沥青面层路面使用指标包括承载能力、平整度、温度稳定性、抗滑能力、噪声量。

本题属于需要记忆的知识点。路面必须保持较高的稳定性，即具有较低的温度、湿度敏感度，把水文、温度、大气因素的影响降至最低，以保证车辆运行质量；平整度能提高行车速度和舒适性；足够的承载能力可以使面层具备足够抗疲劳破坏和塑性变形的能力，即具备相当高的强度和刚度，避免车辆荷载作用在路面上时，路面过早出现开裂或变形（沉陷、车辙等）。所以 A、B、D 选项均符合题意。但是，变形量属于路基性能指标，路基性能主要指标是整体稳定性和变形量，故 C 选项不符合题意。

14. 刚性挡土墙与土相互作用的最大土压力是（　　）土压力。
A. 静止　　　　　　　　　　　B. 被动
C. 平衡　　　　　　　　　　　D. 主动

解析：挡土墙结构承受的土压力有三种：静止土压力、主动土压力和被动土压力。三种土压力中，主动土压力最小；静止土压力其次；被动土压力最大，位移也最大。

本题考核对挡土墙结构受力情况的掌握程度，属于理解记忆类题目。只要知道挡土墙承受的是哪三种土压力，就可以直接排除 C 选项。主动土压力可以这样理解，当挡土墙沿水平方向产生离开土体方向的位移时，土体中水平方向的应力将逐渐减小，土体将产生主动破坏状态，所以主动土压力最小。假设挡土墙墙体在水平方向产生向土体方向的位移，将导致土体内部的水平应力逐渐增大，类似于受到额外的外力作用，土体将进入一种被动破坏状态，这种情况下土体的被动土压力将达到最大值。

15. 关于沥青混合料人工摊铺施工的说法，错误的是（　　）。
A. 路面狭窄部分，可采用人工摊铺作业
B. 卸料点距摊铺点较远时，可扬锹远甩
C. 半幅施工时，路中一侧宜预先设置挡板
D. 边摊铺边整平，严防集料离析

解析：作答本题的关键是要明白什么是扬锹远甩。扬锹远甩是用铁锹铲起来拌合料，用力向比较远的地方扔过去，这样极可能造成混合料（混合料均由粗、细集料拌合而成）出现离析现象，所以在所有的拌合料施工中，均不得进行扬锹远甩。

16. 以粗集料为主的沥青混合料复压宜优先选用（   ）。
   A. 振动压路机 　　　　　　　　　　B. 钢轮压路机
   C. 重型轮胎压路机 　　　　　　　　D. 双轮钢筒式压路机

> **解析**：初压应采用钢轮压路机。密级配沥青混凝土混合料复压宜优先采用重型轮胎压路机进行碾压，以增加密实性。对粗集料为主的混合料，宜优先采用振动压路机复压。终压宜选用双轮钢筒式压路机或关闭振动的振动压路机，碾压至无明显轮迹为止。
>
> 轮胎压路机是一种揉搓式的压实设备，压实效果好，而且能够消除由钢轮压实产生的细小裂缝。但是对于以粗集料为主的沥青混合料而言，其骨料空隙率较大，在使用重型轮胎压路机时，存在将混合料中的沥青、矿粉、细集料等从骨料空隙中挤出的问题。相比之下，振动压路机采用机械或液压传动，能够通过集中力量对凸起部分进行压实，其振动作用有助于更好地填充混合料中骨料空隙，提高混合料的密实性，从而获得较高的平整度和良好的压实效果。

17. 当水泥稳定细粒土强度没有充分形成时，表面遇水会软化，导致沥青面层（   ）。
   A. 横向裂缝 　　　　　　　　　　　B. 纵向裂缝
   C. 龟裂破坏 　　　　　　　　　　　D. 泛油破坏

> **解析**：水泥土（水泥稳定细粒土）基层软化会造成道路结构层承载力严重下降，路面失去支撑，从而导致沥青面层龟裂破坏。
>
> 需要注意的是，沥青面层裂缝是由于基层底部开裂影响到沥青面层或者低温收缩、施工工艺不当、使用不合格材料而产生的。而沥青路面泛油破坏一般是由于沥青含量过大，压实度不够，级配不合适造成的，与基层无关。

18. 《城镇道路工程施工与质量验收规范》中规定，热拌沥青混合料路面应待摊铺层自然降温至表面温度低于（   ）后，方可开放交通。
   A. 70℃ 　　　　　　　　　　　　　B. 60℃
   C. 50℃ 　　　　　　　　　　　　　D. 65℃

> **解析**：本题考核热拌沥青混合料路面开放交通的时间。《城镇道路工程施工与质量验收规范》CJJ 1—2008 强制性条文规定：热拌沥青混合料路面应待摊铺层自然降温至表面温度低于50℃后，方可开放交通。
>
> 相关知识点：沥青混合料面层施工时，压路机不得在未碾压成型路段上转向、掉头、加水或停留。在当天成型的路面上，不得停放各种机械设备或车辆，不得散落矿料、油料及杂物。

19. 水泥混凝土路面胀缝构造不包括（   ）。
   A. 钢筋支架 　　　　　　　　　　　B. 传力杆
   C. 胀缝板 　　　　　　　　　　　　D. 预应力筋

解析：本题考核混凝土路面的胀缝构造。普通混凝土路面在与结构物衔接处、道路交叉和填挖土方变化处应设胀缝。胀缝应设置胀缝补强钢筋支架、胀缝板和传力杆。

　　胀缝指的是在水泥混凝土路面板上设置的膨胀缝，其作用是使水泥混凝土板在温度升高时能自由伸展。倘若给胀缝增加预应力筋，那么温度升高时，由于预应力的作用，胀缝的自由伸展就会受到限制，从而失去其作用。同时施加预应力也会使路面起拱，使路面的平整性达不到要求。

20. 城市主干道的水泥混凝土路面不宜选择的主要原材料是（　　）。
　　A. 42.5 级以上硅酸盐水泥　　　　　　B. 粒径小于 19.0mm 的砾石
　　C. 粒径小于 31.5mm 碎石　　　　　　D. 细度模数在 2.5 以上的海砂

解析：重交通以上等级道路、城市快速路、主干路应采用 42.5 级及以上的道路硅酸盐水泥或硅酸盐水泥、普通硅酸盐水泥。粗集料的最大公称粒径，碎砾石不得大于 26.5mm，碎石不得大于 31.5mm，砾石不宜大于 19.0mm；钢纤维混凝土粗集料最大粒径不宜大于 19.0mm。宜采用质地坚硬、细度模数在 2.5 以上，符合级配规定的洁净粗砂、中砂，技术指标应符合规范要求。海砂不得直接用于混凝土面层。

　　通常情况下，选择题中出现数字的选项一般是错误的，这类题目含金量不是太高，但本题的关键点不在数字，而是在"海砂"，海砂含有氯离子，而氯离子对混凝土的耐久性极为不利，并且可能发生碱骨料反应。因此，海砂不得直接用于混凝土面层。

21. 水泥混凝土路面在混凝土达到（　　）以后，可允许行人通过。
　　A. 设计抗压强度的 30%　　　　　　　B. 设计抗压强度的 40%
　　C. 设计弯拉强度的 30%　　　　　　　D. 设计弯拉强度的 40%

解析：本题考核混凝土面板施工要求。在混凝土达到设计弯拉强度 40% 以后，可允许行人通过。在面层混凝土完全达到设计弯拉强度且填缝完成前，不得开放交通。

　　本题也是需要记忆的知识点。混凝土是脆性材料，其特征是抗压强度很高，而弯拉强度很低，它的破坏取决于极限弯拉强度。也就是说，混凝土用于路面，使用的是其力学指标中的弱项而不是强项，所以开放交通时间应以设计弯拉强度值作为控制标准，由此可以排除 A、B 两个选项；C 选项的 30% 不符合规范规定。

　　相关知识点：

　　水泥混凝土路面横向缩缝：缩缝应垂直板面，采用切缝机施工，宽度宜为 4～6mm。切缝深度：设传力杆时，不应小于面层厚的 1/3，且不得小于 70mm；不设传力杆时不应小于面层厚的 1/4，且不应小于 60mm。当混凝土达到设计强度的 25%～30% 时，采用切缝机进行切割。

22. 关于城镇道路工程施工质量控制的做法，错误的是（　　）。
   A. 严格控制每道施工工序，做好自检、互检、专检
   B. 城镇道路使用的混合料采用强制式搅拌机集中拌制
   C. 水泥稳定材料基层自拌合至摊铺、碾压成型完成不超过 3h
   D. 路基分层填筑，每层最大压实厚度宜不小于 300mm

   解析：路基应分层填筑，每层最大压实厚度宜不大于 300mm，顶面最后一层压实厚度应不小于 100mm。

   相关知识点：二灰混合料，每层最大压实厚度为 200mm 且不宜小于 100mm。热拌沥青类混合料面层，压实层最大厚度不宜大于 100mm。

23. 下列关于水泥混凝土面层冬期施工的说法，错误的是（　　）。
   A. 摊铺混凝土时气温不低于 5℃
   B. 水泥混凝土板弯拉强度低于 1MPa 或抗压强度低于 5MPa 时，不得受冻
   C. 水泥混凝土拌合料可加防冻剂、缓凝剂，搅拌时间适当延长
   D. 养护期混凝土面层最低温度不应低 5℃

   解析：本题考核水泥混凝土道路冬期施工。本题 C 选项具有迷惑性，很多人第一反应是数字有问题，如果不仔细阅读，很可能会选错。毋庸置疑，水泥混凝土冬期施工可加入防冻剂和早强剂，并适当延长搅拌时间。但是 C 选项将"早强剂"换成了"缓凝剂"，而这两者的作用完全相反，需要仔细甄别。在建造师考试中，不仅会考核理论知识、实际施工要求，以及问题分析和解决能力，还经常涉及思维定式等细枝末节，这也是合格的项目经理应具备的综合素质之一。

24. 关于路基处理方法说法，错误的是（　　）。
   A. 重锤夯实法适用于饱和黏性土
   B. 换填法适用于暗沟、暗塘等软弱土的浅层处理
   C. 真空预压法适用于处理饱和软弱土层
   D. 振冲挤密法适用于处理松砂、粉土、杂填土及湿陷性黄土

   解析：碾压及夯实处理方法有重锤夯实、机械碾压、振动夯实、强夯（动力固结），适用于碎石土、砂土、粉土、低饱和度的黏性土、杂填土等，对饱和黏性土应慎重采用。

25. 下列关于改性沥青混合料说法，错误的是（　　）。
   A. 摊铺速度大于普通沥青混合料
   B. 初、终压温度高于普通沥青混合料
   C. 宜采用振动压路机或钢筒式压路机碾压
   D. 纵横缝尽量避免出现冷接缝

解析：改性沥青混合料初压开始温度不低于150℃，碾压终了的表面温度应不低于90～120℃。宜采用振动压路机或钢筒式压路机碾压，不应采用轮胎压路机碾压。摊铺速度宜放慢至1～3m/min。普通沥青混合料：摊铺速度宜控制在2～6m/min的范围内。

热拌沥青混合料的碾压温度

施工工序		石油沥青的标号			
		50号	70号	90号	110号
开始碾压的混合料内部温度，不低于（℃）	正常施工	135	130	125	120
	低温施工	150	145	135	130
碾压终了的表面温度，不低于（℃）	钢轮压路机	80	70	65	60
	轮胎压路机	85	80	75	70
	振动压路机	75	70	60	55
开放交通的路表温度，不高于（℃）		50	50	50	45

二、多项选择题

1. 下列施工内容中，属于级配砂砾基层施工要求的是（　　）。

A. 宜在水泥初凝时间到达前碾压成型

B. 严禁用薄层贴补的办法找平

C. 采用喷洒沥青乳液养护时，应及时在乳液面撒嵌丁料

D. 基层每层摊铺虚厚不宜超过30cm

E. 碾压过程中应保持砂砾湿润

解析：级配碎石（碎砾石）、级配砾石（砂砾）基层每层摊铺虚厚不宜超过30cm。碾压前应洒水，洒水量应使全部砂砾湿润，且不导致其层下翻浆。碾压过程中应保持砂砾湿润。故D、E选项符合题意。

A选项属于水泥稳定材料基层施工要求；B选项属于石灰稳定土基层施工要求；C选项属于石灰工业废渣（石灰粉煤灰）稳定砂砾（碎石）基层的施工要求。

2. 水泥混凝土路面施工时，应在（　　）处设置胀缝。

A. 检查井周围　　　　　　　　B. 纵向接缝

C. 小半径平曲线　　　　　　　D. 板厚改变

E. 邻近桥梁

解析：胀缝是施工时预留的空间缝隙，在胀缝处混凝土面板完全断开，其设置目的是为混凝土板的膨胀提供伸长的余地，从而避免产生过大的热压应力。一般设置在邻近

桥梁或其他固定构筑物处、板厚改变处、小半径平曲线等处。而在检查井周围，为了使其与混凝土路面连接紧密，面层应配筋补强。纵向接缝与路线中线平行，应设置拉杆。

3. 水泥混凝土面层的（　　）等应符合设计要求。
   A. 原材料质量　　　　　　　　B. 混凝土弯拉强度
   C. 混凝土面层厚度　　　　　　D. 构造深度
   E. 无侧限抗压强度

解析：水泥混凝土面层的原材料质量、混凝土弯拉强度、混凝土面层厚度、构造深度等应符合设计要求。无机结合料稳定基层原材料质量、压实度、7d 无侧限抗压强度等应符合规范规定要求。

4. 土方路基压实度和弯沉值应 100% 合格，（　　）等应符合要求。
   A. 沉降差　　　　　　　　　　B. 平整度
   C. 横坡　　　　　　　　　　　D. 路堤边坡
   E. 压实密度

解析：土方路基压实度和弯沉值应 100% 合格，纵断面高程、中线偏位、平整度、宽度、横坡及路堤边坡等应符合要求。填石方路基、压实密度应符合试验路段确定的施工工艺，沉降差不应大于试验路段确定的沉降差。

另外，压实度和压实密度是相关但不完全相同的概念。压实度是指材料在压实过程中达到的密实程度，通常以百分比表示，它是实际密度与最大理论密度之间的比值，压实度越高，表示材料更加密实。而压实密度是指材料在压实后的单位体积质量，它是通过将材料的质量与压实后的体积进行除法运算得到的。压实密度通常以单位体积中的质量（如 kg/m^3）表示。

5. 采用垫隔土工布加固地基时，土工合成材料的（　　）应满足设计要求。
   A. 抗拉强度　　　　　　　　　B. 抗压强度
   C. 顶破强度　　　　　　　　　D. 材料厚度
   E. 渗透系数

解析：所选土工合成材料的幅宽、质量、厚度、抗拉强度、顶破强度和渗透系数应满足设计要求。

6. 关于石方路基施工的说法，正确的有（　　）。
   A. 应先清理地表，再开始填筑施工
   B. 先填筑石料，再码砌边部
   C. 宜用 12t 以下的振动压路机

D. 路基范围内管线四周宜回填石料

E. 碾压前应经过试验段，确定施工参数

解析：石方路基：①修筑填石路堤应进行地表清理，先码砌边部，然后逐层水平填筑石料，确保边坡稳定，A 选项正确，B 选项错误。②先修筑试验段，以确定松铺厚度、压实机具组合、压实遍数及沉降差等施工参数，E 选项正确。③填石路堤宜选用 12t 以上的振动压路机、25t 以上轮胎压路机或 2.5t 的夯锤压（夯）实，C 选项错误。④路基方范围内管线、构筑物四周的沟槽宜回填土料，D 选项错误。

本题目虽然备选答案都是教材上的原文内容，但设立的小陷阱比较多，如果没有现场的施工经验，不容易依据题干进行判别，作答此类题目最好的办法就是少选，尤其是那种判别式的文字，如先、后、以上、以下，这种地方通常都是命题人设置陷阱的地方。

7. 水泥混凝土道路基层材料主要根据（　　）选用。

A. 道路交通等级　　　　　　　B. 基层施工机械

C. 施工技能水平　　　　　　　D. 路基抗冲刷能力

E. 材料供应能力

解析：基层材料的选用原则：根据道路交通等级和路基抗冲刷能力来选择基层材料。

基层材料的选用与施工技能水平无关。施工人员的技能水平主要影响施工质量和效率，而不是基层材料的选用。C 选项不符合题意。至于 B、E 选项只是施工统筹安排所需要考虑的因素，并不是基层材料选择的主要依据。

相关知识点：特重交通宜选用贫混凝土、碾压混凝土或沥青混凝土；重交通道路宜选用水泥稳定粒料或沥青稳定碎石；中、轻交通道路宜选择水泥或石灰粉煤灰稳定粒料或级配粒料。湿润和多雨地区，繁重交通路段宜采用排水基层。

8. 下列路面面层类型中，适用于各交通等级道路的有（　　）。

A. 沥青贯入式　　　　　　　　B. 沥青混合料

C. 钢纤维混凝土　　　　　　　D. 普通混凝土

E. 砌块路面

解析：本题涉及多个知识点。城镇道路根据路面材料划分为沥青路面、水泥混凝土路面和砌块路面。普通混凝土与钢纤维混凝土属于水泥混凝土路面，适合各种交通等级的道路，而沥青混合料和沥青贯入式属于沥青路面。两者的区别就是沥青混合料适合各交通等级道路，而沥青贯入式适用于支路、停车场。最后一个是砌块路面，适用于支路、广场、停车场、人行道与步行街。

9. 关于土工合成材料加固软土路基的说法，正确的有（　　）。
   A. 铺设土工合成材料不得出现扭曲、折皱、重叠
   B. 土工合成材料在路堤边部应留有足够的锚固长度
   C. 上下层土工合成材料接缝应对齐
   D. 土工合成材料应沿路基轴线分幅铺设
   E. 土工合成材料耐腐蚀、耐暴晒

解析：在整平好的下承层上按路堤底宽全断面铺设，摊平时拉直平顺，紧贴下承层，不得出现扭曲、折皱、重叠，故 A 选项正确，D 选项不正确。铺设土工聚合物，应在路堤每边留足够的锚固长度，回折覆盖在压实的填料面上，故 B 选项正确。现场施工中，上下层接缝应交替错开，错开长度不小于 0.5m，C 选项不正确。土工合成材料应具有质量轻、整体连续性好、抗拉强度较高、耐腐蚀、抗微生物侵蚀好、施工方便等优点。在土工合成材料堆放及铺设过程中，尽量避免长时间暴露和暴晒，以免性能劣化，故 E 选项错误。

土工合成材料和防水卷材的施工做法有相似之处，可以结合起来对比记忆。回答这类题目记住几个共性：采用顺坡搭接即上压下的搭接方式，应尽量采用品字形分布，避免出现十字搭接，上下层接缝交替错开；铺设前应先做好节点、转角等局部处理，然后再进行大面积铺设；铺设一次展开到位，不宜展开后再拖动。

10. 道路基层材料石灰稳定土、水泥稳定土和二灰稳定土共同的特性有（　　）。
    A. 早期强度较高　　　　　　　　B. 有良好的板体性
    C. 有良好的抗冻性　　　　　　　D. 有明显的收缩性
    E. 抗冲刷能力强

解析：石灰稳定土、水泥稳定土和二灰稳定土均有良好的板体性及明显的收缩性，故 B、D 两个选项正确。石灰稳定土抗冻性及早期强度不如水泥稳定土，水泥稳定土早期强度高，二灰稳定土抗冻性能比石灰土高很多，故 A、C 两个选项错误。石灰稳定土与水泥土一样，抗冲刷能力低，表面遇水后，容易产生唧浆冲刷，导致路面裂缝、下陷，并逐渐扩展，故 E 选项错误。

11. 通常被称为无机结合料稳定基层的材料，一般都具备（　　），技术经济较合理，且适宜机械化施工。
    A. 结构较密实　　　　　　　　　B. 孔隙率较小
    C. 干缩系数较大　　　　　　　　D. 水稳性较好
    E. 透水性较小

解析：目前大量采用结构较密实、孔隙率较小、透水性较小、水稳性较好、适宜于机械化施工、技术经济较合理的水泥、石灰及工业废渣稳定材料施工基层，这类基层通

常被称为无机结合料稳定基层。

对于无机结合料稳定基层来说,二灰稳定土的收缩特性小于水泥土和石灰土。水泥稳定细粒土的干缩系数、干缩应变,以及温缩系数都明显大于水泥稳定粒料,所以 C 选项不符合题意。

12. 过街雨水支管沟槽及检查井周围应用(　　)填实。
A. 石灰土　　　　　　　　　　B. 石灰粉煤灰砂砾
C. 黏土　　　　　　　　　　　D. 有机质土
E. 膨胀土

解析:过街雨水支管沟槽及检查井周围应用石灰土、石灰粉煤灰砂砾或设计要求的材料填实。

因为过街雨水支管沟槽及检查井周围大型压路机碾压不到,而小型夯实机具效果又不容易满足压实度要求。而石灰土和石灰粉煤灰砂砾属于半刚性材料,强度高,稳定性好,可以弥补小型夯实机具施工的不足,因此选择 A、B 两个选项。膨胀土、黏土在含水量增加时会膨胀,导致填实体积变化和不稳定性,有机质土中有机物会分解产生气体和溶解物,可能导致沉降和不稳定性,所以 D、E 选项都不符合要求。

13. 主要依靠底板上的填土重量维持挡土构筑物稳定的挡土墙有(　　)。
A. 扶壁式挡土墙　　　　　　　B. 悬臂式挡土墙
C. 重力式砌体挡土墙　　　　　D. 衡重式挡土墙
E. 重力式混凝土挡土墙

解析:不管重力式砌体挡土墙还是重力式混凝土挡土墙,均是依靠墙体自重抵挡土压力作用。悬臂式挡土墙和扶壁式挡土墙主要依靠底板上的填土重量维持挡土构筑物的稳定。衡重式挡土墙的上墙利用衡重台上填土的下压作用和全墙重心的后移增加墙体稳定。不同类型的挡土墙在填土位置、受力方向等方面存在着差异,但最终目的都是为了保持墙体的稳定性。

14. 关于挡土墙施工要求,正确的有(　　)。
A. 墙背填土应采用不透水性材料
B. 挡土墙基础按设计要求设置结构变形缝
C. 基础与墙身连接应按设计要求设置石榫、插筋,接触面凿毛
D. 挡墙浇筑混凝土水平分层浇筑,分层厚度≤300mm
E. 砌体的勾缝应采用凹缝或平缝

解析:墙背填土应采用透水性材料或设计要求的填料。砌体的勾缝宜采用凸缝或平缝,浆砌块石的勾缝应嵌入砌缝内20mm深。浆砌较规则的块料时,可采用凹缝。

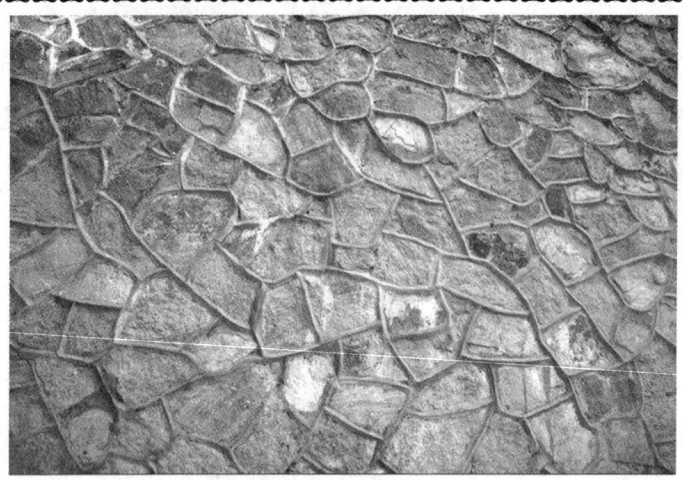

凸缝

15. 沥青混合料面层压实成型施工做法，正确的有（　　）。
A. 压实层最大厚度不宜大于100mm
B. 碾压时应将压路机的驱动轮面向摊铺机
C. 为防止沥青混合料粘轮，对压路机钢轮涂刷柴油
D. 层厚较大时宜采用高频低振幅
E. 超高路段和坡道上由低处向高处碾压

解析：压实层最大厚度不宜大于100mm。碾压时应将压路机的驱动轮面向摊铺机，从外侧向中心碾压，在超高路段和坡道上则由低处向高处碾压，故A、B、E选项正确。层厚较大时宜采用高频大振幅，厚度较薄时宜采用低振幅，以防止集料破碎，故D选项错误。为防止沥青混合料粘轮，对压路机钢轮可涂刷隔离剂或防粘结剂，严禁刷柴油，故C选项错误。因为如果对压路机钢轮涂刷柴油，沥青会被滴下的柴油溶解，破坏路面结构；如果柴油不慎大面积、大量渗漏于沥青路面表面，严重时会造成沥青溶解于柴油，削弱沥青混合料的黏附性，使沥青混合料面层出现矿料颗粒松散、剥落或坑槽等现象。

参考答案

一、单项选择题

1. B	2. A	3. B	4. B	5. A
6. B	7. B	8. C	9. B	10. B
11. D	12. D	13. C	14. B	15. B
16. A	17. C	18. C	19. D	20. D
21. D	22. D	23. C	24. A	25. A

二、多项选择题

1. DE	2. CDE	3. ABCD	4. BCD	5. ACDE
6. AE	7. AD	8. BCD	9. AB	10. BD
11. ABDE	12. AB	13. AB	14. BCD	15. ABE

城市桥梁工程

一、单项选择题

1. 桥面行车路面至桥跨结构最下缘之间的距离为（　　）。
   A. 桥梁高度　　　　　　　　　　　　B. 建筑高度
   C. 桥下净空高度　　　　　　　　　　D. 容许建筑高度

   解析：本题考核桥梁的常用术语。桥梁高度：指桥面与低水位之间的高差，或指桥面与桥下线路路面之间的距离，简称桥高。建筑高度：指桥上行车路面（或轨顶）标高至桥跨结构最下缘之间的距离。桥下净空高度：设计洪水位、计算通航水位或桥下线路路面至桥跨结构最下缘之间的距离。容许建筑高度：公路或铁路定线中所确定的桥面或轨顶标高，对通航净空顶部标高之差。因此，正确答案应为 B 选项。桥梁相关桥梁术语标识见下图。

   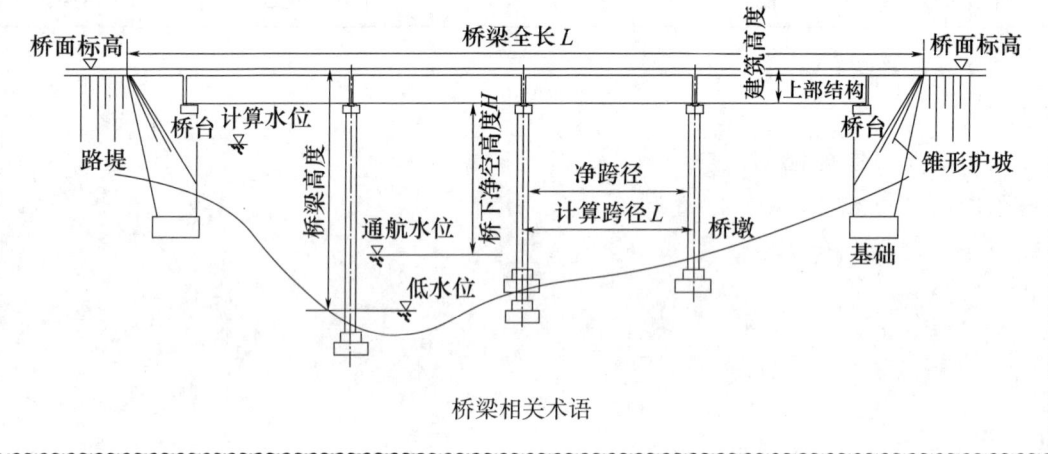

   桥梁相关术语

2. 在桥梁支座的分类中，固定支座是按（　　）分类的。
   A. 变形可能性　　　B. 结构形式　　　C. 价格的高低　　　D. 所用材料

   解析：桥梁支座按支座变形可能性分为固定支座、单向活动支座、多向活动支座。固定支座，顾名思义就是固定不动，对应的就是活动支座，是可以变形（产生位移）的支座。那么从字面意思也可以明白是根据变形可能性分类的。

3. 现场绑扎钢筋时，不需要全部用钢丝绑扎的交叉点是（　　）。
   A. 受力钢筋的交叉点
   B. 单向受力钢筋网片外围两行钢筋交叉点
   C. 单向受力钢筋网中间部分交叉点
   D. 双向受力钢筋的交叉点

解析：钢筋网的外围两行钢筋交叉点应全部扎牢，中间部分交叉点可间隔交错扎牢，但双向受力的钢筋网，钢筋交叉点必须全部扎牢。故 C 选项符合题意。

钢筋搭接及纵横筋交叉部位的绑扎，其目的都是给钢筋定位。绑扣的作用是保证在混凝土浇筑过程中，钢筋不会离开其应在的位置，绑扣在混凝土浇筑完毕后不参与受力。所以钢筋网的外围两行钢筋交叉点应全部扎牢，中间部分交叉点可间隔交错扎牢，而双向受力的钢筋是指横向和纵向钢筋都是受力钢筋，为了确保受力钢筋不发生位移，绑扎时横向和纵向钢筋的每个交叉点就必须全部扎牢。这样的绑扎方式能够有效地保证钢筋的位置和受力性能。

4. 关于桥梁支座的说法，错误的是（　　）。
A. 支座传递上部结构承受的荷载
B. 支座传递上部结构承受的位移
C. 支座传递上部结构承受的转角
D. 支座对桥梁变形的约束尽可能大，以限制梁体自由伸缩

解析：本题考核桥梁支座的功能要求。支座必须具有足够的承载能力，以保证可靠地传递支座反力（竖向力和水平力）；其次支座对桥梁变形的约束尽可能小，以适应梁体自由伸缩和转动的需要。故 D 选项符合题意。

2017 年二建案例题通过图形考核了支座的作用，关于案例与选择题的考点转换还有很多，备考时需多加留意。例如，伸缩装置、桥台的作用，钢板桩围护结构、钢筋混凝土支撑、钢管支撑的特点等。

5. 关于先张法预应力空心板梁的场内移运和存放的说法，错误的是（　　）。
A. 吊运时，混凝土强度不得低于设计强度的 75%
B. 存放时，支点处应采用垫木支承
C. 存放时间可长达 3 个月
D. 同长度的构件多层叠放时，上下层垫木在竖直面上应适当错开

解析：装配式桥梁构件在脱底模、移运、堆放和吊装就位时，混凝土的强度不应低于设计要求的吊装强度，设计无要求时一般不应低于设计强度的 75%。A 选项叙述正确。梁、板构件存放时，支点处应采用垫木和其他适宜的材料支承，不得将构件直接支承在坚硬的存放台座上。B 选项叙述正确。预应力混凝土梁、板的存放时间不宜超过 3 个月，特殊情况下不应超过 5 个月。C 选项叙述正确。

当构件多层叠放时，层与层之间应以垫木隔开，各层垫木的位置应设在设计规定的支点处，上下层垫木应在同一条竖直线上，故 D 选项叙述错误。因为当水平构件的垫木位于同一条竖直线上时，支点处所受的力能够统一垂直传至地面，从而保持结构的稳定性。相反，如果各层垫木相互错开，即垫木不在同一条竖直线上，上层构件的力将不

能直接垂直传递到下层构件和地面，而可能施加在下层构件上，进而导致结构受力不均匀，增加结构的变形和破坏风险。

6. 下列关于桥头搭板施工说法，错误的是（ ）。
   A. 桥头搭板应保证桥梁伸缩缝贯通、不堵塞
   B. 现浇桥头搭板基底应平整、密实
   C. 预制板纵向留灌浆槽，灌浆应饱满
   D. 预制桥头搭板应与地梁、桥台搭接平顺，不得锚固

   解析：现浇和预制桥头搭板，应保证桥梁伸缩缝贯通、不堵塞，且与地梁、桥台锚固牢固。

7. 预制桩的接桩不宜使用的连接方法是（ ）。
   A. 焊接   B. 法兰连接
   C. 环氧类结构胶连接   D. 机械连接

   解析：预制桩的接桩可采用焊接、法兰连接或机械连接，接桩材料工艺应符合规范要求。

   本题也可以通过分析得出答案。常用的沉入桩有钢筋混凝土桩、预应力混凝土桩和钢管桩。作为预制桩的连接，其实也就是钢筋的连接或钢管之间的连接，结合教材不难想到焊接、机械连接和法兰连接，而环氧类结构胶一般用于防腐层施工或混凝土施工缝处理，从强度上看，会远远低于另外三种连接方式。

8. 设置在桥梁两端，防止路堤滑塌，同时对桥跨结构起支承作用的构筑物是（ ）。
   A. 桥墩   B. 桥台   C. 支座   D. 锥坡

   解析：本题考核桥梁的基本组成。看似名词解释，关键在于桥台的作用，题干描述的是"……构筑物"，那么 C 选项首先被排除，因为支座不属于构筑物，而是连接桥梁上、下部结构的重要构件，是桥梁的重要传力装置；锥坡设置在桥台两侧，是为了保护桥台和路堤填土，所以锥坡可以防止路堤滑塌，但不能支承桥跨结构，D 选项也不正确；最后再比较 A、B 两个选项，桥台设在桥梁两端，桥墩则在两桥台之间，桥墩的作用是支承桥跨结构，而桥台除了起支承桥跨结构的作用外，还要与路堤衔接，并防止路堤滑塌，所以正确答案应为 B 选项。

9. 混凝土施工时，施工缝的设置要求正确的是（ ）。
   A. 施工缝宜留置在弯矩较大、便于施工的部位
   B. 重要部位的混凝土结构应在施工缝处补插锚固钢筋或石榫
   C. 施工缝处理后，应待下层混凝土达到设计强度后方可浇筑后续混凝土
   D. 有抗渗要求的施工缝必须设置止水钢板

解析：施工缝宜留置在结构受剪力和弯矩较小，便于施工的部位，A 选项错误。施工缝处理后，应待下层混凝土强度达到 2.5MPa 后，方可浇筑后续混凝土，C 选项错误。有抗渗要求的施工缝宜做成凹形、凸形或设止水带，D 选项错误。

10. 桥梁活动支座安装前，应在聚四氟乙烯板顶面凹槽内满注（ ）。
   A. 丙酮　　　　　　　B. 硅脂　　　　　　　C. 清机油　　　　　　D. 脱模剂

解析：活动支座安装前，应采用丙酮或酒精解体清洗其各相对滑移面，擦净后在聚四氟乙烯板顶面凹槽内满注硅脂。

本题也可以采用排除法。脱模剂，顾名思义一般在模具上的使用比较多，所以 D 选项首先被排除。丙酮是起清洗作用的，A 选项显然也不合适。硅脂和清机油都有润滑抗摩擦作用，但是用于桥梁支座的硅脂对金属和橡胶无腐蚀，而清机油是有腐蚀作用的。所以正确答案只能是 B 选项。

11. 下列不属于水泥混凝土桥面铺装层具有的优点是（ ）。
   A. 平整度好　　　　　　　　　　B. 强度高
   C. 耐磨强　　　　　　　　　　　D. 稳定性好

解析：水泥混凝土桥面铺装层具有强度高、耐磨强、稳定性好、养护方便等优点，但接缝多、平整度差，影响行车舒适性，且存在修补困难等缺点，目前仅在道路为水泥混凝土路面时才采用。

12. 地下水位以下土层的桥梁桩基础施工，不适宜采用成桩设备是（ ）。
   A. 正循环回旋钻机　　　　　　　B. 旋挖钻机
   C. 长螺旋钻机　　　　　　　　　D. 冲击钻机

解析：本题考核点即教材中关于成桩方式与适用条件的表格，长螺旋钻孔适用条件为地下水位以上的黏性土、砂土及人工填土非密实的碎石类土、强风化岩。

如果对教材中的表格不熟悉，考生也可以使用排除法选择正确答案。在题目中，A、B 和 D 选项都是泥浆护壁成孔的方法，对水位没有特殊要求。而 C 选项是干作业成孔的方法，对地下水位是有要求的。所以从这个角度来看，可以排除 A、B 和 D 选项，而选择 C 选项作为正确答案。

目前市政考试更加注重考查教材中的各类表格，考生在复习备考过程中应特别关注那些重要的表格，并努力掌握其中的内容。熟悉和理解表格可以帮助我们更好地理解和回答相关的考试问题。

13. 桥墩钢模板组装后，用于整体吊装的吊环应采用（ ）。
   A. 热轧光圆钢筋　　　　　　　　B. 热轧带肋钢筋
   C. 冷轧带肋钢筋　　　　　　　　D. 高强钢丝

解析：预制构件的吊环必须采用未经冷拉的 HPB300 热轧光圆钢筋制作，不得以其他钢筋替代，且其使用时的计算拉应力应不大于 65MPa。

热轧钢筋是通过将低碳钢和普通合金钢在高温状态下压制成型，并经过自然冷却而得到的成品钢筋。它主要用于钢筋混凝土和预应力混凝土结构的配筋，分为热轧光圆钢筋和热轧带肋钢筋两种类型。冷轧带肋钢筋是通过将热轧盘条经过多道冷轧减径、压肋，并消除内应力后形成的一种具有二面或三面月牙形状的钢筋。相比之下，热轧型钢的自由扭转刚度比冷轧型钢高，因此其抗扭性能也更好。光圆钢筋是指表面没有肋纹的圆形钢筋，适用于制作吊钩、吊环等可能承受动力负荷的连接件。带肋钢筋则指表面具有月牙形状的钢筋，具有含碳量较高、脆、硬的特点，不适合进行大角度弯钩，常用于梁等受力构件。因此，带肋钢筋不适合用于制作吊钩、吊环等可能承受动力负荷的连接件。高强钢丝通常用于焊接高强钢丝网或预应力构件中的钢丝。它具有较高的强度和耐久性，适用于需要承受较大拉力的工程应用。

14. 采用常规压浆工艺的后张法预应力混凝土梁施工中，曲线预应力孔道最低部位宜设置（ ）。

A. 压浆孔　　　　B. 溢浆孔　　　　C. 排气孔　　　　D. 排水孔

解析：本题考核后张法预应力管道安装要求。预应力管道安装时，管道应留压浆孔与溢浆孔，曲线孔道的波峰部位应留排气孔，在最低部位宜留排水孔。

如果没有复习到该题目的内容，我们可以使用排除法来作答。根据题目中的描述，溢浆孔和排气孔从字面上理解，应该位于上部，而不可位于最下部。另外，压浆孔通常会位于端头部位，一般设在锚垫板上，在压浆完成后会进行封堵。

排除法是一种常用的解题策略，尤其是在对某些具体知识点没有复习到或不熟悉的情况下，可以通过逻辑推理和排除错误选项来选择正确答案，是备考过程中的一种有效技巧。

相关知识点：压浆作业，每一工作班应留取不少于 3 组试块，标养 28d，以其抗压强度作为水泥浆质量的评定依据。压浆过程中及压浆后 48h 内，结构混凝土的温度不得低于 5℃，否则应采取保温措施。当白天气温高于 35℃时，压浆宜在夜间进行。孔道内的浆料强度达到设计要求后方可吊移预制构件；设计未要求时，应不低于水泥浆设计强度的 75%。

15. 不宜采用射水辅助手段沉桩施工的土层是（ ）。

A. 砂土层　　　　B. 碎石土层　　　　C. 黏性土层　　　　D. 砂砾土层

解析：本题考核沉桩方法及适用条件。在密实的砂土、碎石土、砂砾的土层中用锤击法、振动沉桩法有困难时，可采用射水作为辅助手段进行沉桩施工。在黏性土中应慎用射水沉桩；在重要建筑物附近不宜采用射水沉桩。

黏土吸水后会发生塑性形变,并且很容易发生塌孔现象。因此,黏土地层不适合采用射水辅助手段进行沉桩工作。射水辅助沉桩是一种在施工过程中使用水压力将桩身推入土层的方法。然而,对于黏土地层来说,由于其吸水性质和易塌性,射水辅助沉桩可能导致土层的塌陷和不稳定,进而影响桩的承载力和稳定性。

相关知识点:沉桩顺序,对于密集桩群,自中间向两端(两个方向)或四周对称施打;根据基础的设计标高,宜先深后浅;根据桩的规格,宜先大后小,先长后短。桩终止锤击的控制应视桩端土质而定,一般情况下以控制桩端设计标高为主,贯入度为辅。

16. 先简支后连续梁的湿接头设计要求施加预应力时,体系转换的时间是( )。
A. 预应力孔道压浆完成时 B. 湿接头浇筑完成时
C. 预应力施加完成时   D. 预应力孔道浆体达到强度时

解析:湿接头应按设计要求施加预应力、孔道压浆。浆体达到强度后应立即拆除临时支座,按设计规定的程序完成体系转换。同一片梁的临时支座应同时拆除。

本题只要清楚先简支后连续梁的原理,就可得出正确选项,体系转换是将临时支座拆除,连到一起的梁落在永久支座上。B 选项是湿接头刚刚浇筑完成,此时混凝土都没有达到强度,这时进行体系转换,显而易见是不可能的。然后,将 A 选项预应力孔道压浆完成时、C 选项预应力施加完成时和 D 选项预应力孔道浆体达到强度时进行对比,按施工顺序排列,我们可以得出结论:只有在预应力孔道压浆完成且浆液达到设计要求的强度,才能代表湿接头施工完成,从而进行受力体系的转换。所以正确答案为 D 选项。

17. 预应力混凝土结构施加预应力的目的不包括( )。
A. 减小拉应力   B. 增加抗压强度
C. 延缓构件开裂   D. 提升构件刚度

解析:预应力混凝土是在结构受到外部承重之前,先对着受拉部位的结构施加一定的压力,用以抵消外部承重带来的混凝土拉应力。而提前施加的压力就是预压应力,简称预应力,这样做的目的是减小拉应力,延缓构件开裂(或者不开裂),从而提升构件的抗裂性能和刚度。

18. 一次连续浇筑的同配合比混凝土超过 1000m³ 时,每( )取样不应少于一次。
A. 100m³   B. 200m³
C. 500m³   D. 300m³

解析:混凝土检验评定时,试件的取样频率和数量应符合下列要求:①每 100 盘,但不超过 100m³ 的同配合比混凝土,取样次数不应少于一次。②每一工作班拌制的同配合比混凝土,不足 100 盘和 100m³ 时其取样次数不应少于一次。③当一次连续浇筑的同配合比混凝土超过 1000m³ 时，每 200m³ 取样不应少于一次。

相关知识点：在进行混凝土强度试配和质量评定时，混凝土的抗压强度应以边长为 150mm 的立方体标准试件测定。

19. 有大漂石及坚硬岩石的河床不宜使用（　　）。
    A. 土袋围堰   B. 堆石土围堰
    C. 钢板桩围堰   D. 双壁围堰

解析：本题作答可以直接排除 A、B 选项。土袋围堰和堆石土围堰对河底情况的要求相对较松，因为土袋装土不会太满，具有一定的柔韧性，即使存在石头，也不会漏水。而堆石土围堰本身就是将石头和土体混合在一起进行围堰，适用于各种河床情况。

C、D 选项相对而言不好选择，但是双壁围堰在着床后可以进行水下封底，有效封闭底部的空隙。关于钢板桩围堰的适用条件，教材上的描述可能会给考生带来困惑。在教材中，对于钢板桩围堰的适用范围，表格中提到了"深水或深基坑，流速较大的砂类土、黏性土、碎石土及风化岩等坚硬河床"。然而，在教材的"钢板桩围堰施工要求"部分也提到了"有大漂石及坚硬岩石的河床不宜使用钢板桩围堰"。这两个描述并不矛盾，考生可能会感到困惑，是因为没有仔细阅读这两句话。实际上，表格中的适用条件是指砂类土、黏性土、碎石土和风化岩等材料构成的河床，这些材料构成的河床是相对坚硬的。而在施工要求中提到的"有大漂石及坚硬岩石的河床不宜使用钢板桩围堰"，指的是河床中存在大型漂石和坚硬岩石的情况，这样的河床相对更加坚硬。通过将这两个描述放在一起对比，反复阅读几次，就可以准确理解钢板桩围堰适用的条件。所以本题正确答案应为 C 选项。

20. 下列因素中，可导致大体积混凝土现浇结构产生沉陷裂缝的是（　　）。
    A. 水泥水化热   B. 外界气温变化
    C. 支架基础变形   D. 混凝土收缩

解析：注意本题问的是"沉陷裂缝"，A、B、D 三个选项也会导致大体积混凝土产生裂缝，但不是沉陷裂缝。混凝土的沉陷裂缝产生的原因有支架、支承变形下沉（引发结构裂缝），过早拆除模板支架（使未达到强度的混凝土结构发生裂缝和破损）。

二、多项选择题

1. 下列质量控制目标中，属于支座施工的主要控制项目有（　　）。
   A. 支座锚栓埋置深度   B. 支座垫石顶面高程
   C. 盖梁顶面高程   D. 支座与垫石的密贴程度
   E. 支座进场验收

解析：支座的主要控制项目：①支座进场验收。②支座安装前，应检查跨距、支座栓孔位置和支座垫石顶面高程、平整度、坡度、坡向，确认符合设计要求。③支座与梁底及垫石之间必须密贴，间隙不得大于0.3mm。④支座锚栓的埋置深度和外露长度应符合设计要求。⑤支座及其粘结灌浆和润滑材料应符合设计要求。

作答这道题目，首先要明白支座是放在垫石上而不是直接放在盖梁上的，其目的之一是方便进行标高调整。由于支座的尺寸是固定的，因此支座的高程主要受支座与垫石的密贴程度，以及垫石顶面的高程影响，而与盖梁顶面的高程没有直接的关系。

2. 射水沉桩时，应根据土质选择高压水泵的压力和射水量，（　　）必须经检测部门检验、标定后方可使用。

A. 高压水泵　　　　　　　　B. 桩锤
C. 安全阀　　　　　　　　　D. 高压输水管
E. 压力表

解析：射水沉桩时，应根据土质选择高压水泵的压力和射水量，并应防止急剧下沉造成桩机倾斜。高压水泵的压力表、安全阀，输水管路应完好。压力表和安全阀必须经检测部门检验、标定后方可使用。

3. 钻孔灌注桩施工时，二次清孔常用的清孔方法是（　　）。

A. 抽浆法　　　　　　　　　B. 换浆法
C. 掏渣法　　　　　　　　　D. 注水法
E. 喷射法

解析：成孔至设计标高后进行第一次清孔，在混凝土灌注前进行第二次清孔。根据不同的钻孔方法、施工设备、设计要求和地层条件，合理选用清孔方法。常用的有抽浆法、换浆法、掏渣法、喷射法等。

4. 现浇钢筋混凝土预应力箱梁模板支架刚度验算时，在冬期施工的荷载组合包括（　　）。

A. 模板、支架自重　　　　　B. 现浇箱梁自重
C. 施工人员、堆放施工材料荷载　　D. 风雪荷载
E. 倾倒混凝土时产生的水平冲击荷载

解析：根据设计模板、支架和拱架的荷载组合表，梁、板和拱的底模及支承板、拱架、支架等验算刚度荷载组合为：①模板、拱架和支架自重；②新浇筑混凝土、钢筋混凝土或圬工、砌体的自重力；③设于水中的支架所承受的水流压力、波浪力、流冰压力、船只及其他漂浮物的撞击力；④其他可能产生的荷载，如风雪荷载、冬期施工保温设施荷载等。

刚度即表示抗弹性变形能力，所以不用考虑作用在箱梁模板上的临时荷载，只需考虑作用其上的永久荷载，C和E选项都是施工过程中产生的临时荷载，所以无需考虑。

5. 造成钻孔灌注桩塌孔的主要原因有（　　）。
   A. 地层自立性差　　　　　　　　B. 钻孔时进尺过快
   C. 护壁泥浆性能差　　　　　　　D. 成孔后没有及时灌注
   E. 孔底沉渣过厚

解析：本题考核钻孔灌注桩塌孔的原因。塌孔与缩径产生的原因基本相同，主要是地层复杂、钻进速度过快、泥浆护壁性能差、成孔后放置时间过长没有灌注混凝土等原因所致。

本题也可以采用排除法来选取正确答案。孔底沉渣过厚是塌孔的后果，不是塌孔的原因。孔底沉渣过厚会造成堵管或者使钢筋笼上浮。

6. 城市桥梁防水排水系统的功能包括（　　）。
   A. 迅速排除桥面积水　　　　　　B. 使渗水的可能性降至最低限度
   C. 减少结构裂缝的出现　　　　　D. 保证结构上无漏水现象
   E. 提高桥面铺装层的强度

解析：城市桥梁排水防水系统应能迅速排除桥面积水，并使渗水的可能性降至最低限度。城市桥梁排水系统应保证桥下无滴水和结构上无漏水现象。

本题C、E选项不符合题意。桥梁结构在使用过程中，由于荷载、温度变化或其他因素会发生一定程度的变形和应力集中，这可能导致结构裂缝的出现。防水排水系统主要用于防止水分渗入桥梁结构内部，减少水分对结构材料的侵蚀，延缓结构的老化和腐蚀，但并不能直接减少结构裂缝的发生。桥面铺装层的强度主要由铺装材料的选择和设计厚度决定，并不直接受到防水排水系统的影响。

7. 关于重力式混凝土墩台施工的说法，正确的有（　　）。
   A. 基础混凝土顶面涂界面剂时，不得做凿毛处理
   B. 宜水平分层浇筑
   C. 分块浇筑时接缝应与截面尺寸长边平行
   D. 上下层分块接缝应在同一竖直线上
   E. 接缝宜做成企口形式

解析：重力式混凝土墩台施工时，在墩台混凝土浇筑前应对基础混凝土顶面做凿毛处理，A选项错误。分块浇筑时，接缝应与界面尺寸较小的一边平行，邻层分块接缝应错开，接缝宜做成企口形式，C、D选项错误。本题正确答案应为B、E选项。

8. 关于混凝土连续梁合龙的说法，正确的是（　　）。
A. 合龙顺序一般是先边跨、后次跨、再中跨
B. 合龙段长度宜为2m
C. 合龙宜在一天中气温最高时进行
D. 合龙段的混凝土强度宜提高一级
E. 梁跨体系转换时，支座反力的调整应以高程控制为主

> **解析**：本题考核混凝土连续梁的合龙要求。预应力混凝土连续梁合龙顺序一般是先边跨、后次跨、再中跨。合龙段的长度宜为2m。合龙段的混凝土强度宜提高一级，以尽早施加预应力。梁跨体系转换时，支座反力的调整应以高程控制为主，反力作为校核。合龙宜在一天中气温最低时进行。故只有C选项错误。
>
> 本题也可以通过热胀冷缩的原理分析得出答案。根据热胀冷缩原理，气温最高时，合龙段间隙最小，在这个温度下进行合龙操作，当温度降低时，混凝土会发生收缩，导致合龙处产生拉应力，可能引起裂缝；而气温最低时合龙段间隙最大，此时进行合龙操作，待温度升高后，混凝土会发生膨胀，使合龙处结合更加紧密。因此，合龙宜在一天中气温最低时进行。

9. 关于箱涵顶进的说法，错误的是（　　）。
A. 箱涵主体结构混凝土强度必须达到设计强度的75%
B. 当顶力达到0.9倍结构自重时，箱涵未启动，应立即停止顶进
C. 箱涵顶进必须避开雨期
D. 每次顶进应检查液压系统、传力设备、刃脚、后背和滑板等变化情况
E. 箱涵身每前进一顶程，应观测轴线和高程

> **解析**：本题考核箱涵顶进施工技术要点。①箱涵顶进时，主体结构混凝土强度必须达到设计强度，防水层级保护层按设计完成，A选项叙述错误。教材中规定主体结构混凝土强度必须达到设计强度的地方并不多，对这些特殊之处应多加留意。②当顶力达到0.8倍结构自重时箱涵未启动，应立即停止顶进；找出原因采取措施解决后方可重新加压顶进，B选项中的数值错误，该数值是根据力学分析和施工经验确定的，涉及安全问题，它远比一般性的数字重要，考生一定要记住。③顶进作业宜避开雨期施工，若在雨期施工，必须做好防洪及防雨排水工作。命题者的"狡猾"之处在于将"宜"改成了"必须"，因此C选项看似正确，实际上是错误的。所以看书、看题一定要仔细。④每次顶进应检查液压系统、传力设备、刃脚、后背和滑板等变化情况，发现问题及时处理，D选项叙述正确。⑤箱涵身每前进一顶程，应观测轴线和高程，发现偏差及时纠正，E选项正确。所以本题答案应为A、B、C选项。

10. 关于混凝土的施工，下列说法正确的是（　　）。
A. 混凝土坍落度评定时应以搅拌地点的测值为准
B. 混凝土的坍落度检测每一工作班不应少于两次
C. 严禁在运输过程中向混凝土拌合物中加水
D. 混凝土运输、浇筑及间歇的全部时间不应超过混凝土的初凝时间
E. 混凝土运输中出现分层、离析现象可不处理

解析：混凝土拌合物的坍落度应在搅拌地点和浇筑地点分别随机取样检测。评定时应以浇筑地点的测值为准，A 选项错误。混凝土拌合物在运输过程中，应保持均匀性，不产生分层、离析等现象，如出现分层、离析现象，则应对混凝土拌合物进行二次快速搅拌，E 选项错误。所以正确答案应为 B、C、D 选项。

参考答案

一、单项选择题

1. B	2. A	3. C	4. D	5. D
6. D	7. C	8. B	9. B	10. B
11. A	12. C	13. A	14. D	15. C
16. D	17. B	18. B	19. C	20. C

二、多项选择题

1. ABDE	2. CE	3. ABCE	4. ABD	5. ABCD
6. ABD	7. BE	8. ABDE	9. ABC	10. BCD

城市隧道工程

一、单项选择题

1. 适用于中砂以上的砂性土和有裂缝的岩石土层的注浆方法是（　　）。
   A. 劈裂注浆　　　　　　　　　　B. 渗透注浆
   C. 压密注浆　　　　　　　　　　D. 电动化学注浆

> 解析：注浆法分为渗透注浆、劈裂注浆、压密注浆和电动化学注浆，对于地层密实度的要求也依次提高。中砂以上的砂性土和有裂隙的岩石空隙比较大，适用于渗透注浆；对于低渗透性的土层则要采用劈裂注浆；中砂地基、有适宜的排水条件的黏土地基，必须用压密注浆，这种情况下渗透和劈裂已经起不到作用。而当地基土的渗透系数达到 $k<10^{-4}$ cm/s 时，只靠一般静压力已经难以使浆液注入土孔隙的地层，这时候就要采用电动化学注浆。因此，正确答案应为 B 选项。
>
> 另外，本题从字面上也可以分析出选项。渗透注浆，顾名思义，需要浆液通道有一定的间隙才可以完成，而题干中的土层特意提到"中砂以上的砂性土和有裂缝的岩石土层"，证明有一定的缝隙，此时采用压密注浆或者电动化学注浆反而会造成浆液大面积流失，而使需要注浆部位很难达到预期效果的情况。

2. 下列不属于台阶开挖法优点的是（　　）。
   A. 较快的施工速度　　　　　　　B. 灵活多变
   C. 适用性强　　　　　　　　　　D. 沉降量小

> 解析：台阶开挖法的优点是具有足够的作业空间和较快的施工速度，灵活多变，适用性强。台阶法的工期短，沉降量一般。

3. 城市隧道围护结构与主体结构墙为复合墙结构形式时，主体结构侧墙一般采用的模架体系为（　　）。
   A. 单侧支撑体系　　　　　　　　B. 双侧支撑体系
   C. 对拉螺栓模板体系　　　　　　D. 分离式支撑体系

> 解析：城市隧道围护结构与主体结构墙为复合墙结构形式时，主体结构侧墙一般采用单侧支撑体系。

4. 主要材料可反复使用，止水性好的基坑围护结构是（　　）。
   A. 地下连续墙　　　　　　　　　B. 灌注桩
   C. SMW 工法桩　　　　　　　　D. 钢板桩

解析：地下连续墙：强度大，变位小，隔水性好，同时可兼作主体结构的一部分。灌注桩：需降水或和止水措施配合使用。SMW 工法桩：强度大，止水性好；内插的型钢可拔出反复使用，经济性好。钢板桩：成品制作，可反复使用；新的时候止水性尚好，如有漏水现象，需增加防水措施。故 C 选项正确。

本题其实考查围护结构的施工工艺及特点。如果对这几种围护结构的施工工艺非常熟悉，那么这种选择题几乎就是送分题。首先从"主要材料可以反复使用"这一点可以排除灌注桩和地下连续墙，因为灌注桩和地下连续墙都是钢筋混凝土结构，无法实现主材料的反复使用。其余两种围护结构的钢材都可以回收利用，那么这种情况就需要参考另外一个条件，即谁的止水性能好。与钢板桩相比，SMW 工法桩显然止水性更好，所以答案选择 C 选项。

5. 关于喷锚暗挖法二次衬砌施工的说法，错误的是（　　）。
A. 可采用组合钢模板或模板台车模板体系
B. 混凝土浇筑采用泵送模筑
C. 两侧边墙采用插入式振动器振捣，底部采用附着式振动器振捣
D. 混凝土应两侧对称水平浇筑，宜设置水平或倾斜接缝

解析：二次衬砌混凝土浇筑可采用组合钢模板或模板台车模板体系，施工前应编制专项方案。混凝土浇筑采用泵送模筑，两侧边墙采用插入式振动器振捣，底部采用附着式振动器振捣。混凝土浇筑应连续进行，两侧对称，水平浇筑，不得出现水平和倾斜接缝。故 D 选项叙述错误。

6. 下列关于土钉墙支护的说法，错误的是（　　）。
A. 当基坑潜在滑动面内有建筑物时不宜采用土钉墙
B. 当基坑较深、土的抗剪强度较低时宜取较大坡比
C. 应沿土钉全长设置对中定位支架，其间距宜取 1.5~2.5m
D. 土钉钢筋保护层厚度不宜小于 20mm

解析：土钉墙、预应力锚杆复合土钉墙的坡比不宜大于 1∶0.2；当基坑较深、土的抗剪强度较低时，宜取较小坡比。

本题考核教材原文。备考时，考生应特别留意教材中的关键用词，如"严禁""不得""应""宜"等，这些地方都可能是选择题的出题点。另外，本题内容也可进行案例考核，通常第一年的选择题考点，后续年份会以案例题的形式出现，考生应对类似考点多加留意。

7. 基坑工程施工引起邻近建筑物开裂及倾斜事故，可采取的应急措施不包括（　　）。
A. 增设锚杆或支撑
B. 采取回灌、降水等措施调整降深

C. 降低水头差、设置反滤层封堵流土点

D. 在建筑物基础周围采用注浆加固土体

> 解析：基坑工程施工引起邻近建筑物开裂及倾斜事故的应急措施：立即停止基坑开挖，回填反压。增设锚杆或支撑。采取回灌、降水等措施调整降深。在建筑物基础周围采用注浆加固土体。制定建筑物的纠偏方案并组织实施。情况紧急时应及时疏散人员。
>
> C 选项是基坑开挖时底面出现流砂、管涌时应采取的应急措施。

8. 采用注浆法进行地基加固处理时，检测加固地层均匀性的方法不包括（　　）。

A. 标准贯入 B. 钻芯法

C. 面波 D. 轻型静力触探法

> 解析：注浆加固土的强度具有较大的离散性，注浆检验应在加固后 28d 进行。可采用标准贯入、轻型静力触探法或面波等方法检测加固地层均匀性。

9. 当基坑开挖较浅且未设支撑时，围护墙体水平变形表现为（　　）。

A. 墙顶位移最大，向基坑方向水平位移

B. 墙顶位移最大，背离基坑方向水平位移

C. 墙底位移最大，向基坑方向水平位移

D. 墙底位移最大，背离基坑方向水平位移

> 解析：本题考核基坑的变形特征。当基坑开挖较浅，还未设支撑时，无论对刚性墙体（如水泥土搅拌桩墙、旋喷桩墙等）还是柔性墙体（如钢板桩、地下连续墙等），均表现为墙顶位移最大，向基坑方向水平位移，呈三角形分布。
>
> 本题从题干中的"未设支撑"可知墙顶位移最大，同时排除 C 和 D 两个选项；而基坑开挖较浅，水平变形一定是向基坑内，不可能背离基坑方向，从而排除 B 选项。

10. 下列对降水系统布设的说法，正确的是（　　）。

A. 面状降水工程，降水井点宜沿降水区域周边间断布置

B. 条状降水工程降水井必须双排布置

C. 在运土通道出口两侧应增设降水井

D. 降水区域场地狭小不可设置倾斜井点

> 解析：面状降水工程，降水井点宜沿降水区域周边呈封闭状均匀布置，距开挖上口边线不宜小于 1m，A 选项错误。线状、条状降水工程，降水井宜采用单排或双排布置，两端应外延布置降水井，外延长度为条状或线状降水井点围合区域宽度的 1~2 倍，B 选项错误。降水区域场地狭小或在涵洞、地下暗挖工程、水下降水工程，可布设水平、倾斜井点，D 选项错误。所以正确答案应为 C 选项。

11. 下列基坑围护结构中,采用钢支撑时可以不设置围檩的是(　　)。
   A. 钢板桩
   B. 钻孔灌注桩
   C. 地下连续墙
   D. SMW 工法桩

   解析:本题在教材上找不到原文,需要结合教材分析作答。钢板桩:钢板宽度有限,并且每一块钢板之间都是柔性连接,如果没有围檩,支撑直接支在钢板上,势必造成钢板锁扣之间的破坏;钻孔灌注桩虽然刚度比较大,但是桩与桩之间是独立的,没有围檩不能成为一个整体;SMW 工法桩的 H 型钢也是相对独立的,如果不通过围檩连成一个整体,同样不能起到有效的围护作用;只有地下连续墙,本身就是连续的墙体,即便支撑直接支到墙体上,也可以是一个完整的围护构造。

12. 高压旋喷注浆法在(　　)中使用会影响其加固效果。
   A. 淤泥质土
   B. 素填土
   C. 硬黏性土
   D. 碎石土

   解析:高压喷射注浆法对淤泥、淤泥质土、黏性土(流塑、软塑和可塑)、粉土、砂土、黄土、素填土和碎石土等地基都有良好的处理效果。但对于硬黏性土,含有较多的块石或大量植物根茎的地基,因喷射流可能受到阻挡或削弱,冲击破碎力急剧下降,切削范围小或影响处理效果。

二、多项选择题

1. 关于外拉锚支护体系的说法,正确的有(　　)。
   A. 适用于地质条件较好的有锚固力的地层
   B. 基坑开挖面向坑内凸出的阳角区域应适当增加锚杆自由段长度
   C. 锚杆注浆宜采用二次压力注浆工艺
   D. 锚杆锚固段可设置在泥炭、泥炭质土层内
   E. 高水压力土层中的钢筋锚杆宜采用套管护壁成孔工艺

   解析:外拉锚支护体系,锚杆锚固段不宜设置在淤泥、淤泥质土、泥炭、泥炭质土及松散填土层内。

2. 控制基坑底部土体过大隆起的方法有(　　)。
   A. 增加支撑刚度
   B. 加深围护结构入土深度
   C. 加固坑底土体
   D. 采用降压井降水
   E. 适时施作底板结构

   解析:坑底稳定控制:①保证深基坑坑底稳定的措施有加深围护结构入土深度、坑底土体加固、坑内井点降水等。②适时施作底板结构。

3. 关于基坑工程内支撑体系的布置及施工的说法，正确的有（ ）。
A. 宜采用对称平衡性、整体性强的结构形式
B. 应有利于基坑土方开挖和运输
C. 应与主体结构的结构形式、施工顺序相协调
D. 必须坚持先开挖后支撑的原则
E. 围檩与围护结构之间应预留变形用的缝隙

> 解析：本题考核内支撑体系的布置及施工，A、B、C 三个选项明显没有问题，都是最基本的要求。必须强调的一点是：内支撑结构施工必须坚持先支撑后开挖的原则。"先撑后挖"能够有效地保证施工安全。围檩与围护结构之间应紧密接触，不得留有缝隙，因为如果留有缝隙的话，支护结构就会松动甚至达不到支护作用，所以钢支撑才要施加预应力，目的就是消除拼装间隙，保证支撑体系连接紧密，支撑稳固。故 D、E 选项错误。

4. 基坑内地基加固的主要目的有（ ）。
A. 减少围护结构位移
B. 提高坑内土体强度
C. 提升土体侧向抗力
D. 防止坑底土体隆起
E. 减少围护结构的主动土压力

> 解析：基坑地基加固的目的：①基坑内加固提升土体的强度和土体的侧向抗力，减少围护结构位移，进而保护基坑周边建筑物及地下管线，防止坑底土体隆起破坏，防止坑底土体渗流破坏，弥补围护墙体插入深度不足等。②基坑外加固主要是止水，有时也可减少围护结构承受的主动土压力。E 选项是基坑外加固的目的。
>
> 相关知识点：按平面布置形式分类，基坑内被动土压区加固形式主要有墩式加固、裙边加固、抽条加固、格栅式加固和满堂加固。

5. 关于钢支撑工程冬期施工控制要点说法，错误的是（ ）。
A. 当温度改变引起的支撑结构内力不可忽略不计时，应考虑温度应力
B. 直接使用吊环、吊耳起吊构件时应检查吊环、吊耳连接焊缝有无损伤
C. 当天安装的构件，应形成空间稳定体系
D. 与构件同时起吊的节点板不得采用绳索绑扎牢固
E. 负温下安装柱子、主梁、支撑大构件不得进行永久固定

> 解析：凡是与构件同时起吊的节点板、安装人员用的挂梯、校正用的卡具，应采用绳索绑扎牢固。在负温下安装柱子、主梁、支撑大构件时应立即进行校正，位置校正正确后应立即进行永久固定。D、E 选项叙述错误。

6. 浅埋暗挖法关于初期支护施工的说法，正确的是（   ）。
A. 喷射混凝土应分段、分片、分层自上而下依次进行
B. 分层喷射时后一层喷射应在前一层混凝土初凝后进行
C. 背后回填注浆应合理控制注浆量和注浆压力
D. 注浆结束后宜用雷达等检测手段检测回填效果
E. 可在初期支护背后多次进行回填注浆

解析：喷射混凝土应分段、分片、分层自下而上依次进行。分层喷射时，后一层喷射应在前一层混凝土终凝后进行。故 A、B 选项错误。

7. 地铁车站明挖基坑采用钻孔灌注桩围护结构时，围护施工常采用的成孔设备有（   ）。
A. 水平钻机　　　　　　　　B. 螺旋钻机
C. 夯管机　　　　　　　　　D. 冲击式钻机
E. 正反循环钻机

解析：本题可以使用排除法来确定正确答案。水平定向钻和夯管机都是用于管道水平施工的技术，因此不可能用于围护桩的竖向施工。由此可排除 A、C 选项。本题正确答案应为 B、D、E 选项。

8. 关于隧道全断面暗挖法施工的说法，正确的是（   ）。
A. 可减少开挖对围岩的扰动次数
B. 围岩必须有足够的自稳能力
C. 自上而下一次开挖成型并及时进行初期支护
D. 适用于地表沉降难以控制的隧道
E. 适宜大中型机械作业

解析：全断面开挖法适用于土质稳定、断面较小的隧道施工，适宜人工开挖或小型机械作业。所以 D、E 选项不符合题意。全断面开挖法采取自上而下一次开挖成型，沿着轮廓开挖，按施工方案一次进尺并及时进行初期支护。全断面开挖法的优点是可以减少开挖对围岩的扰动次数，有利于围岩天然承载拱的形成，工序简便；缺点是对地质条件要求严格，围岩必须有足够的自稳能力。正确答案应为 A、B、C 选项。

地表沉降难以控制的隧道，在开挖时，开挖面的断面应尽量使用小断面，全断面是最不适用的。

参考答案

一、单项选择题

1. B	2. D	3. A	4. C	5. D
6. B	7. C	8. B	9. A	10. C
11. C	12. C			

二、多项选择题

1. ABCE	2. BCDE	3. ABC	4. ABCD	5. DE
6. CDE	7. BDE	8. ABC		

城市管道工程

一、单项选择题

1. 关于供热站内管道和设备严密性试验的实施要点的说法，正确的是（ ）。
   A. 仪表组件应全部参与试验
   B. 仪表组件可采取加盲板方法进行隔离
   C. 安全阀应全部参与试验
   D. 闸阀应全部采取加盲板方法进行隔离

   > 解析：站内所有系统均应进行严密性试验。试验前，管道各种支、吊架已安装调整完毕，安全阀、爆破片及仪表组件等已拆除或加盲板隔离，加盲板处有明显的标记并做记录，安全阀全开，填料密实，试验管道与无关系统应采用盲板或采取其他措施隔开，不得影响其他系统的安全。
   >
   > 本题也可以从另一个角度分析。一般而言，在选择题中，如果选项中包含像"全部""完全""所有"等绝对性的词语，往往意味着这是一个错误的陈述。实际施工中的情况通常是更加复杂和多样化的，不太可能存在绝对的答案或情况。因此，在解答选择题时，我们要对绝对性词语持有一定的怀疑态度，更加注重综合考虑和分析，以获取更准确的答案。

2. 某供热管网设计压力为 0.4MPa，其严密性试验压力为（ ）。
   A. 0.42   B. 0.46   C. 0.50   D. 0.60

   > 解析：在供热管道的严密性试验中，试验压力应为设计压力的 1.25 倍，且不小于 0.6MPa。本题中的设计压力为 0.4MPa，那么 1.25 倍的试验压力计算结果为 0.5MPa，但该值小于 0.6MPa 的要求。综上所述，本次严密性试验应采用 0.6MPa 作为试验压力。

3. 可采用清管球吹扫的燃气管道有（ ）。
   A. 球墨铸铁管道
   B. 聚乙烯管道
   C. 长度 80m 的钢质管道
   D. 公称直径 100mm 的钢质管道

   > 解析：管道吹扫：①球墨铸铁管道、聚乙烯管道和公称直径小于 100mm 或长度小于 100m 的钢质管道，可采用气体吹扫。②公称直径大于或等于 100mm 的钢质管道，宜采用清管球进行清扫。

4. 关于聚乙烯燃气管道连接的说法，错误的是（ ）。
   A. 不同标准尺寸比（SDR 值）的材料，应使用热熔连接
   B. 不同级别（PE80 和 PE100）材料，应使用电熔连接

C. 聚乙烯管材与管件、阀门的连接不得采用螺纹连接
D. 管道连接时确保管道"同心"，避免强力组对

> **解析**：不同级别（PE80 和 PE100）、熔体质量流动速率差值不小于 0.5g/10min（190℃，5kg）、焊接端部标准尺寸比（SDR）不同、公称小于 90mm 或壁厚小于 6mm 的聚乙烯管材、管件和阀门，应采用电熔连接。本题 A 选项故意把电熔换成热熔，考核对两种焊接方法的认知清晰度。所以 A 选项叙述错误，B 选项叙述正确。
>
> 聚乙烯管材与管件、阀门的连接，应根据不同连接形式选用专用的熔接设备，不得采用螺纹连接或粘结。管道连接时固定夹具应夹紧固牢，并确保管道"同心"，同时应避免强力组对。C、D 选项均叙述正确。本题只有 A 选项符合题意。

5. 关于无压管道功能性试验的说法，正确的是（　　）。
   A. 当管道内径大于 700mm 时，可抽取 1/3 井段数量进行试验
   B. 开槽施工管道与检查井接口处已回填
   C. 可采用水压试验
   D. 试验期间渗水量的观测时间不得小于 20min

> **解析**：本题凭感觉就可以做出判断。无压管道闭水试验前，开槽施工管道未回填土且沟槽内无积水，B 选项错误。关于给水排水管道功能性试验，压力管道进行的是水压试验，而无压管道进行的是严密性试验，C 选项错误。渗水量的观测时间不得小于 30min，渗水量不超过允许值试验合格，D 选项也不正确。所以本题正确答案应为 A 选项。

6. 供热管道安装补偿器的目的是（　　）。
   A. 保护固定支架　　　　　　B. 消除温度应力
   C. 方便管道焊接　　　　　　D. 利于设备更换

> **解析**：供热管道随着输送热媒温度的升高，管道将产生热伸长。如果这种热伸长不能得到释放，就会使管道承受巨大的压力，甚至造成管道破裂损坏。为了避免管道由于温度变化而引起的应力破坏，保证管道在热状态下的稳定和安全，必须在管道上设置各种补偿器，以释放管道的热伸长及减弱或消除因热膨胀而产生的应力。由此可以判断，B 选项为正确答案。

7. 穿越铁路的燃气管道应在套管上装设（　　）。
   A. 放散管　　　　　　　　　B. 排气管
   C. 检漏管　　　　　　　　　D. 排污管

> **解析**：穿越铁路的燃气管道的套管两端与燃气管的间隙应采用柔性防腐、防水材料密封，其一端应装设检漏管。

穿越铁路的燃气管道存在漏点时，燃气将在管沟内积聚。当列车通过时，可能会产生火花，从而引发爆炸或火灾事故。因此，在穿越铁路的燃气管道中，套管的一端应安装检漏管，以便及时发现和检测潜在的燃气泄漏情况，同时采取必要的措施来修复漏点或关闭燃气供应，防止火花引发事故。

8. 关于现浇钢筋混凝土检查井的施工做法，错误的是（　　）。
　A. 检查井的混凝土基础应与管道基础同时浇筑
　B. 排水管道接入检查井时管口外缘应与井内壁平齐
　C. 井室浇筑完成后及时安装踏步
　D. 踏步安装后混凝土未达到规定抗压强度等级前不得踩踏

解析：现浇钢筋混凝土结构的井室浇筑时，应同时安装踏步，踏步安装后在混凝土未达到规定抗压强度等级前不得踩踏。

9. 直埋蒸汽管道必须设置（　　）。
　A. 放散管　　　　B. 排污管　　　　C. 排潮管　　　　D. 检漏管

解析：本题考核供热管道施工技术及要求。直埋蒸汽管道应设置排潮管，放散管属于燃气管道的附属设备之一，是用来排放管道内部的空气或燃气的装置。排污管用于管网的清洗，在穿越铁路的燃气管道中，套管的一端应安装检漏管。检漏管是一种检测管道中潜在泄漏的装置，可以及时发现燃气泄漏情况，保障燃气管道安全运行。正确答案应为 C 选项。

本题在教材上的知识点是分散的，所以考生看书时要仔细。排潮管是排除工作管与外护管之间水汽的导管，是直埋蒸汽管道不可缺少的重要组成部分。设置排潮管的原因是：保温管在工厂生产、运输及安装过程中不可避免地含有或者会吸收一些潮气甚至少量水分，这些潮气或水分在管道运行时经管内蒸汽加热就会形成蒸汽，如不及时排除，会使保温层间的温度、压力升高，很容易发生爆管事故。排潮管不但有排潮的功能，还可以通过观察其排出的汽量来确定管段的渗泄情况。

10. 关于燃气管网附属设备安装要求的说法，正确的是（　　）。
　A. 阀门手轮安装向下，便于启阀
　B. 可以用补偿器变形调整管位的安装误差
　C. 凝水缸和放散管均应设在管道高处
　D. 地下燃气管道的阀门设置在阀门井内

解析：阀门手轮不得向下，避免仰脸操作，A 选项错误。安装时不得用补偿器的变形来调整管道的安装误差，B 选项错误。管道敷设时应有一定坡度，以便在最低处设排水器（凝水缸），将汇集的水或油排出。放散管是用来排放管道内部的空气或燃气的装置，应装在最高点和每个阀门之前（按燃气流动方向），故 C 选项错误。地下燃气管道上的阀门一般都设置在阀门井内。所以本题答案为 D 选项。

本题也可以分析作答。A 选项阀门手轮安装向下，属于常识性错误，阀门手轮向上才是便于开启。补偿器的作用是调整因管道热胀冷缩而出现长度的变化，所以补偿器安装时将其调整到补偿零点时所在位置，因此 B 选项错误。燃气管道输送的是可燃气体，即便不清楚凝水缸为何物，但顾名思义也知道大概率是汇集水的，水往低处流是生活中的常识，所以 C 选项错误。

11. 关于燃气埋地输配管道的最小直埋深度，做法正确的是（　　）。
    A. 埋设在车行道下时，最小直埋深度为 0.9m
    B. 埋设在车行道下时，最小直埋深度不应小于 0.8m
    C. 埋设在人行道下时，最小直埋深度为 0.5m
    D. 埋设在田地下时，最小直埋深度为 0.8m

解析：埋地输配管道应根据冻土层、路面荷载等条件确定其埋设深度。车行道下输配管道的最小直埋深度不应小于 0.9m，人行道及田地下输配管道的最小直埋深度不应小于 0.6m。

12. 关于沟槽开挖的说法，正确的是（　　）。
    A. 机械开挖时，可以直接挖至槽底高程
    B. 槽底土层为杂填土时，应全部挖除
    C. 槽底受水浸泡时，宜用挖槽原土回填夯实
    D. 无论土质如何，槽壁必须垂直平顺

解析：槽底原状地基土不得扰动，机械开挖时槽底预留 200~300mm 土层，由人工开挖至设计高程，整平，A 选项错误。槽底土层为杂填土、腐蚀性土时，应全部挖除并按设计要求进行地基处理，B 选项正确。槽底不得受水浸泡或受冻，槽底局部扰动或受水浸泡时，宜采用天然级配砂砾石或石灰土回填，而不是简单地用挖槽原土回填夯实，C 选项错误。D 选项叙述"无论土质如何，槽壁必须垂直平顺"是不合理的。例如，土质较好，基坑较浅可以选择垂直开挖，而土质较差，则可以考虑放坡。综上所述，本题正确答案应为 B 选项。

相关知识点：①人工开挖沟槽的槽深超过 3m 时应分层开挖，每层的深度不超过 2m。②人工开挖多层沟槽的层间留台宽度：放坡开槽时不应小于 0.8m；直槽时不应小于 0.5m；安装井点设备时不应小于 1.5m。

13. 给水管道水压试验时，向管道内注水浸泡的时间，正确的是（　　）。
    A. 有水泥砂浆衬里的球墨铸铁管不少于 12h
    B. 有水泥砂浆衬里的钢管不少于 24h

C. 内径不大于1000mm的自应力混凝土管不少于36h

D. 内径大于1000mm的预应力钢筒混凝土管不少于48h

> 解析：本题关键在于数字，可以归类记忆。除混凝土管外，球墨铸铁管（有水泥砂浆衬里）、钢管（有水泥砂浆衬里）、化学建材管浸泡时间都不少于24h。而混凝土管，包括现浇钢筋混凝土管渠、预（自）应力混凝土管、预应力钢筒混凝土管的浸泡时间又分为两类：内径小于1000mm的混凝土管不少于48h；内径大于1000mm的混凝土管不少于72h。答案应为B选项。

14. 施工速度快、成本较低的不开槽管道施工方法是（　　）。
   A. 盾构法　　　　B. 夯管法　　　　C. 定向钻法　　　　D. 浅埋暗挖法

> 解析：本题考核不开槽施工方法的优、缺点。盾构法施工速度快、施工成本高；夯管法施工速度快、成本较低；定向钻法施工速度快、控制精度低；浅埋暗挖法施工速度慢、施工成本高。几种工法中，只有夯管法有成本较低的描述。所以正确答案应为B选项。

15. 设置在热力管道的补偿器，只允许管道沿自身轴向自由移动的支架是（　　）。
   A. 导向支架　　　B. 固定支架　　　C. 滚动支架　　　D. 滑动支架

> 解析：滑动支架及滚动支架：管道在该处允许有较小的轴向自由伸缩。固定支架：管道在该点无任何方向位移，均匀分配补偿器之间管道的伸缩量，保证补偿器正常工作。导向支架只允许管道沿自身轴向自由移动。因此正确答案为A选项。

二、多项选择题

1. 在采取套管保护措施的前提下，地下燃气管道可穿越（　　）。
   A. 加气站　　　　　　　　　　　B. 商场
   C. 高速公路　　　　　　　　　　D. 铁路
   E. 化工厂

> 解析：地下燃气管道不得从建筑物和大型构筑物（不含架空的建筑物和大型构筑物）以及堆积易燃、易爆材料和具有腐蚀性液体的场地下面穿越。加气站、化工厂属于堆积易燃、易爆材料和具有腐蚀性液体的场地，容易使燃气管道受到腐蚀和破坏，商场属于建筑物，也是人员密集区域，燃气管道发生危险容易造成人身和建筑物的损害，所以下面均不得有燃气管道穿越，故A、B、E选项都可排除。穿越铁路和高速公路的燃气管道，其外应加套管，是为了防止车辆通过时扰动燃气管道，另外套管有一定的承载功能，可保证燃气管道不被压坏。

2. 新建市政公用工程不开槽成品管的常用施工方法有（　　）。
A. 顶管法　　　　　　　　　　B. 夯管法
C. 裂管法　　　　　　　　　　D. 沉管法
E. 盾构法

解析：市政公用工程常用的不开槽管道施工方法有浅埋暗挖法、盾构法、顶管法、地表式水平定向钻法、夯管法等。

本题还可通过分析得出正确答案。首先可以排除的是 C 选项裂管法，裂管法又称破管外挤，是管道更换时采用的一种方法，新建管道不会采用这种工法。D 选项沉管法是在水底建筑隧道的一种施工方法，不适合城市管道施工。其实本题的难点在于 E 选项盾构法，注意题干中叙述的是"新建市政公用工程不开槽成品管的常用施工方法有……"，盾构法在市政工程中用于不开槽管道的施工，但需要注意的是，盾构法施工的管片虽然是成品，但管道的成型是在施工过程中通过拼接管片完成的，因此盾构法不符合题目要求。所以本题正确选项为 A、B 选项。

3. 燃气管道附属设备应包括（　　）。
A. 阀门　　　　　　　　　　　B. 放散管
C. 补偿器　　　　　　　　　　D. 疏水器
E. 绝缘接头

解析：本题考核燃气管道包含的附属设备。燃气管道附属设备包括阀门、绝缘接头、补偿器、排水器、放散管、阀门井等。

本题是需要记忆的知识点。疏水器又称滤水盒，用来排除蒸汽管路中的冷凝水，所以 D 选项不符合题意。而用于燃气管道的排水器（凝水器、凝水缸），是为了排除燃气管道中的冷凝水和石油伴生气管道中的轻质油，管道敷设时应有一定坡度，以便在最低处设排水器，将汇集的水或油排出。两个名称一字之差，千万不能混为一谈。

相关知识点：燃气管道要求介质单向流通的阀门有安全阀、减压阀、止回阀等，要求介质由下而上通过阀座的阀门是截止阀。

4. 下列供热管道施工质量控制要求正确的是（　　）。
A. 直埋保温管道管顶以上不小于 300mm 处应铺设警示带
B. 固定支架的安装应检查位置，结构情况，混凝土浇筑前、后情况
C. 固定支架的偏移方向、偏移量及导向性能应符合设计要求
D. 热力管道强度和严密性试验中发现渗漏应及时处理
E. 导向、滑动、滚动支架和吊架不得有歪斜及卡涩现象

解析：活动支架的偏移方向、偏移量及导向性能应符合设计要求，C 选项错误。热力管道的强度和严密性试验当试验过程中发现渗漏时，严禁带压处理，D 选项错误。

5. 关于燃气管道埋地钢管施工质量控制要求，正确的是（   ）。

A. 管道下沟宜使用吊装机具，吊装时管口受损伤应及时修补

B. 可采用滚、撬等方法调整管道位置

C. 管道对口前管道、管件内部清洁无杂物

D. 每次收工时敞口管端应临时封堵

E. 管道开孔边缘与管道焊缝的间距不应小于50mm

解析：燃气管道埋地钢管，管道下沟宜使用吊装机具，严禁采用抛、滚、撬等破坏防腐层的做法。吊装时应保护管口不受损伤，A、B选项错误。不应在管道焊缝上开孔。管道开孔边缘与管道焊缝的间距不应小于100mm，E选项错误。故正确答案为C、D选项。

6. 关于热力管道阀门安装要求的说法，正确的是（   ）。

A. 阀门不得作为管道末端的堵板使用

B. 不得用阀门手轮作为吊装的承重点

C. 焊接安装时，焊机地线应搭在同侧焊口的钢管上

D. 水平安装的闸阀、截止阀的阀杆应处于下半周范围内

E. 安全阀应水平安装

解析：水平安装的闸阀、截止阀的阀杆应处于上半周范围内，D选项错误。安全阀应垂直安装，E选项错误。

7. 水平定向钻施工时，扩孔应严格控制（   ）等技术参数。

A. 回拖速率　　　　　　　　B. 扭矩

C. 泥浆流量　　　　　　　　D. 转速

E. 回拉力

解析：水平定向钻施工应注意区分扩孔和回拖施工的技术参数：①扩孔应严格控制回拉力、转速、泥浆流量等技术参数，确保成孔稳定和线形要求，无坍孔、缩孔等现象。②回拖应从出土点向入土点连续进行，应采用匀速慢拉的方法，严禁硬拉硬拖，严格控制钻机回拖力、扭矩、泥浆流量、回拖速率等技术参数。

相关知识点：扩孔钻头连接顺序为钻杆、扩孔钻头、分动器、转换卸扣、钻杆。

8. 关于钢管防腐施工正确的是（   ）。

A. 现场无损检测完成及分段强度试验后进行补口防腐

B. 补口防腐前焊口两侧直管段除锈，呈现金属本色

C. 焊口防腐后应用磁粉检测

D. 焊口除锈可采用喷砂除锈，除锈后及时防腐

E. 弯头及焊缝防腐可采用冷涂方式

解析：焊口防腐后应用电火花检漏仪检查，出现击穿针孔时，应做加强防腐并做好记录。电火花检测仪用来测量不同厚度的防腐涂层，该仪器主要用来检测金属基材上厚的非导电基体是否存在针孔、砂眼等缺陷。磁粉检测只能用于检测铁磁性材料的表面或近表面的缺陷，由于不连续的磁痕堆集于被检测表面上，所以能直观地显示出不连续的形状、位置和尺寸，并可大致确定其性质，所以焊口防腐后不应使用磁粉检测。

9. 夯管锤的锤击力应根据（ ），结合工程地质、水文地质和周围环境条件，经过技术经济比较后确定。

A. 钢管力学性能 B. 管道长度
C. 管径 D. 轴向曲率半径
E. 终孔孔径

解析：夯管锤的锤击力，应根据管径、钢管力学性能、管道长度，结合工程地质、水文地质和周围环境条件，经过技术经济比较后确定，并应有一定的安全储备。夯管法适用于城镇区域下穿较窄道路的地下管道施工。

10. 下列做法符合金属管道安装与焊接要求的是（ ）。

A. 两相邻管道连接时，纵向焊缝应焊成十字形焊缝
B. 管道支架处不得有环形焊缝
C. 管道焊口不得置于建（构）筑物的墙壁中
D. 可以采用夹焊金属填充物的方法进行对口焊接
E. 管道安装顺序一般为主线→检查室→支线

解析：钢管对口时，纵向焊缝之间应相互错开100mm弧长以上，管道任何位置不得有十字形焊缝，A选项错误。不得采用在焊缝两侧加热延伸管道长度、螺栓强力拉紧、夹焊金属填充物和使补偿器变形等方法强行对口焊接，D选项错误。所以正确答案应为B、C、E选项。

相关知识点：管道两相邻环形焊缝中心之间的距离应大于钢管外径，且不得小于150mm。管道穿越建（构）筑物的墙板处应按设计要求安装套管，穿墙套管两侧与墙面距离应大于20mm；套管高出楼板面的距离应大于50mm。套管与管道之间的空隙应采用柔性材料填充。

参考答案

一、单项选择题

1. B	2. D	3. D	4. A	5. A
6. B	7. C	8. C	9. C	10. D
11. A	12. B	13. B	14. B	15. A

二、多项选择题

1. CD	2. AB	3. ABCE	4. ABE	5. CD
6. ABC	7. CDE	8. ABDE	9. ABC	10. BCE

城市综合管廊工程

一、单项选择题

1. 宜设置在道路绿化带、人行道或非机动车道下的是（　　）。
   A. 支线综合管廊　　　　　　　　B. 干线综合管廊
   C. 缆线综合管廊　　　　　　　　D. 所有综合管廊

   解析：干线综合管廊宜设置在机动车道、道路绿化带下。支线综合管廊宜设置在道路绿化带、人行道或非机动车道下。缆线综合管廊宜设置在人行道下。

2. 盾构法施工综合管廊的优点不包括（　　）。
   A. 对地面和周边环境影响小
   B. 不受自然环境和气候条件影响
   C. 适宜于建造埋深大、距离长的城市管网建设
   D. 对结构断面尺寸多变的区段适应能力较好

   解析：盾构法施工综合管廊，对地面和周边环境影响小，不受自然环境和气候条件影响。适合下穿道路、河流或建筑物等各种障碍物，且线位上有建造盾构井的条件。适用于埋深大、距离长、曲线半径小、断面尺寸变化少、连续的施工长度不小于300m 的城市管网建设。正确答案应为 D。

3. 综合管廊的建设能缓解直埋管线存在的问题，不包括（　　）。
   A. 检修及敷设管线不断破挖路面
   B. 各种管线分属不同部门管理，信息不畅，重复建设
   C. 管道施工综合造价高
   D. 直埋管线与土壤接触，易造成管线腐蚀、损坏

   解析：综合管廊缓解了直埋管线存在的各种问题，如：①检修及敷设管线需不断破挖路面；②各种管线分属不同部门管理，信息不畅，重复建设；③直埋管线与土壤接触，易造成管线腐蚀、损坏；④电力线缆占地大，影响城市规划及市容，且高压线易造成电磁辐射污染。

4. 采用预拌流态固化土新技术，不能解决综合管廊回填施工的问题有（　　）。
   A. 特殊狭窄空间　　　　　　　　B. 沉降和变形
   C. 回填夯实困难　　　　　　　　D. 回填深度大

解析：对综合管廊特殊狭窄空间、回填深度大、回填夯实困难等回填质量难以保证的施工，采用预拌流态固化土新技术。

预拌流态固化土是一种常用于填充管廊和填充坑洞的材料，具有较好的流动性和自密实性。

相关知识点：基坑回填应在综合管廊结构及防水工程验收合格后进行。综合管廊两侧回填应对称、分层、均匀。基坑分段回填接槎处，已填土坡应挖台阶，其宽度不应小于1.0m、高度不应大于0.5m。管廊顶板上部1000mm范围内回填材料不得使用重型及振动压实机械碾压。

5. 采用盾构法施工的综合管廊安全控制区外边线距主体结构外边线不宜小于（　　）。
   A. 15m　　　　　　　　　　　　B. 50m
   C. 30m　　　　　　　　　　　　D. 20m

解析：综合管廊应设置安全控制区，安全控制区外边线距主体结构外边线不宜小于15m，采用盾构法施工的综合管廊安全控制区外边线距主体结构外边线不宜小于50m。

二、多项选择题

1. 关于综合管廊断面布置的说法，下列正确的是（　　）。
   A. 热力管道与电力电缆同仓敷设
   B. 天然气管道应在独立舱室内敷设
   C. 110kV及以上电力电缆与通信电缆同侧布置
   D. 给水管道与热力管道同侧布置，给水管道布置在下方
   E. 污水管道宜布置在综合管廊底部

解析：热力管道不应与电力电缆同仓敷设，110kV及以上电力电缆不应与通信电缆同侧布置，故A、C选项错误。

天然气管道应在独立舱室内敷设，B选项正确。给水管道与热力管道同侧布置时，给水管道宜布置在热力管道下方，D选项正确。污水应采用管道排水方式，宜设置在综合管廊底部，E选项正确。

2. 综合管廊连续浇筑混凝土时，在（　　）周边应加强振捣。
   A. 预留孔　　　　　　　　　　　B. 预埋件
   C. 止水带　　　　　　　　　　　D. 沉降缝
   E. 预埋管

解析：连续浇筑时，每层浇筑高度应满足振捣密实的要求。预留孔、预埋管、预埋件及止水带等周边混凝土浇筑时，应加强振捣。

3. 关于综合管廊施工技术的说法，错误的是（　　）。
A. 预制拼装的构件有大于 0.2mm 裂缝时，应进行鉴定
B. 现浇混凝土顶板和底板在留置施工缝时应设置缝板
C. 管廊纵向区段有错台处，卷材铺设前应用砂浆将错台抹成倒角
D. 管廊顶板上部 1000mm 范围内回填材料宜采用振动压实
E. 综合管廊内实行动火作业时应采取防火措施

> **解析**：现浇混凝土底板和顶板，应连续浇筑不得留置施工缝，B 选项错误。管廊顶板上部 1000mm 范围内回填材料不得使用重型及振动压实机械辗压，D 选项错误。

4. 综合管廊投入运营后应定期检测评定，对（　　）的运行状况应进行安全评估。
A. 附属设施　　　　　　　　B. 内部管线设施
C. 初始验收　　　　　　　　D. 日常巡检和维护
E. 综合管廊本体

> **解析**：综合管廊投入运营后应定期检测评定，对综合管廊本体、附属设施、内部管线设施的运行状况应进行安全评估，并应及时处理安全隐患。

5. 对地面和周边环境影响小，不受自然环境和气候条件影响的综合管廊施工方法有（　　）。
A. 顶管法　　　　　　　　　B. 明挖现浇法
C. 盾构法　　　　　　　　　D. 浅埋暗挖法
E. 明挖预制拼装法

> **解析**：城市综合管廊主要施工方法分为明挖法、盾构法、浅埋暗挖法、顶管法等；明挖法施工中，综合管廊结构又分为明挖现浇法和明挖预制拼装法。
> 明挖法现浇对断面和周边环境影响很大（需要占用大量材料堆场、围挡、恢复路面、管线迁改、交通导改和施工降水），雨天、北方地区冬季无法施工。明挖法预制拼装对地面和周边环境影响较大（需要围挡、恢复路面、管线迁改、交通导改和施工降水）不受自然环境和气候条件影响。故 B、E 选项不符合题意。
> 相关知识点：明挖法施工。①基坑顶部周边宜做硬化和防渗处理，应进行有效的安全防护及挡、排水措施，并应设置明显的安全警示标志。②基坑顶部周围 2m 范围内，严禁堆放弃土及建筑材料等。在 2m 范围以外堆载时，不应超过设计荷载值，并应设置堆放物料的限重牌。③基坑土方开挖前必须进行地下管线探测，并应提前做好地下管线的保护措施。④基坑土方开挖过程中，基坑坑底四周应设置简易排水明沟及集水坑，排水明沟的底面应比挖土面低 0.3~0.4m，集水坑底面应比排水明沟底面低 0.5m，集水坑间距宜为 20~30m，由每段排水明沟中心点向相邻的两个集水坑找坡，沟底坡度宜为 2.0%。

参考答案

一、单项选择题

| 1. A | 2. D | 3. C | 4. B | 5. B |

二、多项选择题

| 1. BDE | 2. ABCE | 3. BD | 4. ABE | 5. ACD |

海绵城市建设工程

一、单项选择题

1. 城市雨水管渠系统较难改造时，可采用（　　）。
   A. 调节塘　　　　　　　　　　B. 调节池
   C. 蓄水池　　　　　　　　　　D. 雨水湿地

   > 解析：建筑与小区、城市绿地等具有一定空间条件的区域，宜设置调节塘；城市雨水管渠系统较难改造时，可采用调节池；蓄水池宜采用露天的景观水池或水体，在用地紧张时可采用地下式蓄水池；建筑与小区、城市道路、城市绿地、滨水带等区域内的地势较低的地带或水体有自然净化需求的区域，宜设置雨水湿地。

2. 下列关于渗透技术要求，正确的是（　　）。
   A. 透水砖路面一般应用于城市主干道
   B. 透水路面中透水基层渗透系数应大于面层
   C. 透水铺装位于地下室顶板上时，顶板覆土厚度不应小于500mm
   D. 土壤渗透性较差地区可适当扩大雨水溢流口高程与绿地高程的差值

   > 解析：透水砖路面一般应用于城市人行道、建筑小区及城市广场人行通道，A选项错误。透水铺装位于地下室顶板上时，顶板覆土厚度不应小于600mm，C选项错误。对于土壤渗透性较差的地区，可适当缩小雨水溢流口高程与绿地高程的差值，使得下沉式绿地集蓄的雨水能够在24h内完全下渗，D选项错误。

3. 主要作为雨水存储设施的配套雨水净化设施，属于小型污水处理系统的是（　　）。
   A. 人工土壤渗滤　　　　　　　B. 植被缓冲带
   C. 渗透管渠　　　　　　　　　D. 生物滞留带

   > 解析：人工土壤渗滤是一种人工强化的生态工程处理技术，它充分利用在地表下面的土壤中栖息的土壤动物、土壤微生物、植物根系，以及土壤所具有的物理、化学特性将雨水净化，主要作为雨水存储设施的配套雨水净化设施，属于小型的污水处理系统。

二、多项选择题

1. 目前海绵城市建设技术设施类型主要有（　　）。
   A. 渗透设施　　　　　　　　　B. 存储与调节设施
   C. 转输设施　　　　　　　　　D. 截污净化设施
   E. 排水管道

解析： 目前海绵城市建设技术设施类型主要有渗透设施、存储与调节设施、转输设施、截污净化设施。

2. 雨水渗透设施分表面渗透和埋地渗透两大类，表面入渗设施主要有（　　）。
   A. 下沉式绿地
   B. 生物滞留设施
   C. 渗井
   D. 绿色屋顶
   E. 渗透塘

解析： 雨水渗透设施分表面渗透和埋地渗透两大类。表面入渗设施主要有透水铺装、下沉式绿地、生物滞留设施、渗透塘与绿色屋顶等；埋地渗透设施主要有渗井等。
相关知识点：雨水储存与调节设施主要有湿塘、雨水湿地、渗透塘、调节塘、蓄水池、蓄水模块等。初期雨水弃流形式一般有自控弃流、渗透弃流、弃流池、小管弃流、雨落管弃流等。

3. 关于海绵城市建设施工技术说法，错误的是（　　）。
   A. 蓄水池施工完毕后必须进行满水试验
   B. 调节塘以消减峰值流量功能为主
   C. 植草沟宜作为泄洪通道
   D. 渗透管渠四周应填充石灰土
   E. 植被缓冲带前应设置碎石消能

解析： 植草沟不宜作为泄洪通道。渗透管渠四周应填充砾石或其他多孔材料，砾石层外包透水土工布，土工布搭接宽度不应少于200mm。

参考答案

一、单项选择题

| 1. B | 2. B | 3. A | | |

二、多项选择题

| 1. ABCD | 2. ABDE | 3. CD | | |

城市基础设施更新工程

一、单项选择题

1. 水泥混凝土路面进行非开挖式基底处理前，应采用（　　）测出路面板下松散、脱空和既有管线附近沉降区域。
   A. 探地雷达　　　　　　　　　B. 动力触探
   C. 钻芯法　　　　　　　　　　D. 钎探

   解析：非开挖式基底处理前，应采用探地雷达进行详细探查，测出路面板下松散、脱空和既有管线附近沉降区域。
   探地雷达是利用天线发射和接收高频电磁波来探测介质内部物质特性和分布规律的一种地球物理方法。探地雷达无需对地表或地下进行破坏性探测，避免了对环境和结构的损害。其他三种检测方法检测路面问题时，可能会有所遗漏，从这一点上来看，A 选项无疑是最正确的选项。

2. 采用土工合成材料和沥青混凝土面层对旧沥青路面裂缝进行防治，首先要对旧路进行（　　）。
   A. 外观评定和弯沉值测定　　　B. 旧路面清洁与整平
   C. 确定旧路处理和新料加铺方案　D. 工合成材料张拉

   解析：用土工合成材料和沥青混凝土面层对旧沥青路面裂缝进行防治，首先要对旧路进行外观评定和弯沉值测定，进而确定旧路处理和新料加铺方案。施工要点是：旧路面清洁与整平，土工合成材料张拉、搭接和固定，洒布粘层油，按设计或规范要求铺筑新沥青面层。

3. 水泥混凝土路面板面脱空、唧浆的处理，下列做法错误的是（　　）。
   A. 采用弯沉仪检测水泥混凝土路面板的脱空
   B. 板边实测弯沉值在 0.2mm 时，钻孔注浆处理
   C. 板边实测弯沉值大于 1.00mm 时，拆除原破损面板重新铺筑
   D. 注浆后两相邻板间弯沉差宜控制在 0.1mm 以内

   解析：采用弯沉仪或探地雷达等设备检测水泥混凝土路面板的脱空，A 选项正确。当板边实测弯沉值在 0.20～1.00mm 时，应钻孔注浆处理，B 选项正确。当板边实测弯沉值大于 1.00mm 或整块水泥混凝土面板破碎时，应拆除原有破损混凝土面板，重新铺筑，C 选项正确。注浆后两相邻板间弯沉差宜控制在 0.06mm 以内，D 选项错误。

4. 混凝土构件增大截面工程的施工步骤，正确的是（　　）。
   A. 清理构件→植筋→界面处理→新增钢筋制安→安装模板及浇筑混凝土→养护及拆模
   B. 界面处理→清理构件→植筋→新增钢筋制安→安装模板及浇筑混凝土→养护及拆模
   C. 清理构件→界面处理→新增钢筋制安→植筋→安装模板及浇筑混凝土→养护及拆模
   D. 清理构件→界面处理→植筋→新增钢筋制安→安装模板及浇筑混凝土→养护及拆模

   解析：混凝土构件增大截面工程的施工应按下列步骤进行：①清理、修整原结构、构件。②界面处理。③植筋或锚栓施工。④新增钢筋制作与安装。⑤安装模板及浇筑混凝土。⑥养护及拆模。

5. 新、旧桥梁上部结构拼接宜采用刚性连接方式的有（　　）。
   A. 预应力混凝土 T 形梁　　　　B. 预应力混凝土空心板
   C. 钢筋混凝土实心板　　　　　D. 连续箱梁

   解析：钢筋混凝土实心板和预应力混凝土空心板桥，新、旧板梁之间的拼接宜采用铰接或近似于铰接连接。预应力混凝土 T 形梁或组合 T 形梁桥，新、旧 T 形梁之间的拼接宜采用刚性连接。连续箱梁桥，新、旧箱梁之间的拼接宜采用铰接连接。

6. 下列管道修复方法中，适用于重力流和压力流圆形管道修复的是（　　）。
   A. 原位固化法　　　　　　　　B. 不锈钢内衬法
   C. 机械制螺旋缠绕法　　　　　D. 缩径内衬法

   解析：缩径内衬法不需灌浆、施工速度快、过流断面损失小，一次修复距离长，适用于重力流和压力流圆形管道修复。
   原位固化法主要用于工业管道和压力管道。不锈钢内衬法主要用于给水管道的非开挖修复。机械制螺旋缠绕法适应大曲率半径的弯管和管径的变化。

7. 管径 500mm 的长距离管道非开挖修复更新，采用（　　）对管道内部进行表观检测。
   A. 管内目测　　　　　　　　　B. 电视检测
   C. 超声检测　　　　　　　　　D. 潜望镜检测

   解析：非开挖修复更新工程完成后，应采用电视检测（CCTV）检测设备对管道内部进行表观检测。当管径大于等于 800mm 时，可采用管内目测。超声检测只能用于水下积泥、异物检测，对结构性缺陷检测有限，不宜作为修复方法的依据。管道潜望镜检测是在管道口进行快速检测，适用于较短的管线。

8. 沥青路面在常温下铣刨处理，现场掺加新集料、再生剂等，经常温拌合、摊铺、碾压，实现旧沥青路面再生利用的再生技术是（　　）。
   A. 现场冷再生　　　　　　　　B. 现场热再生
   C. 厂拌冷再生　　　　　　　　D. 厂拌热再生

解析：现场冷再生：采用专用设备，对沥青路面进行常温铣刨，现场掺加一定量的新集料、再生用结合料、活性填料、水，经常温拌合、摊铺、碾压等工序，一次性实现旧沥青路面再生利用的技术。

二、多项选择题

1. 用于路面裂缝防治的土工合成材料应满足的技术要求有（　　）。
   A. 最大负荷延伸率　　　　　　B. 抗压强度
   C. 抗拉强度　　　　　　　　　D. 网孔尺寸
   E. 单位面积质量

   解析：用于裂缝防治的玻纤网和土工织物应分别满足抗拉强度、最大负荷延伸率、网孔尺寸、单位面积质量等技术要求。

2. 旧路非开挖式基底处理时，通过注浆试验确定的参数有（　　）。
   A. 注浆压力　　　　　　　　　B. 初凝时间
   C. 注浆材料黏度　　　　　　　D. 注浆施工时间
   E. 注浆流量

   解析：对于脱空部位的空洞，采用注浆的方法进行基底处理，通过试验确定注浆压力、初凝时间、注浆流量、浆液扩散半径等参数。

3. 桥梁增大截面加固法施工前，对原结构构件进行检查和复核时，需要考虑（　　）。
   A. 截面尺寸　　　　　　　　　B. 轴线位置
   C. 裂缝状况　　　　　　　　　D. 外观特征
   E. 施工方法

   解析：桥梁增大截面加固法施工：加固前应对原结构构件的截面尺寸、轴线位置、裂缝状况、外观特征等进行检查和复核。当与原设计或现有加固设计要求不符时，应及时通知设计单位处理。

   这些要素的检查和复核可以确保加固工程的质量和符合设计要求。施工方法虽然也重要，但并不属于对原结构构件的检查和复核范围。故 E 选项不符合题意。

4. 常见的桥梁维护加固技术施工方法有（　　）。
   A. 预应力加固法　　　　　　　B. 粘贴纤维带加固法
   C. 改变结构体系加固法　　　　D. 地基加固法
   E. 增大截面加固法

解析：在《城市桥梁结构加固技术规程》CJJ/T 239—2016 中给出了增大截面加固法、粘贴钢板加固法、粘贴纤维带加固法、预应力加固法、改变结构体系加固法、增加横向整体性加固法等桥梁结构加固技术。

地基加固法主要用于加固桥梁的地基土层，以提高地基的稳定性和承载能力，不属于桥梁维护加固技术。

5. 城市排水管道现场检测方法有（　　）。
A. 电视检测　　　　　　　　　B. 管道潜望镜检测
C. 磁粉检测　　　　　　　　　D. 声呐与超声检测
E. 传统检查方法

解析：管道现场检测可采用电视检测（CCTV）、声呐与超声检测、管道潜望镜检测和传统检查方法，必要时可组合采用多种方法。

磁粉检测是一种常用于检测金属表面裂纹和缺陷的方法，但对于埋在地下的城市排水管道而言，这种方法明显不适用，因为管道表面通常不易直接访问。

6. 城市管道全断面修复技术，按管道结构形式有（　　）。
A. 原位固化法　　　　　　　　B. 缠绕法
C. 改进穿插法　　　　　　　　D. 铰接管法
E. 灌浆法

解析：管道全断面修复：按照修复缺陷类型，修复方法可分为结构性和功能性修复。按管道结构形式可分为穿插法、改进穿插法、原位固化法、不锈钢内衬法、管片内衬法、缠绕法和喷涂法。D、E 选项是管道局部修复的方法。

相关知识点：管道局部修复是对原有管道内的局部漏水、破损、腐蚀和坍塌等进行修复的方法，主要有密封法、补丁法、铰接管法、局部软衬法、灌浆法、机器人法等，用于管道内部的结构性破坏以及裂纹等的修复。

7. 管道内存在裂缝、接口错位时，可采用（　　）等管内修补方法进行处理。
A. 机械打磨　　　　　　　　　B. 填充材料
C. 点位加固　　　　　　　　　D. 人工修补
E. 胶带修补

解析：原有管道预处理可采用机械清洗、喷砂清洗、高压水射流清洗和管内修补等技术。管道内存在裂缝、接口错位和漏水、孔洞、变形、管壁材料脱落、锈蚀等局部缺陷时，可采用灌浆、机械打磨、点位加固、人工修补等管内修补方法进行处理。

8. 关于排水管道修复与更新技术的说法，正确的是（   ）。
   A. 折叠内衬法施工简单，管道过流能力损失小
   B. 喷涂法主要用于管道的防腐处理
   C. 胀管法在直管、弯管均可使用
   D. 破管顶进法可在含水层使用，基本不受地质条件限制
   E. 缠绕法施工可适应大曲率半径的弯管和管径的变化

   解析： 破管外挤又称爆管法或胀管法。爆管法的优点是破除旧管和布设新管一次完成，施工速度快，对地表的干扰少，可以利用原有检查井。其缺点是不适合弯管的更换，故 C 选项错误。

参考答案

一、单项选择题

1. A	2. A	3. D	4. D	5. A
6. D	7. B	8. A		

二、多项选择题

1. ACDE	2. ABE	3. ABCD	4. ABCE	5. ABDE
6. ABC	7. ACD	8. ABDE		

施工测量与监测

一、单项选择题

1. 施工测量是一项琐碎而细致的工作,作业人员应遵循( )的原则开展测量工作。
   A. 由局部到整体,先细部后控制
   B. 由局部到整体,先控制后细部
   C. 由整体到局部,先细部后控制
   D. 由整体到局部,先控制后细部

   解析:作业人员应遵循"由整体到局部,先控制后细部"的原则。

2. 测量工作中,现测记录的原始数据有误,一般采取( )方法修正。
   A. 擦改
   B. 涂改
   C. 转抄
   D. 画线改正

   解析:测量记录应做到表头完整、字迹清楚、规整,严禁擦改、涂改,必要时可用斜线画去错误数据,旁注正确数据,但不得转抄。
   本题也可以按常识作答。修正,即改正,修改使其正确。既有原来的,也有新增的,对于原始记录的错误,画线改正之后,能更清晰明了地反映数据更改和变化,无疑是最适合的方法。相比之下,擦改和涂改会导致原始数据的丢失,并且可能影响字迹的清晰度和可读性。本题的 C 选项是转抄,转抄之后,数据容易出错,也不是原始记录的真实体现。所以正确答案应为 D。

3. 基坑工程施工前,受委托的第三方应编制监控量测方案,需经( )认可方才有效。
   A. 建设单位、施工单位
   B. 设计单位、施工单位
   C. 建设单位、设计单位
   D. 设计单位、监理单位

   解析:基坑工程施工前,由建设方委托具备相应能力的第三方对基坑工程实施现场监测。监测单位编制监测方案,并经建设方、设计方等认可,必要时与基坑周边环境涉及的有关管理单位协商一致后方可实施。

4. 采用水准仪测量井顶高程时,后视尺置于已知高程 3.440m 的读数为 1.360m,为保证设计井顶高程 3.560m,则前视尺的读数应为( )。
   A. 1.000m
   B. 1.140m
   C. 1.240m
   D. 2.200m

解析： 本题考核测量知识。只要记得这个公式 $b = H_A + a - H_B$，就很容易计算出答案。$b = 3.440 + 1.360 - 3.560 = 1.240m$。

5. 下列关于管道施工测量的说法，错误的是（　　）。
   A. 扇形井室应以井底圆心为基准进行放线
   B. 控制点高程测量应采用附合水准测量
   C. 排水管道工程高程应以管道中心线高程作为施工控制基准
   D. 井室等附属构筑物应以内底高程作为控制基准

解析： 圆形、扇形井室应以井底圆心为基准进行放线。排水管道工程高程应以管内底高程作为施工控制基准，给水等压力管道工程应以管道中心线高程作为施工控制基准。井室等附属构筑物应以内底高程作为控制基准，控制点高程测量应采用附合水准测量。由此可知，所有选项中，只有 C 选项叙述不正确。

6. 市政公用工程施工中，每一个单位（体）工程完成后，应及时进行（　　）测量。
   A. 竣工　　　　　　　　　　B. 复核
   C. 校核　　　　　　　　　　D. 放灰线

解析： 市政公用工程施工过程中，在每一个单位（体）工程完成后，应该进行竣工测量，并提出其竣工测量成果。

本题核心词是"单位（体）工程完成后"，这意味着已经到达了竣工的阶段，因此需要进行竣工测量工作。另外，复核测量通常用于检验和测定上一道工序是否符合要求，而测量校核常用于纠正和核对施工过程中出现的问题。放灰线（或称为测量放线）是工程的最初阶段工作，例如，在准备基坑或沟槽开挖时，需要放置开挖上口线。这些工作在施工过程中扮演着不同的角色和功能。

7. 下列不需要实施基坑工程监控量测的是（　　）。
   A. 基坑设计安全等级为二级的基坑
   B. 开挖深度大于5m的土质基坑
   C. 开挖深度为5m的极软岩基坑
   D. 开挖深度为3.5m且周边环境不复杂的基坑

解析： 当开挖基坑为以下情况时，需实施基坑监测：①基坑设计安全等级为一、二级的基坑。②开挖深度大于或等于5m的下列基坑：土质基坑、极软岩基坑、破碎的软岩基坑、极破碎的岩体基坑；上部为土体，下部为极软岩、破碎的软岩、极破碎的岩体构成的土岩组合基坑。③开挖深度小于5m但现场地质情况和周围环境较复杂的基坑。

8. 下列不属于监测成果的内容是（ ）。
A. 现场监测资料
B. 计算分析资料
C. 文字报告
D. 现场巡查记录

解析：监测报告应完整、清晰、签字齐全。监测成果应包括现场监测资料、计算分析资料、图表、曲线、文字报告等，表达应直观、明确。

二、多项选择题

1. 测量工作属于工程关键岗位之一，从事施工测量的作业主要人员应（ ）。
A. 经专业培训
B. 考核合格
C. 持证上岗
D. 体检合格
E. 取得过行业奖项证书

解析：从事施工测量的作业人员，应经专业培训、考核合格，持证上岗。
对于施工现场人员的要求一般离不开培训、考试、持证这些基本要求，所以本题A、B、C选项没有任何问题。D选项体检合格是对架子工等高处作业人员的指定要求，施工人员都应该进行体检，但并不是说没有经过体检就不能进行测量工作，所以D选项不能作为本题的答案。而E选项取得过行业奖项证书的人更是寥寥无几，不会成为一个市政测量人员的硬性条件。

2. 激光准直（指向）仪适用于（ ）的测量。
A. 曲折隧道
B. 长距离
C. 灯柱
D. 水塔
E. 桥梁墩柱

解析：激光准直（指向）仪主要由发射、接收与附件三大部分组成。现场施工测量用于角度测量和定向准直测量，适用于长距离、大直径隧道或桥梁墩柱、水塔、灯柱等高耸构筑物控制测量的点位坐标传递及同心度找正测量。

3. 下列一级基坑监测项目中，属于应测项目的有（ ）。
A. 支护墙体水平位移
B. 立柱结构竖向位移
C. 孔隙土压力
D. 顶板应力
E. 坑底隆起

解析：

监测项目	工程检测等级		
	一级	二级	三级
支护桩（墙）、边坡顶部水平位移	应测	应测	应测
支护桩（墙）、边坡顶部竖向位移	应测	应测	应测
支护桩（墙）体水平位移	应测	应测	选测
支护桩（墙）结构应力	选测	选测	选测
立柱结构竖向位移	应测	应测	选测
立柱结构水平位移	应测	选测	选测
立柱结构应力	选测	选测	选测
支撑轴力	应测	应测	应测
顶板应力	选测	选测	选测
锚杆拉力	应测	应测	应测
土钉拉力	选测	选测	选测
竖井井壁支护结构净空收敛	应测	应测	应测
土体深层水平位移	选测	选测	选测
土体分层竖向位移	选测	选测	选测
坑底隆起（回弹）	选测	选测	选测
支护桩（墙）侧向土压力	选测	选测	选测
地下水位	应测	应测	应测
孔隙水压力	选测	选测	选测

4. 下列属于监测总结报告的内容是（　　）。
A. 监测数据采集和观测方法
B. 监测目的和监测依据
C. 监测数据、巡查信息的分析与说明
D. 发生原因、地点及处理措施
E. 施工进度

解析：D 选项属于警情快报的内容。E 选项属于阶段性报告的内容。
监测总结报告主要内容：①工程概况。②监测目的、监测项目和监测依据。③监测点布设。④采用的仪器型号、规格和元器件标定等资料。⑤监测数据采集和观测方法。⑥现场巡查信息：巡查照片、记录等。⑦监测数据图表：监测值、累计变化值、变化速率值、时程曲线、必要的断面曲线图、等值线图、监测点平面位置图等。⑧监测数据、巡查信息的分析与说明。⑨结论与建议。

5. 施工监测按照监测内容可分为施工变形监测和力学监测两个方面,下列属于变形监测的有（　　）。

A. 竖向位移监测　　　　　　　　B. 深层水平位移监测
C. 净空收敛监测　　　　　　　　D. 钢支撑轴力监测
E. 混凝土支撑应力监测

解析：施工监测按照监测内容可分为施工变形监测和力学监测两个方面。其中，变形监测包括竖向位移监测、水平位移监测、倾斜监测、深层水平位移监测、基坑底回弹监测、地下水位监测、净空收敛监测、裂缝监测等。力学监测包括土压力监测、水压力监测、钢支撑轴力监测、锚索（锚杆）应力监测、钢管柱应力监测、混凝土支撑应力监测等。

参考答案

一、单项选择题

1. D	2. D	3. C	4. C	5. C
6. A	7. D	8. D		

二、多项选择题

1. ABC	2. BCDE	3. AB	4. ABC	5. ABC

法规、标准和管理

一、单项选择题

1. 组织单位工程竣工验收的是（   ）。
   A. 施工单位   B. 监理单位
   C. 建设单位   D. 质量监督机构

> **解析**：本题考核单位工程竣工验收的组织者。工程竣工验收由建设单位负责组织实施。
>
> 相关知识点：施工单位应自检合格，并应编制工程竣工报告，按规定程序审批后向建设单位提交。监理单位应在自检合格后组织工程竣工预验收，预验收合格后应编制工程质量评估报告，按规定程序审批后向建设单位提交。建设单位应在竣工预验收合格后组织监理、施工、设计、勘察单位等相关单位项目负责人进行工程竣工验收。
>
> 建设单位必须在竣工验收 7 个工作日前将验收的时间、地点及验收组名单书面通知负责监督该工程的监督管理部门。列入城建档案管理机构接收范围的工程，城建档案管理机构应按照建设工程竣工联合验收的规定对工程档案进行验收。

2. 关于施工现场用火要求的说法，错误的是（   ）。
   A. 动火作业应办理动火许可证
   B. 动火操作人员应具有相应资格
   C. 可燃材料上严禁动火作业
   D. 具有火灾、爆炸危险的场所严禁明火

> **解析**：裸露的可燃材料上严禁直接进行动火作业。确需在使用可燃建筑材料的施工作业之后进行动火作业，应采取可靠的防火措施。

3. 不属于施工组织设计内容的是（   ）。
   A. 施工成本计划   B. 施工总部署
   C. 质量保证措施   D. 施工技术方案

> **解析**：施工组织设计应包括工程概况、施工总体部署、施工现场平面布置、施工准备、施工技术方案、主要施工保证措施等基本内容。

4. 施工方案更改后需要重新报审，下列不属于监理公司审查核验的是（   ）。
   A. 工程变更必要性和可行性   B. 工程变更造价合理性
   C. 工程变更对工期的影响   D. 工程变更图纸

解析：监理公司审查核验工程变更必要性和可行性，审查核验工程变更造价合理性，审查核验工程变更对工期的影响，并签署审查核验意见；设计单位审查核验工程变更图纸是否满足设计规范和原设计要求，并签署审查核验意见。

D 选项属于设计单位审核的内容。

5. 评标的核心部分是（　　）。
   A. 详细评审　　　　　　　　B. 评标准备
   C. 评标报告　　　　　　　　D. 初步评审

解析：评标分为评标准备、初步评审、详细评审、编写评标报告等过程。详细评审是评标的核心，是对标书进行实质性审查，包括技术评审和商务评审。

6. 《房屋建筑工程和市政基础设施工程竣工验收备案管理暂行办法》规定，工程竣工验收的工程质量评估报告应由（　　）提出。
   A. 施工单位　　　　　　　　B. 监理单位
   C. 质量监督站　　　　　　　D. 建设单位

解析：对于委托监理的工程项目，监理单位对工程进行了质量评估，具有完整的监理资料，并提出工程质量评估报告。工程质量评估报告应经总监理工程师和监理单位有关负责人审核签字。

这个知识点是考生必须掌握的常识内容。施工单位提供的是工程竣工报告，建设单位提供的是工程竣工验收报告，工程质量监督机构提供的是工程质量监督报告。

7. 施工图预算对施工单位的作用不包括（　　）。
   A. 是编制进度计划、统计完成工作量的参考依据
   B. 是控制项目成本及项目精细化管理的依据
   C. 是工程量清单的编制依据
   D. 是确定投标报价的依据

解析：施工图预算对施工单位的作用：①施工图预算是确定投标报价的依据。②施工图预算是施工单位进行施工准备的依据，是施工单位在施工前组织材料、机具、设备及劳动力供应的重要参考，是施工单位编制进度计划、统计完成工作量、进行经济核算的参考依据。③施工图预算是项目二次预算测算、控制项目成本及项目精细化管理的依据。

C 选项是施工图预算对建设单位的作用。

8. 施工现场扬尘控制不符合规定的是（　　）。
   A. 易飞扬和细颗粒建筑材料封闭存放，余料及时回收
   B. 裸露地面、集中堆放的土方应采取抑尘措施

C. 运送土方、渣土的车辆未覆盖应少装慢行

D. 现场进出口设冲洗池保持车辆清洁

解析：运送土方、渣土等易产生扬尘的车辆应采取封闭或遮盖措施。

二、多项选择题

1. 下列城市道路管理的规定说法正确的是（　　）。

A. 临时占用道路须经市政工程行政主管部门和公安交通管理部门批准

B. 需要挖掘城市道路的，应提交城市规划部门批准签发的文件

C. 需要紧急抢修管线可以先破路抢修，在48h内按规定补办批准手续

D. 挖掘城市道路应当在施工现场设置明显标志和安全防护围挡设施

E. 经批准占用城市道路需要延长时间的，应向主管部门补报

解析：埋设在城市道路下的管线发生故障需要紧急抢修的，可以先行破路抢修，并同时通知市政工程行政主管部门和公安交通管理部门，在24h内按照规定补办批准手续，C选项错误。经批准占用或者挖掘城市道路的，应当按照批准的位置、面积、期限占用或者挖掘。需要移动位置、扩大面积、延长时间的，应当提前办理变更审批手续，E选项错误。

2. 施工企业在项目管理中对企业升级申请和增项申请造成影响的行为有（　　）。

A. 允许其他企业或个人以本企业的名义承揽工程

B. 未取得施工许可证擅自施工

C. 将承包的工程转包或违法分包

D. 发生过一起以上一般质量安全事故

E. 隐瞒或谎报、拖延报告工程质量安全事故

解析：对企业升级申请和增项申请造成影响的行为，发生过较大以上质量安全事故或者发生过两起以上一般质量安全事故的。

3. 施工作业过程中应及时对施工组织设计进行修改或补充的情况有（　　）。

A. 工程设计有重大变更

B. 施工主要管理人员变动

C. 主要施工资源配置有重大调整

D. 施工环境有重大改变

E. 主要施工材料供货单位发生变化

解析：施工作业过程中发生下列情况之一时，施工组织设计应及时修改或补充：①工程设计有重大变更。②主要施工资源配置有重大调整。③施工环境有重大改变。

4. 在设置施工成本管理组织机构时，要考虑到市政公用工程施工项目具有（　　）等特点。

A. 多变性　　　　　　　　　　B. 阶段性
C. 流动性　　　　　　　　　　D. 单件性
E. 简单性

> 解析：市政公用工程施工项目具有多变性、流动性、阶段性等特点，这就要求成本管理工作和成本管理组织机构随之进行相应调整，以使组织机构适应施工项目的变化。
>
> 本题完全可以通过分析得出答案。众所周知，市政工程一般多专业交叉、综合施工，拆迁与新建同时进行，施工用地紧张、流动性大，容易对交通、生活造成干扰等，所以D、E选项明显不符合题意。市政工程项目特点一般多在案例中结合背景资料进行考核。

5. 建筑施工现场"五牌一图"指的是（　　）。

A. 工程概况牌　　　　　　　　B. 施工现场总平面图
C. 安全保卫牌　　　　　　　　D. 文明施工牌
E. 安全生产牌

> 解析：施工现场必须设有"五牌一图"，即工程概况牌、管理人员名单及监督电话牌、消防保卫（防火责任）牌、安全生产牌、文明施工牌和施工现场总平面图。
>
> 本题C选项错误，应为消防保卫牌或防火责任牌。

6. 关于施工质量检查验收的说法，正确的有（　　）。

A. 分项工程应由总监理工程师组织施工单位项目专业技术负责人等进行验收
B. 检验批由专业监理工程师组织施工单位项目专业质量检查员、专业工长等进行验收
C. 分部工程应由总监理工程师组织施工单位项目负责人和项目技术负责人等进行验收
D. 勘察、设计单位项目负责人和施工单位技术、质量部门负责人应参加地基与基础分部工程的验收
E. 单位工程完工后，施工单位应组织有关人员进行自检

> 解析：本题考核施工质量检查验收。分项工程应由专业监理工程师组织施工单位项目专业技术负责人等进行验收。A选项不正确。

参考答案

一、单项选择题

1. C	2. C	3. A	4. D	5. A
6. B	7. C	8. C		

二、多项选择题

1. ABD	2. ABCE	3. ACD	4. ABC	5. ABDE
6. BCDE				

第二部分　二建经典案例真题
（2016—2023 年）

案例 1　2023 年二建案例真题一

📁 背景资料

某公司承建一项城市道路改建工程，道路全长 1500m，其中 1000m 为旧路改造路段，500m 为新建填方路段；填方路基两侧采用装配式钢筋混凝土挡土墙，挡土墙基础采用现浇 C30 钢筋混凝土，并通过预埋件、钢筋与预制墙面板连接；基础下设二灰稳定碎石垫层。预制墙面板每块宽 1.98m，高 2～6m，每隔 4m 在板缝间设置一道泄水孔。新建道路路面结构上面层为厚 4cm 改性 SMA-13 沥青混合料，下面层为厚 8cmAC-20 中粒式沥青混合料。旧路改造段路面面层采用在既有水泥混凝土路面上加铺厚 4cm 改性 SMA-13 沥青混合料。新旧路面结构衔接有专项设计方案。新建道路横断面如下图所示。

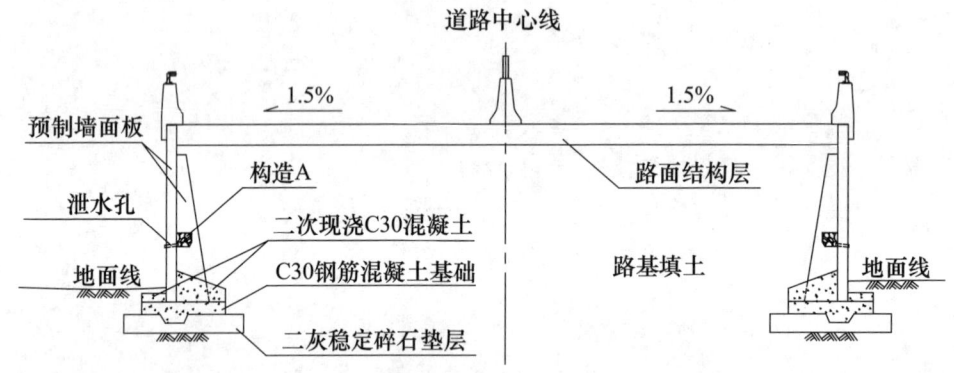

新建道路横断面示意图

施工过程中发生如下事件：

事件一：项目部编制了挡土墙施工方案，明确了各施工工序：①预埋件焊接、钢筋连接；②二灰稳定碎石垫层施工；③吊装预制墙面板；④现浇 C30 钢筋混凝土基础；⑤墙面板间灌缝；⑥二次现浇 C30 混凝土。

事件二：项目部在加铺面层前对既有水泥混凝土路面进行综合调查，发现路面整体情况良好，但部分路面面板存在轻微开裂及板下脱空现象，部分检查井有沉陷。项目部拟采用非开挖的形式对脱空部位进行基底处理，并将混凝土面板的接缝清理后进行沥青面层加铺。

事件三：为保证雨期沥青面层施工质量，项目部制定了雨期施工质量控制措施，内容包括：①沥青面层不得在下雨或下层潮湿时施工；②加强施工现场与沥青拌合厂联系，及时关注天气情况，适时调整供料计划。

问题

1. 挡土墙属于哪种结构形式？写出构件 A 的名称及其主要作用。
2. 事件一中，给出预制墙面板的安装条件；写出挡土墙施工工艺流程（用背景资料中的序号"①～⑥"及"→"作答）。
3. 事件二中，路面板基底脱空非开挖式处理最常用的方法是什么？需要通过试验确定哪些参数？
4. 事件二中，在既有水泥混凝土路面上加铺沥青面层前，项目部还需要完成哪些工序？
5. 事件三中，补充雨期面层施工质量控制措施。

参考答案

1. 挡土墙属于哪种结构形式？写出构件 A 的名称及其主要作用。

参考答案：

（1）挡土墙结构形式为扶壁式。

（2）构造 A 的名称为反滤层（反滤包），其作用是排水并防止墙背填土流失（滤土排水、过滤土体）。

> 解析：在道桥施工中，钢筋混凝土挡土墙可以分为现浇式和装配式。在高填方路堤施工中，装配式挡土墙通常采用扶壁式结构。从图上可以清楚地看到挡土墙带有扶壁板，但墙趾板和墙踵板是通过壁板和扶壁板底部预留的钢筋与基础进行二次混凝土浇筑。
>
> 图中的构件 A 是挡土墙泄水孔后设置的反滤层，也称为反滤包。其作用是防止土壤进入泄水孔，确保挡土墙后方的排水过程顺利进行。如果泄水孔直径较大，会导致水土流失；而如果泄水孔直径较小，可能引起泄水孔的堵塞，阻碍挡土墙后方积水的排出。当土壤含水量较高时，这会增加土壤对挡土墙的压力，最终导致墙体倾斜。

扶壁式挡土墙

反滤层

2. 事件一中，给出预制墙面板的安装条件；写出挡土墙施工工艺流程（用背景资料中的序号"①~⑥"及"→"作答）。

参考答案：

（1）预制墙面板安装条件：

① 挡土墙基础达到预定强度，预埋件位置正确无遗漏；

② 预制墙面板检验合格；

③ 现场具备吊运条件（安装条件）。

（2）挡土墙施工工艺流程为②→④→③→①→⑥→⑤。

> **解析：** 预制墙面板通常在构件预制厂进行预制，安装前需要进行吊运。因此，首要条件是确保其强度符合设计要求，并对规格、尺寸、预埋件等进行检验。同样，安装挡土墙的混凝土基础也应满足预定的强度要求，并确保预埋件的准确位置，以防遗漏。此外，在进行吊装前，施工现场应满足吊车和构件运输车辆的行驶需求。

3. 事件二中，路面板基底脱空非开挖式处理最常用的方法是什么？需要通过试验确定哪些参数？

参考答案：

（1）路面板非开挖式基底处理最常用的方法是注浆（灌浆）。

（2）需试验确定的参数为注浆压力、初凝时间（凝固时间）、注浆流量、浆液扩散半径等。

> **解析：** 本小题考核内容为教材原文内容，属于记忆性的考点。这种知识点未来还有可能以选择题形式出现。

4. 事件二中，在既有水泥混凝土路面上加铺沥青面层前，项目部还需要完成哪些工序？

参考答案：

（1）对既有水泥混凝土路面层的裂缝清理干净（修补裂缝），并采取防反射裂缝措施（铺设土工格栅、玻璃纤维）。

（2）查明检查井沉陷原因并修缮（加固），为配合沥青面层加铺调整检查井高程。

（3）清理水泥混凝土路面，洒布沥青粘层油。

> **解析：** 案例补充题可分为两类：一类是对教材原文内容的补充，考核频率较低；另一类是需要结合案例背景进行作答，本小问属于后者。
>
> 针对加铺面层前的情况，项目部仅对混凝土面板的接缝进行了清理。然而，在案例背景的现场调查中发现混凝土路面面板有轻微开裂。因此，清理或修缮裂缝成为一个需要考虑的采分点。为防止这些裂缝反射到加铺后的沥青面层上，需要在加铺前采取防反

射裂缝的措施，如铺设土工格栅、玻璃纤维网等。

案例背景还提到部分检查井存在沉陷。因此，需要查明检查井沉陷的原因，并进行修缮或加固。为确保路面的平整度，检查井的井盖高程应与道路面层高程保持一致。因此，在进行加铺面层之前，需要调整检查井的高程。

另外，根据教材原文内容，加铺面层前的路面清理和洒布粘层油是必要的步骤，也是水泥混凝土路面加铺沥青面层的常识。

5. 事件三中，补充雨期面层施工质量控制措施。

参考答案：
(1) 缩短施工长度、平行作业。
(2) 及时摊铺、及时完成碾压。
(3) 运输车辆应有防雨措施（覆盖）。

解析： 沥青混凝土雨期施工采分点总结如下：避免在下雨或下层潮湿的情况下施工，密切关注天气情况，与沥青拌合厂联系沟通，缩短施工长度，运料车覆盖防雨，及时摊铺碾压等内容。在作答时可以根据案例背景中已列举的内容进行补充。

近年来，二建市政对道路冬雨期施工考核频次很高。后期应更多关注一些近年未曾考核的内容，如沥青混凝土面层的冬期施工、水泥混凝土面层的冬期或高温施工。

案例2　2023年二建案例真题二

背景资料

某公司承建一座城市桥梁工程，双向四车道，桥面宽度28m，横断面划分为2m（人行道）+4m（非机动车道）+16m（车行道）+4m（非机动车道）+2m（人行道）。上部结构采用3×30m预制预应力混凝土简支T形梁；下部结构采用盖梁及ϕ1300mm圆柱式墩，基础采用ϕ1500mm钢筋混凝土钻孔灌注桩；重力式U形桥台。T形梁预应力体系装配方式如下图所示。

施工过程发生如下事件：

事件一：施工前，项目部按照设计参数开展预应力材料采购，材料进场后项目部组织相关单位专业技术人员开展现场见证取样和送检。

事件二：T形梁预制施工时，项目部按照下图进行预应力构件组装；预应力钢绞线采用先穿束后浇筑混凝土的安装方法，混凝土浇筑过程中不定时来回抽动预应力钢绞线；待混凝土强度达到设计要求后进行预应力钢绞线张拉。

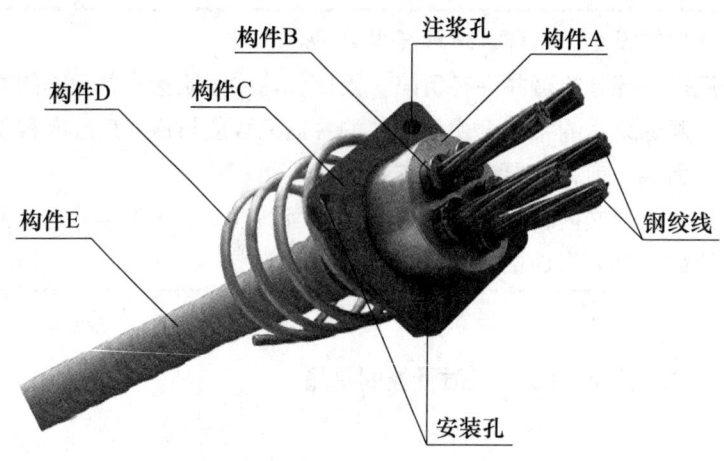

T形梁预应力体系装配示意图

问题

1. 写出示意图中构件 A~E 的名称。
2. 根据示意图，预应力体系属于先张法和后张法体系中的哪一种？
3. 事件一中，参加现场见证取样的单位除了施工单位外还应邀请哪些单位参加？
4. 事件二中，指出混凝土浇筑过程中来回抽动预应力钢绞线的作用。
5. 指出张拉预应力钢绞线时宜采用单端张拉还是两端张拉。

参考答案

1. 写出示意图中构件 A~E 的名称。

参考答案：

构件 A 的名称：锚具（板、环）。

构件 B 的名称：夹片（具）。

构件 C 的名称：锚垫板（喇叭口）。

构件 D 的名称：螺旋筋。

构件 E 的名称：金属波纹管（预应力管道、孔道、套管）。

> **解析：** 市政专业考试经常对图形中某一部位的命名进行考核。在案例背景中直接提供图片，并要求考生指出图片中特定部位的名称，这种考核方式可以被视为考试题型的一种突破。不仅如此，在2023年的一建建筑专业考试中，也出现了类似的情况。试卷中给出了一张图片，要求考生判断该图片中的混凝土质量是露筋还是孔洞。因此，未来备考时除了要关注常见的图纸，还应有针对性地关注施工图片。
>
> 在回答图片特定部位的名称时，考生应遵循冗余原则，思考并列举多种可能的名称或描述方式，以确保答案尽可能地涵盖更多的采分点。

2. 根据示意图，预应力体系属于先张法和后张法体系中的哪一种？

参考答案：

预应力体系属于后张法体系。

> **解析：** 预应力先张法和后张法是两种预应力混凝土构件的施工方法。
>
> 先张法是在混凝土浇筑前进行的预应力张拉。首先，张拉钢束并将其锚固。然后，在张拉的钢束上浇筑混凝土，确保混凝土与钢束之间形成充分的握裹。待混凝土达到设计强度后，进行脱模并释放钢束的预应力。这样，混凝土在预应力的作用下会发生收缩挤压。
>
> 后张法是在混凝土构件浇筑完成后进行的预应力张拉。首先，在混凝土构件的孔道中穿过钢束，并在两端设置锚具。待混凝土达到要求的强度后，进行张拉预应力。通过张拉预应力钢束，使其施加压应力于混凝土构件，并通过锚具将预应力传递给混凝土。最后，将孔道填充高强度灌浆材料。
>
> 根据背景提供的图片，钢束（钢绞线）外设有孔道，属于典型的后张法施工方式。

3. 事件一中，参加现场见证取样的单位除了施工单位外还应邀请哪些单位参加？

参考答案：

还应邀请供货单位、建设单位、监理单位、检测单位（机构）、质量监督机构（站）。

> **解析：** 材料进场后的检查验收包含一个重要的环节，即现场取样并将样品送到有资质的第三方实验室进行复试。关于见证取样需要邀请哪些单位参加，在教材中并未明确规定。然而，见证取样的目的是将样品送至第三方实验室进行复试，以体现监控主体对自控主体的监督。因此，在评分点中必须明确体现监控主体的角色，即建设单位或监理单位。此外，考虑到检测单位对进场材料进行复试的情况，最好也涵盖供货单位和检测单位，并将质量监督机构纳入考虑范围。

4. 事件二中，指出混凝土浇筑过程中来回抽动预应力钢绞线的作用。

参考答案：

抽动钢绞线的作用：混凝土浇筑过程中管道可能出现漏浆，避免钢绞线固结（不出现管道堵塞，保持预应力钢绞线处于活动、松弛、不出现卡死状态）。

> **解析：** 后张法预应力有两种安装方式：先穿束后浇筑混凝土和先浇筑混凝土后穿束。根据案例背景分析，本工程采用了先穿束后浇筑混凝土的方法，即在混凝土浇筑之前已将钢绞线安装在孔道中。在混凝土浇筑过程中，不可避免地会出现孔道接缝位置的漏浆现象。如果水泥浆渗入孔道并发生凝固，将导致已穿入的钢绞线固结在一起。如果固结现象较为严重，后期进行张拉时钢绞线将无法在孔道内自由伸缩。因此，在混凝土浇筑过程中，应反复抽动钢绞线，以防止其被水泥浆固结。

5. 指出张拉预应力钢绞线时宜采用单端张拉还是两端张拉。

参考答案：

预应力钢绞线宜采用两端张拉。

> **解析：** 在案例背景中有如下信息：某公司承建一座城市桥梁工程，上部结构采用 $3 \times 30m$ 预制预应力混凝土简支 T 形梁。曲线预应力筋或长度大于等于 25m 的直线预应力筋，宜在两端张拉；长度小于 25m 的直线预应力筋，可在一端张拉。

案例3　2023年二建案例真题三

背景资料

某地铁车站沿东西方向布置，中间为标准段，两端为端头井。标准段长 120m、宽 21m，开挖深度 18m，采用明挖法施工。围护结构采用 φ900mm 钻孔灌注桩，间距 1050mm，桩间设 φ650mm 旋喷桩止水，基坑围护桩平面布置如图 1 所示。基坑支护共设 4 道支撑，第 1 道为钢筋混凝土支撑，第 2~4 道为钢支撑，基坑支护断面如图 2 所示。

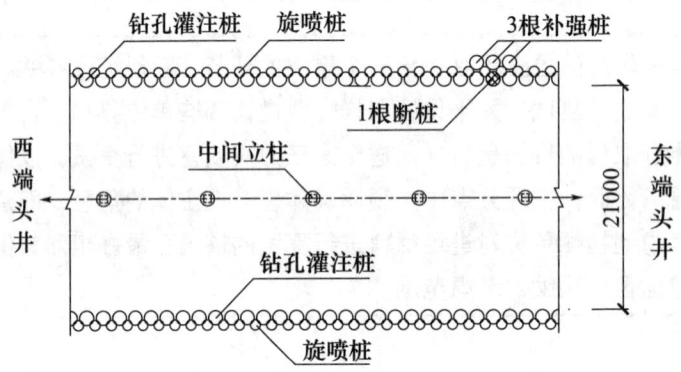

图 1　标准段基坑围护桩平面布置示意图

（尺寸单位：mm）

施工过程中发生如下事件：

事件一：钻孔灌注桩成桩后，经检测发现有 1 根断桩，如图 1 所示。分析认为断桩是由于水下混凝土浇筑过程中导管口脱出混凝土面所致。对此，项目部提出针对性补强措施，经相关方同意后实施。

事件二：针对基坑土方开挖及支护工程，项目部进行了危险源辨识，编制危大工程专项施工方案，履行相关报批手续。基坑开挖前，项目部就危大工程专项施工方案组织了安全技术交底。

事件三：基坑开挖至设计开挖面后，由监理工程师组织基坑验槽，确认合格后及时进行混凝土垫层施工。

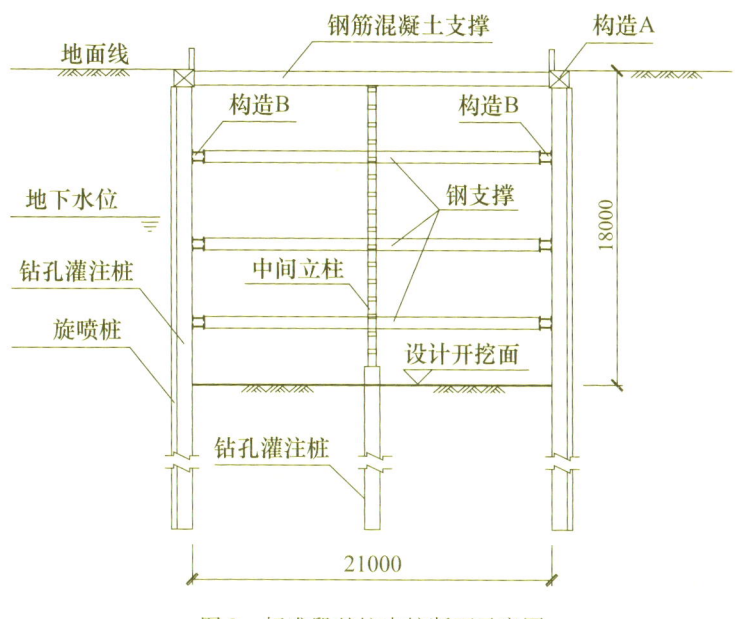

图 2 标准段基坑支护断面示意图

(尺寸单位：mm)

问题

1. 写出图 2 中构造 A、B 的名称；给出坑外土压力传递的路径。
2. 事件一中，针对断桩事故应采取哪些预防措施？
3. 指出基坑工程施工过程中的最危险工况。
4. 事件二中，危大工程专项施工方案安全技术交底应如何进行？
5. 事件三中，基坑验槽还应邀请哪些单位参加？

参考答案

1. 写出图 2 中构造 A、B 的名称；给出坑外土压力传递的路径。

参考答案：

（1）构造 A 的名称为冠梁（顶圈梁、锁口梁），构造 B 的名称为围檩（腰梁、圈梁）。

（2）土压力传递的路径：土压力→围护桩（或钻孔灌注桩）→围檩（冠梁）→支撑。

> **解析：** 在市政专业的考核题目中，要求应试者写出图形中构造 A 或构造 B 的名称时，可以遵循冗余原则，这意味着可以提供多个可能的答案，如本题中的构造 A 可以被称为冠梁、顶圈梁或锁口梁，构造 B 可以被称为围檩、腰梁或圈梁。
>
> 在考试中冗余原则的使用可以发挥以下方面优势：

（1）考虑多个专业术语：市政工程涉及多个领域和专业术语，不同地区或行业标准本来就可能使用不同的术语来描述相同的构造。

（2）考虑多个角度：同一个构造可以有多个角度和视角来描述。通过提供多个可能的名称，可以考虑到不同角度的描述。

（3）提升创造性思维：平时训练写出冗余答案，可以促进创造性思考，达到从不同的角度思考问题并提供多样化答案的目的。这有助于培养应试者的观察和分析能力，以及在实际工作中灵活运用相关知识的能力。

需要注意的是，在使用冗余原则时，需要确保提供的答案尽可能准确合理。在日常学习中，要明确不同术语的定义和用途，以避免混淆。

总而言之，使用冗余原则可以为市政专业的考核提供更灵活和全面的答案选择，考虑到不同的术语和描述，鼓励创造性思维，并培养考生的观察和分析能力。这种方法可以更好地适应多样化的案例背景和出题角度，提升考试得分的概率。

土压力传递的路径属于教材原文内容，在考试中，如果前面的小题无法回答出来，可以依据案例背景自行推测土压力的传递路径。例如，在本题中，可以写成土压力传递路径为土压力→钻孔灌注桩→构造B、构造A→钢支撑、钢筋混凝土支撑。可以根据案例的情境和常识进行合理推测，作出这样的回答。

2. 事件一中，针对断桩事故应采取哪些预防措施？

参考答案：

预防断桩的措施：

（1）准确控制初灌量，确保首次浇筑后管口埋深足够（或管口不脱离混凝土面）。

（2）浇筑过程中严格控制拔管长度，确保管口埋深足够（或管口不脱离混凝土面）。

解析：根据题目背景分析，断桩问题是由于水下混凝土浇筑过程中导管口脱出混凝土面所致。因此，在整理答案时，可以围绕初灌量不足和导管拔出混凝土面两个方向展开。

质量通病的考核方式，包括原因分析、预防办法和处理措施。施工中的许多质量问题的原因分析和预防办法实质上是相同的，只是表述方式不同。教材中介绍了多种质量问题的原因，但在考试中，并非总是要求进行原因分析，而可能更关注预防办法。因此，要合理组织语言和表达形式，使答案更清晰易读。

3. 指出基坑工程施工过程中的最危险工况。

参考答案：

基坑开挖至设计开挖面；施工设备事故；基坑坍塌；基坑涌水（水淹）；支撑或围护结构失效；基坑变形过大（基坑失稳）。

> **解析**：工况是指工程或系统在运行过程中所面临的特定情况或状态。它描述了在特定的时间和空间范围内，工程或系统所遭遇的各种外部和内部条件、环境、负荷和要求等。在基坑工程施工过程中，存在一些普遍的危险工况。尽管本题中没有提供具体的案例背景，但我们可以考虑以下几个常见的危险工况：基坑坍塌、涌水、变形过大、失稳、支撑失效和围护失效。此外，基坑开挖至设计开挖面的时间也是一个需要特别关注的时间点。需要注意的是，以上提到的危险工况只是一些可能存在的情况，并非详尽无遗，因此，在后续遇到类似的案例题目时，需要根据具体案例背景进行分析和回答。

4. 事件二中，危大工程专项施工方案安全技术交底应如何进行？

参考答案：

（1）编制人员或者项目技术负责人向施工现场管理人员进行方案交底。

（2）施工现场管理人员向作业人员进行安全技术交底。

（3）双方（或交底人、被交底人）和项目专职安全生产管理人员共同签字确认。

> **解析**："两专"属于重要的案例考点，2024 新版大纲中对专项施工方案交底内容不再提及，但该规定属于《危险性较大的分部分项工程安全管理规定》（由住房城乡建设部第 37 号发布，经由住房城乡建设部令第 47 号修正）重要规定，后期依然可以作为案例考点。

5. 事件三中，基坑验槽还应邀请哪些单位参加？

参考答案：

基底验收还应邀请建设（业主）单位、勘察单位、设计单位、施工单位（或总包单位）、质量监督部门。

> **解析**：验槽是二建市政专业考试中的常见考点。在考试中，如果要求列举参加验槽的单位，通常包括勘察、设计、施工、监理和建设单位。然而，如果要求列举邀请单位，可以考虑将质量监督部门也包括在内。这是因为参加单位必须亲自到场，而邀请单位并没有强制要求出席，这两者之间存在一些细微差别。

案例4　2023 年二建案例真题四

背景资料

某公司承建一座钢筋混凝土输水箱涵工程，为两孔结构，单孔结构净宽 8.0m，净高 3.8m，结构顶板、侧墙和中墙厚度均为 700mm，底板厚度 750mm。主体结构混凝土强度等级 C40，抗渗等级 P6。场地地下水属于地表潜水，水位埋深 3.2m，主要含水层为粉土层。

基坑与箱涵结构断面如下图所示。

项目部编制的施工组织设计内容包括：

（1）降水选用 $\phi700mm$ 管井降水方案。

（2）基坑采用放坡开挖，坑壁采用土钉墙支护。

（3）箱涵主体分两步浇筑完成，第一步浇筑底板，第二步浇筑侧墙、中墙和顶板。

（4）经计算，顶模承受的施工总荷载为 $23.22kN/m^2$。模板支撑架选用承插型盘扣式钢管支架体系，立杆规格 $\phi48mm×3.5mm$，立杆横向间距 900mm，纵向间距 600mm，步距 1500mm。

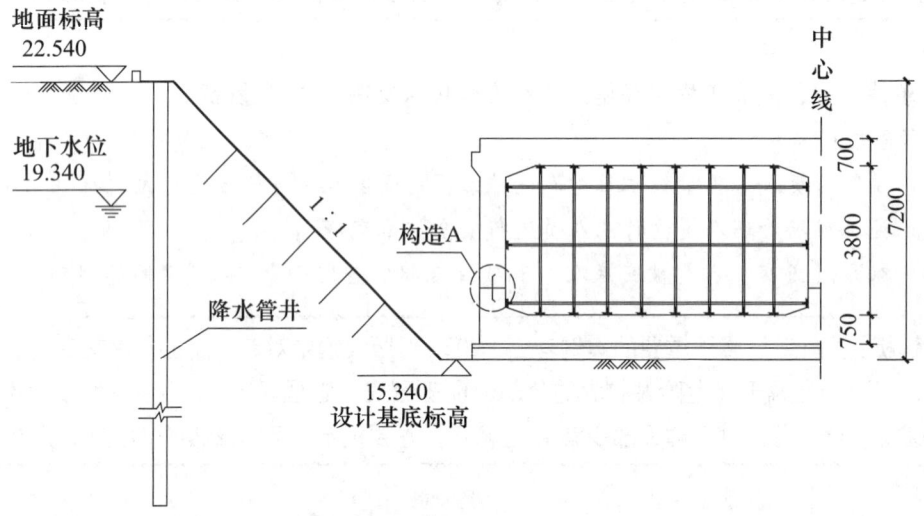

基坑与箱涵结构断面示意图（半幅）

（高程单位：m；尺寸单位：mm）

项目负责人主持编制了危大工程专项施工方案，主要内容包括工程概况、编制依据、施工计划、施工工艺技术、计算书及相关施工图表等。专项施工方案经项目技术负责人审核签字后报送监理单位。

问题

1. 写出示意图中构造 A 的名称，并指出其留设位置。
2. 给出地下水降水时间和水位控制要点。
3. 补充完善危大工程专项施工方案主要内容。
4. 根据背景资料，哪些危大工程专项施工方案需要组织专家论证？说明理由。
5. 指出专项施工方案送审流程的不当之处，并给出正确做法。

参考答案

1. 写出示意图中构造 A 的名称，并指出其留设位置。

参考答案：

（1）带止水钢板（止水带）的施工缝。

（2）施工缝应留设在腋角以上不小于 200mm 处。

> **解析**：二建市政专业曾多次考核结构施工缝这个知识点，而地下结构的施工缝往往会加设止水钢板，有时题目还会进一步考核止水钢板施工要求。《给水排水构筑物工程施工及验收规范》GB 50141—2008 中规定："池壁与底部相接处的施工缝，宜留在底板上面不小于 200mm 处；底板与池壁连接有腋角时，宜留在腋角上面不小于 200mm 处。"本工程中输水箱涵设有腋角，所以答案中必须明确在腋角以上不小于 200mm 这个采分点。

2. 给出地下水降水时间和水位控制要点。
参考答案：
（1）降水时间：从基坑开挖前直至结构满足抗浮要求并回填完成（或工程完成）期间。
（2）水位控制要点：降水必须使水位降至基底（基础垫层）以下 500mm（标高 14.840m 以下）才能进行施工。施工期间降水持续进行，保持干槽作业。

> **解析**：题目中询问的降水时间是指施工期间进行降水的起止时间。在开挖前，需要对需要降水的沟槽或基坑进行降水，以便进行土方开挖支护。在基坑回填过程中，沟槽必须保持干燥，有水时不能进行作业。因此，降水的结束时间应当在回填完成后，并且如果地下结构有抗浮要求，必须确保结构满足抗浮要求时才能结束降水。
>
> 水位控制要点这一小问的核心在于"控制"，评分点应集中在水位高程（标高）的控制、降水的连续性及干槽作业等几个方面。

3. 补充完善危大工程专项施工方案主要内容。
参考答案：
危大工程专项施工方案主要内容应补充：
施工安全保证措施、施工管理及作业人员配备和分工、验收要求、应急处置措施。

> **解析**：专项方案编制应当包括以下内容：
> （1）工程概况：危大工程概况和特点、施工平面布置、施工要求和技术保证条件。
> （2）编制依据：相关法律、法规、规范性文件、标准、规范及施工图设计文件、施工组织设计等。
> （3）施工计划：施工进度计划、材料与设备计划。
> （4）施工工艺技术：技术参数、工艺流程、施工方法、操作要求、检查要求等。
> （5）施工安全保证措施：组织保障措施、技术措施、监测监控措施等。
> （6）施工管理及作业人员配备和分工：施工管理人员、专职安全生产管理人员、特种作业人员、其他作业人员等。

(7) 验收要求：验收标准、验收程序、验收内容、验收人员等。

(8) 应急处置措施。

(9) 计算书及相关施工图纸。

根据背景提供的信息，已经包含工程概况、编制依据、施工计划、施工工艺技术、计算书及相关施工图纸等内容。因此，只需补充施工安全保证措施、施工管理及作业人员配备和分工、验收要求、应急处置措施等四项内容。在回答过程中，不需要在答题卡上展示每个小项中的具体内容，因为这些细节并非本题的评分要点。

4. 根据背景资料，哪些危大工程专项施工方案需要组织专家论证？说明理由。

参考答案：

(1) 深基坑工程（土方开挖、支护、降水工程）。

理由：按照规定，开挖深度超过5m（含5m）的基坑（槽）的土方开挖、支护、降水工程专项施工方案需要进行专家论证，本工程基坑开挖深度7.2m，大于5m，故需论证。

(2) 混凝土模板支撑（架）工程。

理由：按照规定，施工总荷载$15kN/m^2$及以上的混凝土模板支撑工程专项施工方案需要进行专家论证，本工程施工总荷载$23.22kN/m^2$，大于$15kN/m^2$，故需论证。

解析：基坑的挖掘深度为7.2m。即使在图中没有给出该深度信息，我们也可通过地面标高22.540m和槽底标高15.340m计算得出。在混凝土模板支撑工程中，箱涵结构的顶板、侧墙和中墙厚度均为700mm。由于混凝土的重度为$25kN/m^3$，即使案例背景没有提供顶模的承受施工总荷载为$23.22kN/m^2$，仅提供了混凝土的重度，我们仍然可以计算得出该工程的混凝土模板支撑工程需要进行专家论证。

5. 指出专项施工方案送审流程的不当之处，并给出正确做法。

参考答案：

不当之处：由项目技术负责人审核签字后报送监理单位（或未经单位技术负责人审核签字）。

正确做法：专项施工方案应当由施工单位技术负责人审核签字、加盖单位公章后报送监理单位。

解析：在二级建造师市政考试中，经常会涉及"两专"编制、审批及论证的组织流程等内容。因此，在备考过程中，除了要熟悉建办质〔2018〕31号文件的附件内容，还应深入理解教材中关于"两专"其他规定的内容。这样可以确保在考试中不会失去"两专"这个考点的分数。

案例5 2022年二建案例真题一

背景资料

某工程公司承建一座城市跨河桥梁工程。河道宽36m，水深2m，流速较大，两岸平坦开阔。桥梁为三跨（35+50+35）m预应力混凝土连续箱梁，总长120m。桥梁下部结构为双柱式花瓶墩，埋置式桥台，钻孔灌注桩基础。桥梁立面如下图所示。

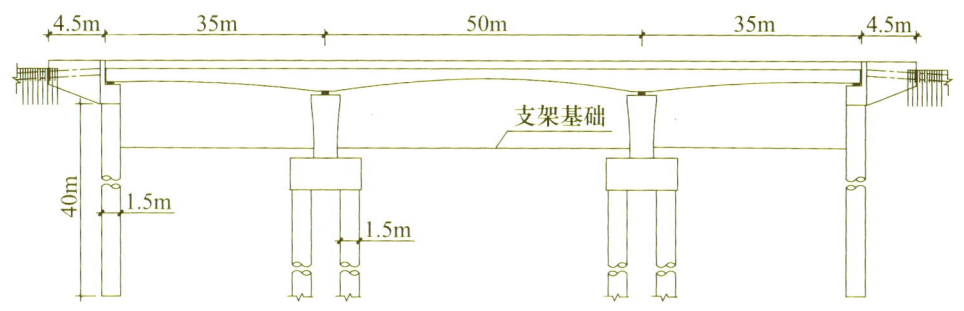

桥梁立面示意图

项目部编制了施工组织设计，内容包括：

1. 经方案比选，确定导流方案为从施工位置的河道上下游设置挡水围堰，将河水明渠导流在桥梁施工区域外，在围堰内施工桥梁下部结构。

2. 上部结构采用模板支架现浇法施工，工艺流程为：支架基础施工→支架满堂搭设→底模安装→A→钢筋绑扎→混凝土浇筑及养护→预应力张拉→模板及支架拆除。

预应力筋为低松弛钢绞线，选用夹片式锚具。项目部拟参照类似工程经验数值确定预应力筋理论伸长值。采用应力值控制张拉，以伸长值进行校核。

项目部根据识别出的危大工程编制了安全专项施工方案，邀请了含本项目技术负责人在内的四位专家对方案内容进行论证。

问题

1. 按桥梁总长或单孔跨径大小分类，该桥梁属于哪种类型？
2. 简述导流方案选择的理由。
3. 写出施工工艺流程中A工序名称，简述该工序的目的和作用。
4. 指出项目部拟定预应力施工做法的不妥之处，给出正确做法，并简述伸长值校核的规定。
5. 项目部邀请了含本项目技术负责人在内的4名专家对安全专项方案进行论证的结果是否有效？如无效请写出正确做法。

参考答案

1. 按桥梁总长或单孔跨径大小分类,该桥梁属于哪种类型?

参考答案:

该桥梁属于大桥。

理由:多孔跨径总长120m,单孔最大跨径为50m。

> **解析:** 2019年一建案例四曾经考核过此知识点,当时案例背景给出的桥梁总长超过1000m,属于特大桥。本知识点还可以以选择题形式进行考核。
>
> **按桥梁多孔跨径总长或单孔跨径分类表**
>
> | 桥梁分类 | 多孔跨径总长 L(m) | 单孔跨径 L_0(m) |
> |---|---|---|
> | 特大桥 | $L > 1000$ | $L_0 > 150$ |
> | 大桥 | $1000 \geq L \geq 100$ | $150 \geq L_0 \geq 40$ |
> | 中桥 | $100 > L > 30$ | $40 > L_0 \geq 20$ |
> | 小桥 | $30 \geq L \geq 8$ | $20 > L_0 \geq 5$ |

2. 简述导流方案选择的理由。

参考答案:

(1)导流明渠施工简单,方便、灵活,速度快,造价低,过流能力大。

(2)现场具备导流条件(河道窄、水浅、两岸平坦开阔)。

(3)支架法旱地作业更易保证桥梁施工安全。

> **解析:** 在选择适用的工法时,本工程的场地条件是一个重要的考虑因素。河道宽度为36m,水深为2m,两岸平坦开阔,提供了充足的施工场地。然而,场地条件只是选择特定工法的一个因素。另一个选择工法的关键是工法本身的优点。在介绍工法的优点时,可以使用极端词语描述,例如工期短(施工速度快)、方便灵活、造价低、效果优异等。
>
> 在河道中进行桥梁施工时,除了明渠导流,还有其他可选的技术措施,如设置水上作业平台、建立围堰或筑岛、埋设导流管涵等。在考核到选择哪种措施时,需要综合考虑现场条件,例如水深、流速、河道宽度、岸边场地,以及造价、工艺难度和安全等因素。
>
>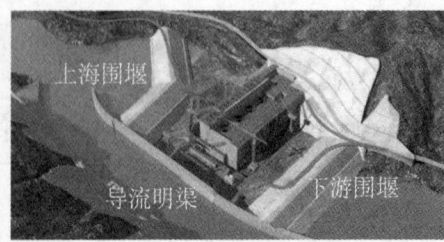
>
> 导流明渠

3. 写出施工工艺流程中 A 工序名称，简述该工序的目的和作用。

参考答案：

（1） A 工序的名称是支架预压。

（2） 目的和作用：检验结构的承载能力和稳定性、消除其非弹性变形、观测结构弹性变形及基础沉降情况。

> **解析：** 支架及其基础预压为市政专业高频考点。当年考试时，教材中没有关于该考点的介绍。目前教材增加了很多规范的具体要求，对于新增加的规范规定后期备考时应引起足够重视。

4. 指出项目部拟定预应力施工做法的不妥之处，给出正确做法，并简述伸长值校核的规定。

参考答案：

（1） 不妥之处：参照类似工程经验数值确定理论伸长值。

正确做法：张拉前应对孔道的摩阻损失进行实测（实测孔道摩阻损失），以便确定张拉控制应力值，验证预应力筋的理论伸长值。

（2） 实际伸长值与理论伸长值的差值符合设计要求；设计无要求时，实际伸长值与理论伸长值差值控制在6%以内。

> **解析：** 本题的第一小问属于是送分题，考试中一般遇到施工单位根据经验或习惯的施工做法基本都可以判断为错误。因此，即使无法给出具体做法，先否定错误做法也可以获得部分分数。本题正确做法可以围绕实测和试验展开。
>
> 第二小问考核的是钢绞线张拉理论伸长值和实际伸长值之间的差值要求，要求控制在6%以内。需要明确的是，规定的6%是指理论伸长值和实际伸长值之间的差值。例如，如果某段钢绞线的张拉理论伸长值为100mm，则实际伸长值应在94～106mm之间。根据《公路桥涵施工技术规范》JTG/T 3650—2020 的规定，理论伸长值与实际伸长值的偏差应控制在 ±6% 以内。在选择题考试中，如果出现 ±6% 的描述，那么该选项是正确的。

5. 项目部邀请了含本项目技术负责人在内的 4 名专家对安全专项方案进行论证的结果是否有效？如无效请写出正确做法。

参考答案：

论证结果无效。

正确做法：专家组的成员应由 5 名以上符合相关专业要求的专家组成，与本工程有利害关系的人员不得以专家身份参加专家论证会。

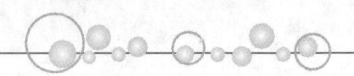

> **解析：** 本题涉及的"两专"内容相对较简单。需要注意在当前的考试中，"两专"考点的回答必须依据住房城乡建设部令第37号和建办质〔2018〕31号文件的规定。

案例6 2022年二建案例真题二

背景资料

某市政公司承建水厂升级改造工程，其中包括新建容积1600m³的清水池等构筑物，采用整体现浇钢筋混凝土结构，混凝土设计等级为P8、C35。清水池结构断面如下图所示。在调研基础上项目部确定了施工流程、施工方案和专项施工方案，编制了施工组织设计，获得批准后实施。

施工过程中发生下列事件：

事件一：清水池地基土方施工遇到不明构筑物，经监理工程师同意后拆除并换填处理，增加了60万元的工程量。

事件二：为方便水厂运行人员，施工区未完全封闭。发生了一名取水样人员跌落基坑受伤事件，监理工程师要求项目部采取纠正措施。

事件三：清水池内模拆除前，项目技术负责人要求施工作业班组按照有限空间作业规定，必须严格执行"先检测、再通风、后作业"的原则，施工班组按规定对相关气体进行了检测。

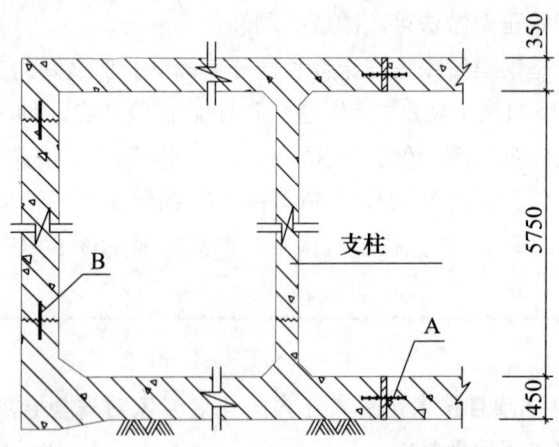

清水池断面示意图（单位：mm）

问题

1. 事件一增加的60万元能索赔吗？说明理由。
2. 给出增加工程量部分的计价规定。

3. 指出示意图中 A 和 B 的名称与用处。
4. 简述事件二项目部应采取的纠正措施。
5. 事件三中，施工作业班组应对哪些气体的含量进行检测。

📑 参考答案

1. 事件一增加的 60 万元能索赔吗？说明理由。

参考答案：

能（可以）索赔。

理由：施工遇到不明构筑物，致使工程量增加，依据相关标准规范，不属于承包人的行为责任（属于建设方风险责任），且换填处理经过监理工程师批准。

> 解析：索赔考点中，最常考核的一个知识点是判断事件是否可以索赔并解释理由。回答此类问题通常包括以下四点：背景描述、造成的损失、相关依据、责任区分。责任区分方面，若无法提出索赔，则通常是由施工单位应自行承担的责任（或风险）；若可以进行索赔，则答案可能是属于建设方的责任（或风险），也可能是非施工方的行为责任（非承包人承担的责任）。在考试中，我们可以提供这两种回答方式作为参考答案的形式。
>
> 新版教材中对索赔的具体内容进行了弱化，但是专业实务考试除了考核专业教材的相关知识外，对管理和法规公共课的知识点也经常进行考核，所以索赔、变更等通用的管理知识在未来考试中仍可能在考试中出现。

2. 给出增加工程量部分的计价规定。

参考答案：

已标价的工程量清单有适用价格，则采用适用价格；工程量清单有类似价格，则采用类似价格；否则，由总监理工程师与合同当事人商定价格。

> 解析：本考点非市政教材中考点，属于施工管理教材内容。二建市政在考试中偶尔会考核法规和施工管理教材相关知识点，但深度有限，基本上都是一些常识性的内容。

3. 指出示意图中 A 和 B 的名称与用处。

参考答案：

（1）A 为中埋式橡胶止水带。

用处：用在变形缝中，保证变形缝不漏水，是构筑物分块浇筑施工的依据。

（2）B 为止水钢板（或金属止水板）。

用处：用在施工缝中，延长施工缝处渗水路径，是构筑物分层浇筑施工的依据。

解析：施工缝和变形缝属于结构工程高频考点，虽然教材将给排水构筑物内容删除，但是该内容依然可以在综合管廊等结构中进行考核。

构筑物在不均匀沉降和温度变化下会产生变形，导致开裂，变形缝是针对这种情况而预留的构造缝，在变形缝位置钢筋混凝土是完全断开的，为避免结构漏水，在变形缝位置加设中埋式橡胶止水带。混凝土施工缝位置是薄弱环节，非常容易漏水，所以在施工缝中间设置止水钢板，可以延长水的渗漏路径。

4. 简述事件二项目部应采取的纠正措施。

参考答案：

纠正措施：施工现场必须封闭管理，围挡连续设置，不留缺口、安装牢固、整洁美观，围挡设有警示标志和警示红灯。

解析：关于围挡施工的相关要求是市政专业的高频考点。早年间的考核方式一般围绕着围挡的高度和材质进行考核，而近些年来考核的内容更注重一些细节描述。

5. 事件三中，施工作业班组应对哪些气体的含量进行检测。

参考答案：

应对氧气、可燃性气体、硫化氢、一氧化碳等气体的含量进行检测。

解析：有限空间作业是当前市政专业热门考点，也是新版大纲新增加的知识点。

案例7 2022年二建案例真题三

背景资料

地铁工程某标段包括 A、B 两座车站，以及两座车站之间的区间隧道（见下图）。区间隧道长 1500m，设 2 座联络通道。隧道埋深为 1~2 倍隧道直径，地层为典型的富水软土，沿线穿越房屋、主干道路及城市管线等。区间隧道采用盾构法施工，联络通道采用冻结加固暗挖施工。本标段由甲公司总承包，施工过程中发生下列事件：

事件一：甲公司将盾构掘进施工（不含材料和设备）分包给乙公司，联络通道冻结加固施工（含材料和设备）分包给丙公司。建设方委托第三方进行施工环境监测。

事件二：在1#联络通道暗挖施工过程中发生局部坍塌事故，导致停工10天，直接经济损失100万元。事发后进行了事故调查，认定局部冻结强度不够是导致事故的直接原因。

事件三：丙公司根据调查报告，并综合分析现场情况后决定采取补打冻结孔、加强冻结等措施，并向甲公司项目部和监理工程师进行了汇报。

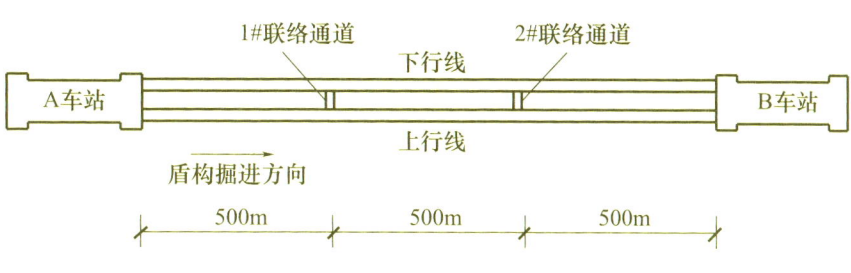

地铁工程某标段平面示意图

问题

1. 结合本工程特点,简述区间隧道选择盾构法施工的理由。
2. 盾构掘进施工环境监测内容应包括哪些?
3. 事件一中甲公司与乙、丙公司分别签订哪种分包合同?
4. 在事件二所述的事故中,甲公司和丙公司分别承担何种责任?
5. 冻结加固专项施工方案应由哪个公司编制?事件三中恢复冻结加固施工前需履行哪些程序?

参考答案

1. 结合本工程特点,简述区间隧道选择盾构法施工的理由。

参考答案:
(1) 盾构在富水软土地层施工更安全。
(2) 对建(构)筑物保护有利,环境影响小。
(3) 覆土(埋深)满足盾构施工要求且可以长距离作业。
(4) 不受天气影响,不影响交通及周围居民,掘进速度快、机械化程度高。

> 解析:本小问属于给出一种施工工法,让考生写出采用这种工法的理由的题目。这种题型一般是根据工法特点从施工环境的实质性内容[如本题中的盾构覆土深度、富水软土地层以及周边建(构)筑物等]和工法优点两方面去阐述。

2. 盾构掘进施工环境监测内容应包括哪些?

参考答案:
包括地表沉降、房屋沉降(房屋倾斜)、管线沉降(管线位移)、道路沉降。

> 解析:很多考生在回答本题时,可能出现审题不清的情况。本小问的问题是"盾构掘进施工环境监测内容",即需要监测盾构施工过程对周边设施或构筑物造成的影响。根据背景资料提供的信息,隧道穿越段为富水软土地层,地面上存在房屋、主干道

路及城市管线等设施。因此，在回答本小问时，应根据背景资料中提供的建（构）筑物展开监测。具体监测内容可以包括对道路、管线和建筑物的空间变化进行监测，例如沉降、隆起、位移、变形、倾斜或裂缝等。

3. 事件一中甲公司与乙、丙公司分别签订哪种分包合同？

参考答案：

甲公司与乙公司签订劳务分包合同，甲公司与丙公司签订专业分包合同。

解析： 甲公司将盾构掘进施工（不含材料和设备）分包给乙公司，也就是说，材料和设备由甲公司供应，乙公司只负责输出人员去工作，所以甲公司与乙公司应签订劳务分包合同；联络通道冻结加固施工（含材料和设备）分包给丙公司，也就是说，联络通道冻结加固施工的人、材、机均由丙公司负责，故甲公司与丙公司应签订专业分包合同。

4. 在事件二所述的事故中，甲公司和丙公司分别承担何种责任？

参考答案：

在事件二的事故中丙公司承担主要责任，甲公司承担连带责任。

解析： 从前一小问得知，丙公司是专业分包，而在《建设工程质量管理条例》中有如下内容：总承包单位依法将建设工程分包给其他单位的，分包单位应当按照分包合同的约定对其分包工程的质量向总承包单位负责，总承包单位与分包单位对分包工程的质量承担连带责任。同时，在《建设工程安全生产管理条例》中也有相应内容介绍：总承包单位依法将建设工程分包给其他单位的，分包合同中应当明确各自的安全生产方面的权利、义务。总承包单位和分包单位对分包工程的安全生产承担连带责任。分包单位应当服从总承包单位的安全生产管理，分包单位不服从管理导致生产安全事故的，由分包单位承担主要责任。条例规定总承包单位（本工程的甲公司）需要承担的是连带责任，而分包单位（本工程的丙公司）需要承担主要责任。

5. 冻结加固专项施工方案应由哪个公司编制？事件三中恢复冻结加固施工前需履行哪些程序？

参考答案：

（1）冻结加固专项方案应由丙公司编制。

（2）需履行的程序：

① 方案修改（补充）。

② 对新方案重新组织专家论证并审批。

③ 复工申请。

④ 复工检查。

> **解析**：丙公司是联络通道冻结法施工的专业分包单位，所以冻结加固的专项方案应该由专业施工单位进行编制。而在暗挖施工过程中因冻结强度不足造成了事故，说明冻结加固专项方案可能存在问题，所以在恢复冻结施工前需要修改补充原方案，重新组织专家论证并审批。同时在事故发生后进行了停工，所以开工前还应进行复工申请，并对现场及新方案进行检查后开工。

案例8 2022年二建案例真题四

背景资料

某城市供热外网一次线工程，管道为 DN500 钢管，设计供水温度 110℃，回水温度 70℃，工作压力 1.6MPa。沿现况道路敷设段采用 $D2600mm$ 钢筋混凝土管作为套管，泥水平衡机械顶进，套管位于卵石层中，卵石最大粒径 300mm，顶进总长度 421.8m。顶管与现况道路位置关系如图 1 所示。

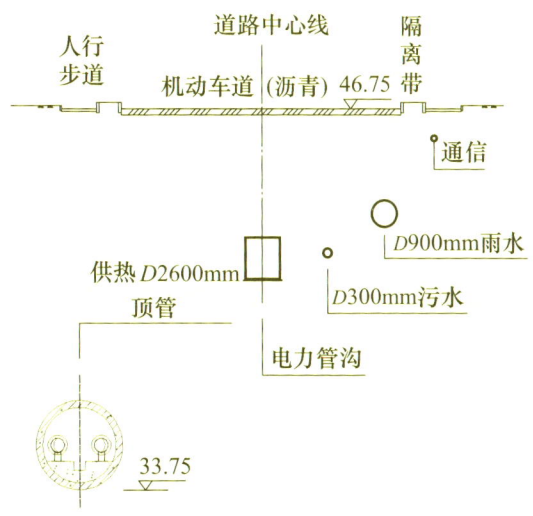

图 1 顶管与现况道路位置关系示意图

开工前，项目部组织相关人员进行现场调查，重点是调查顶管影响范围地下管线的具体位置和运行状况，以便加强对道路、地下管线的巡视和保护，确保施工安全。

项目部编制顶管专项施工方案：在永久检查井处施作工作竖井，制定道路保护和泥浆处理措施。

项目部制定应急预案，现场配备了水泥、砂、注浆设备、钢板等应急材料，保证道路交通安全。

套管顶进完成后，在套管内安装供热管道，断面布置如图2所示。

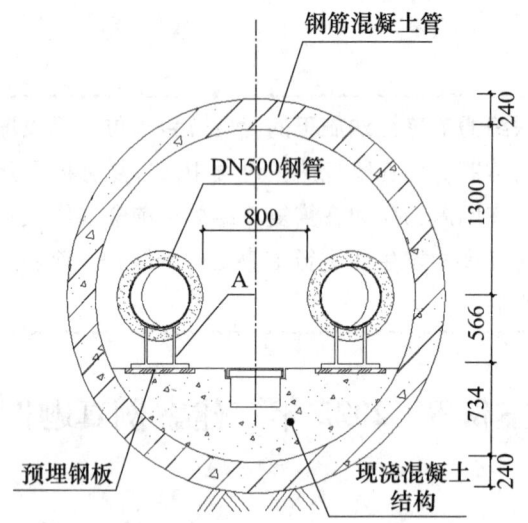

图2 供热管道安装断面图

（高程单位：m；尺寸单位：mm）

问题

1. 根据图2，指出供热管道顶管段属于哪种管沟敷设类型？
2. 顶管临时占路施工需要哪些部门批准？
3. 为满足绿色施工要求，项目部可采取哪些泥浆处理措施？
4. 如出现道路沉陷，项目部可利用现场材料采取哪些应急措施？
5. 指出构件A的名称，简述构件A安装技术要点。

参考答案

1. 根据图2，指出供热管道顶管段属于哪种管沟敷设类型？

参考答案：

供热管道顶管段属于通行管沟。

> **解析：** 热力管道分为架空敷设、直埋敷设和管沟敷设三种形式，而管沟敷设又分为通行管沟、半通行管沟和不通行管沟三种形式。
>
> **拓展知识点：** 通行管沟净高不小于1.8m，人行通道宽不小于0.6m。

2. 顶管临时占路施工需要哪些部门批准？

参考答案：

顶管施工临时占路，施工前须经道路主管部门（市政工程行政主管部门、建设行政主管部门）和公安交通管理部门批准。

解析：占用城市道路需要办理相关手续，这是市政一、二建考试中经常考核的知识点。办理手续的第一个单位是公安交通管理部门，这没有争议。然而，另一个办理手续的单位让广大考生感到困惑，不知道是回答道路主管部门还是市政工程行政主管部门，甚至市政教材中也存在不同的说法。然而，考试和实际情况是有一定区别的。考试按照采分点来评分，问题要求列举哪些单位。因此，在大多数情况下，我们可以将公安交通管理部门、道路主管部门和市政工程行政主管部门都列出来，这样能够提高回答的准确性和得分。

3. 为满足绿色施工要求，项目部可采取哪些泥浆处理措施？
参考答案：
为满足绿色施工要求，项目部可采用现场装配式泥砂分离（沉淀）、泥水分离（泥浆分离）、泥浆脱水预处理设施，进行泥浆循环利用。

解析：本工程采用泥水平衡机械顶管法施工，其原理类似于泥水平衡盾构施工，是一种以全断面切削土体，以泥水压力来平衡土压力和地下水压力，又以泥水作为输送弃土介质的机械自动化顶管施工法。泥浆的作用与钻孔灌注桩、水平定向钻有相通的地方。泥浆输送介质形成的混合物需要先将砂土等与泥浆进行分离，分离出来的渣土进行脱水后外运，泥浆进行重复利用。

4. 如出现道路沉陷，项目部可利用现场材料采取哪些应急措施？
参考答案：
当出现道路局部沉陷时，项目部立即启动应急预案，通知相关管理部门，应在沉陷部位临时封闭道路、暂时停工、满铺钢板，保证道路畅通；对路基空洞、松散部位可进一步采用砂石料回填、注浆加固措施。

解析：本小问需要结合案例背景作答。背景资料中介绍项目部准备了砂、水泥、注浆设备和钢板等应急材料，那么出现问题时，就需要将这些材料全部派上用场。另外，也要从管理角度将暂停施工、封闭道路、启动应急预案有所体现。

5. 指出构件 A 的名称，简述构件 A 安装技术要点。
参考答案：
（1）构件 A：滑动支架（滑动支托、滑动支座、滑靴）。
（2）安装技术要点：支架接触面应平整、光滑；不得有歪斜及卡涩现象，支架应与管道焊接牢固，不得有漏焊（欠焊、咬肉或裂纹）等缺陷。

解析：这种写出图中某一部位名称，简述其作用、施工要求或安装要点的题目是当下考试热门考点。如果不能准确描述其名称，那么不妨利用考试规则多写几个。对于施工要求或安装要点也有技巧，可以先夸后贬，夸就是平整、直顺、光滑、牢固，而贬就是不得或不能有歪斜、卡涩、移位、漏焊、裂纹等缺陷。

热力滑动支架

案例9　2021年二建案例真题一

📖 背景资料

某公司承建一座城郊跨线桥工程，双向四车道，桥面宽度30m，横断面路幅划分为2m（人行道）+5m（非机动车道）+16m（车行道）+5m（非机动车道）+2m（人行道）。上部结构为5×20m预制预应力混凝土简支空心板梁；下部结构为构造A及φ130cm圆柱式墩，基础采用φ150cm钢筋混凝土钻孔灌注桩；重力式U形桥台；桥面铺装结构层包括厚10cm沥青混凝土、构造B、防水层。桥梁立面如下图所示。

项目部编制的施工组织设计明确如下事项：

（1）桥梁的主要施工工序编号为：①桩基；②支座垫石；③墩台；④安装空心板梁；⑤构造A；⑥防水层；⑦现浇构造B；⑧安装支座；⑨现浇湿接缝；⑩摊铺沥青混凝土及其他。施工工艺流程为：①桩基→③墩台→⑤构造A→②支座垫石→⑧安装支座→④安装空心板梁→C→D→E→⑩摊铺沥青混凝土及其他。

（2）公司具备梁板施工安装的技术且拥有汽车式起重机、门式吊梁车、跨墩龙门吊、穿巷式架桥机、浮吊、梁体顶推等设备。经方案比选，确定采用汽车式起重机安装。

（3）空心板梁安装前，对支座垫石进行检查验收。

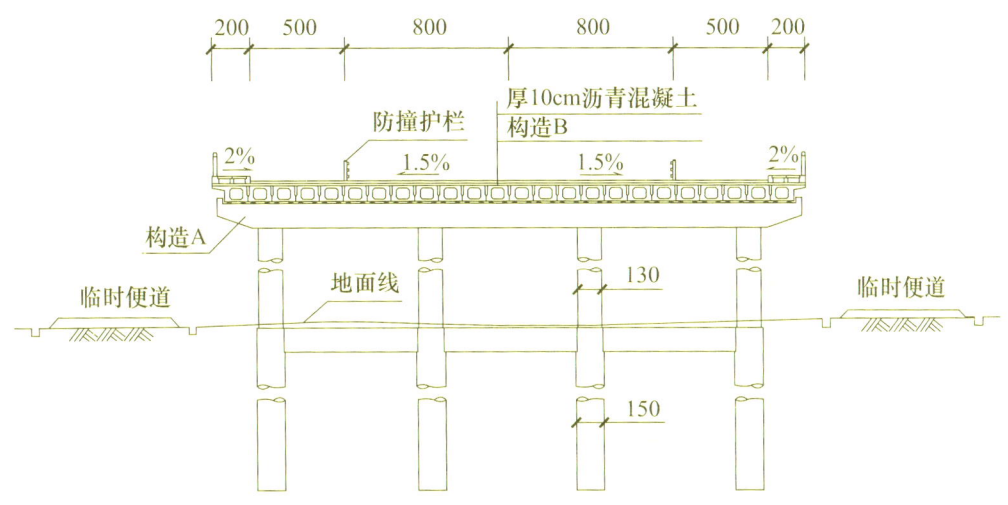

桥梁立面示意图（尺寸单位：cm）

🔖 问题

1. 写出示意图中构造 A、B 的名称。
2. 写出施工工艺流程中 C、D、E 的名称或工序编号。
3. 依据公司现有设备，除了采用汽车式起重机安装空心板梁外，还可采用哪些设备？
4. 指出项目部选择汽车式起重机安装空心板梁考虑的优点。
5. 写出支座垫石验收的质量检验主控项目。

📝 参考答案

1. 写出示意图中构造 A、B 的名称。

参考答案：

构造 A 的名称为盖梁（或帽梁）。

构造 B 的名称为混凝土整平层（找平层）。

> **解析：** 本小问属于市政专业考试的主流题型之一，即在试卷上给出一个图形，要求应试者写出图形某一部位的名称。这种题目可以稍增加难度，变成写出所给图形局部名称，简述其作用或施工要求。
>
> 盖梁指的是为支承、分布和传递上部结构的荷载，在排桩或墩顶部设置的横梁（多为钢筋混凝土结构），又称帽梁。有桥桩直接连接盖梁的，也有桥桩接立柱后连接盖梁的。
>
> 整平层又被称为找平层，也被称为调平层，一般是指在桥面防水下面浇筑的一层 8~10cm 的钢筋混凝土。整平层也是桥面防水的基层。

桥梁盖梁

桥面找平层

2. 写出施工工艺流程中 C、D、E 的名称或工序编号。

参考答案：

施工工序 C 的名称为⑨现浇湿接缝。

施工工序 D 的名称为⑦混凝土整平层（混凝土找平层、现浇构造 B）。

施工工序 E 的名称为⑥防水层。

> **解析**：本小问属于按照施工顺序将工序对号入座的考点，属于当前市政考试热门考点之一。本题待选的工序有三个：⑥防水层、⑦现浇构造 B 和⑨现浇湿接缝。在案例背景描述中有"桥面铺装结构层包括厚 10cm 沥青混凝土、构造 B、防水层"，现浇湿接缝施工是在桥面铺装层之前，也就是说，现浇湿接缝一定在防水层和构造 B 这两个工序之前，所以 C 工序为⑨现浇湿接缝，在第 1 小问中已经分析出现浇构造 B 为整平层（找平层），整平层也是桥面防水层的基层，所以⑦现浇构造 B 在防水层之前。

3. 依据公司现有设备，除了采用汽车式起重机安装空心板梁外，还可采用哪些设备？

参考答案：

安装空心板梁还可采用的设备：门式吊梁车、跨墩龙门吊、穿巷式架桥机。

> **解析**：本题背景资料中给出的六个吊装设备中，浮吊用于河道或海洋桥梁施工；梁体顶推设备施工烦琐，一般用于不具备常规吊装的场地，而本工程中现场有施工便道，并且空心板总体不重，不适合顶推设备。
>
> 一般情况下，建造师考试主观题（案例分析题）给分遵循的一个原则是多答不扣分，所以在控制篇幅的情况下，答题时可以尽量多罗列采分点以获取更多的分数。不过凡事都有例外，例如本小问就相当于一个多选题，只不过是以案例题的形式展现出来，这类题目绝不能多选，没有把握的答案切记不可写出来。

4. 指出项目部选择汽车式起重机安装空心板梁考虑的优点。

参考答案：

优点有：

（1）施工方便（或灵活），操作简便，速度快。

（2）节省架桥吊机的安拆费用（或节省造价、降低造价）。

（3）充分利用施工便道。

（4）空心板自重小、用量少，汽车式起重机可以实时吊装。

> **解析：** 本小问要求指出采用汽车式起重机安装空心板考虑的优点，既然考虑的是优点，那么一定是围绕着方便、灵活、快速、省（节省造价或降低造价）、利用已有设施（现有施工便道）这些角度来罗列采分点。从本题中我们也可以得到一个启示，就是不能放过背景资料图形中的任何细节，例如本题图形中，命题人在桥梁两侧给出施工便道的图示，显然是为吊装这个考点准备的。

5. 写出支座垫石验收的质量检验主控项目。

参考答案：

支座垫石验收的质量检验主控项目：顶面高程、平整度、坡度、坡向、位置、混凝土强度。

> **解析：** 按照规范，支座垫石的主控项目只有"顶面高程、平整度、坡度、坡向"这几项，不过在规范和教材中也有关于支座施工的一般规定："墩台帽、盖梁上的支座垫石和挡块宜二次浇筑，确保其高程和位置的准确。垫石混凝土的强度必须符合设计要求。"而很多工法的主控项目都会有测量方向的内容，且测量中高程、位置又几乎是不可分割的两个方向，所以在作答时，完全也可以将"位置"作为一个采分点写出来。同理，既然垫石是现浇混凝土，那么在写主控项目时，很可能首先想到的就是混凝土强度。
>
> 另外，本题是要求考生写主控项目，属于开口题，不会因为多写而被倒扣分。

案例10 2021年二建案例真题二

📋 背景资料

某公司承建一污水处理厂扩建工程，新建 AAO 生物反应池等污水处理设施，采用综合箱体结构形式，基础埋深为 5.5～9.7m，采用明挖法施工，基坑围护结构采用 φ800mm 钢筋混凝土灌注桩，止水帷幕采用 φ600mm 高压旋喷桩。基坑围护结构与箱体结构位置立面如下图所示。

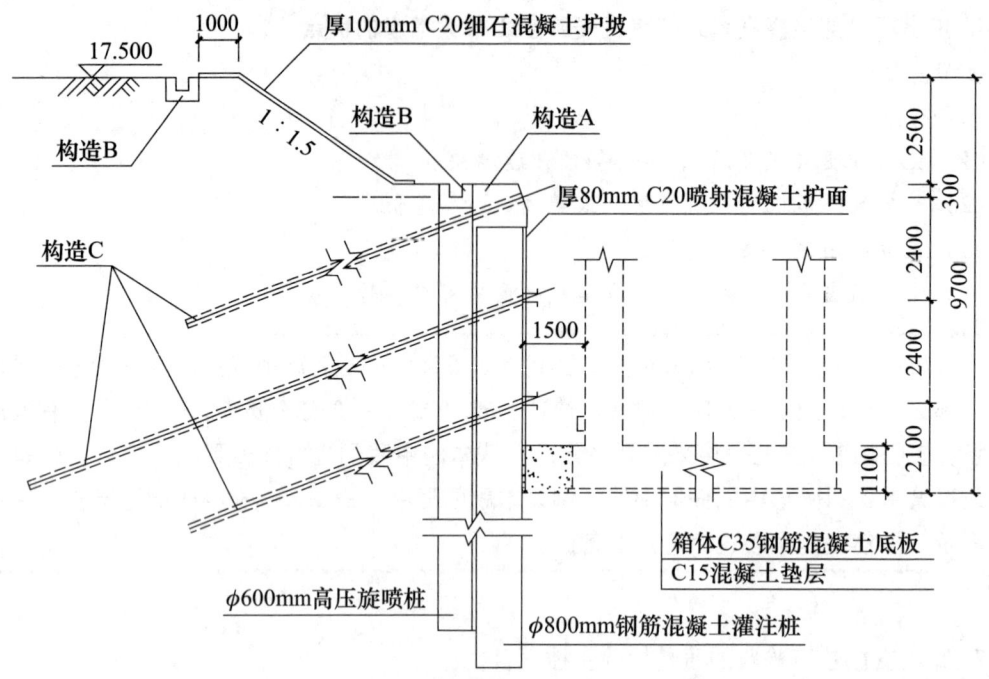

基坑围护结构与箱体结构位置立面示意图

（高程单位：m；尺寸单位：mm）

施工合同专用条款约定如下：主要材料市场价格浮动在基准价格±5%以内（含）不予调整，超过±5%时对超出部分按月进行调整；主要材料价格以当地造价行政主管部门发布的信息价格为准。

施工过程中发生如下事件：

事件一：施工期间，建设单位委托具有相应资质的监测单位对基坑施工进行第三方监测，并及时向监理等参建单位提交监测成果。当开挖至坑底高程时，监测结果显示局部地表沉降测点数据变化超过规定值。项目部及时启动稳定坑底应急措施。

事件二：项目部根据当地造价行政主管部门发布的3月份材料信息价格和当月部分工程材料用量，申报当月材料价格调整差价。3月份部分工程材料用量及材料信息价格见下表。

3月份部分工程材料用量及材料信息价格表

材料名称	单位	工程材料用量	基准价格（元）	材料信息价格（元）
钢材	t	1000	4600	4200
商品混凝土	m³	5000	500	580
木材	m³	1200	1590	1630

事件三：为加快施工进度，项目部增加劳务人员。施工过程中，一名新进场的模板工发生高处坠亡事故。当地安全生产行政主管部门的事故调查结果显示这名模板工上岗前未进行安全培训，违反作业操作规程；被认定为安全责任事故。根据相关法规，对有关单位和个人作出处罚决定。

问题

1. 写出示意图中构造 A、B、C 的名称。
2. 事件一中,项目部可采用哪些应急措施?
3. 事件一中,第三方监测单位应提交哪些成果?
4. 事件二中,列式计算表中工程材料价格调整总额。
5. 依据有关法规,写出安全事故划分等级及事件三中安全事故等级。

参考答案

1. 写出示意图中构造 A、B、C 的名称。

参考答案:

构造 A 的名称:冠梁(或顶圈梁、锁口梁)。

构造 B 的名称:排水沟(或截水沟)。

构造 C 的名称:锚杆(或锚索)。

> 解析:当排桩用作围护结构时,需要设置一条横向的梁将排桩连接在一起,这有利于整体受力,并将支撑力均匀传递给围护结构。位于排桩顶部且与排桩竖向投影重合的梁被称为冠梁,排桩中部呈外挂形式的梁称为腰梁。冠梁也被称为顶圈梁或锁口梁,腰梁统称为围檩或圈梁。在答题时,最好将这些相同意义的不同名称都写在答题卡上,这样会增加获取采分点的机会。此外,基坑顶部需要设置防止地表水进入的设施,根据图形很容易回答出来 B 是截水沟或排水沟。在本案例中,排桩围护结构没有设置内支撑,而是采用外拉锚形式。图中所示的结构可以是锚杆或锚索。
>
> 本小题中考核的是写出图形局部名称,这是当前图形案例中的主流题型。在学习这类案例时,可以深入挖掘题目的考点,并尽量将考点进行延伸,例如本题中 A、B、C 在图中的作用或施工要求。

2. 事件一中,项目部可采用哪些应急措施?

参考答案:

可采取的应急措施:坑底土体加固,坑内井点降水,及时施作底板结构等措施。

> 解析:本题案例背景描述情况为"当开挖至坑底高程时,监测结果显示局部地表沉降测点数据变化超过规定值。项目部及时启动稳定坑底应急措施"。问题是要求写出项目部对此应采取的措施。由于此时已经开挖至坑底,无法再对围护结构入土深度增加,只能采取对坑底土体加固、坑内井点降水和适时施作底板几项措施。

3. 事件一中，第三方监测单位应提交哪些成果？

参考答案：

应提交的监测成果：监测日报、警情快报（或预警）、阶段（月、季、年）性报告、总结报告。

> **解析：** 测量分为施工测量和施工监测。二建市政专业经常考核施工监测，考核内容多为教材原文内容，后期备考中应对施工监测的相关规定给予足够重视。

4. 事件二中，列式计算表中工程材料价格调整总额。

参考答案：

(1) 钢材：$(4200-4600)/4600 \times 100\% = -8.70\% < -5\%$，应调整价差。

应调减价差：$[4600 \times (1-5\%) - 4200] \times 1000 = 170000$ 元。

(2) 商品混凝土：$(580-500)/500 \times 100\% = 16\% > 5\%$，应调整价差。

应调增价差：$[580 - 500 \times (1+5\%)] \times 5000 = 275000$ 元。

(3) 木材：$(1630-1590)/1590 \times 100\% = 2.52\% < 5\%$，不调整价差。

(4) 合计：3月份部分材料价格调整总额：$275000 - 170000 = 105000$ 元。

> **解析：** 本小问属于依据信息价调整价差的题目，2011年一建曾经考核过。对于这类题目可以按照以下方法作答：用信息价减去基准价的差值除以基准价再乘以100%，如果得出的是负值就与-5%（案例规定的基数）比小，小于基数时进行调减；如果得出的是正数，就与5%（案例规定的基数）比大，大于基数时进行调增。确定调减时，用基准价乘以0.95（1-案例规定的基数）减信息价，差值乘以工程量，即可得出调减价差；确定是调增时，用信息价减基准价的1.05（1+案例规定的基数）倍，差值乘以工程量，即为调增价差。

5. 依据有关法规，写出安全事故划分等级及事件三中安全事故等级。

参考答案：

(1) 安全事故划分为：

特别重大安全事故、重大安全事故、较大安全事故、一般安全事故。

(2) 本工程属于一般安全事故。

> **解析：** 根据《生产安全事故报告和调查处理条例》，对安全事故划分为特别重大安全事故、重大安全事故、较大安全事故、一般安全事故。虽然专业实务教材中没有内容介绍，但是在法规和管理的公共课中均有该知识点。建造师建筑和机电等专业对该知识点进行考核，但考核内容通常相对简单，也没有争议点。因此，考生只需要记住条例规定的人员伤亡和财产损失的标准即可应对考试。

以下内容是《生产安全事故报告和调查处理条例》关于事故等级划分要求。

第三条 根据生产安全事故（以下简称事故）造成的人员伤亡或者直接经济损失，事故一般分为以下等级：

（一）特别重大事故，是指造成30人以上死亡，或者100人以上重伤（包括急性工业中毒，下同），或者1亿元以上直接经济损失的事故；

（二）重大事故，是指造成10人以上30人以下死亡，或者50人以上100人以下重伤，或者5000万元以上1亿元以下直接经济损失的事故；

（三）较大事故，是指造成3人以上10人以下死亡，或者10人以上50人以下重伤，或者1000万元以上5000万元以下直接经济损失的事故；

（四）一般事故，是指造成3人以下死亡，或者10人以下重伤，或者1000万元以下直接经济损失的事故。

本条所称的"以上"包括本数，所称的"以下"不包括本数。

案例11　2021年二建案例真题三

背景资料

某公司中标给水厂扩建升级工程，主要内容有新建臭氧接触池和活性炭吸附池。其中臭氧接触池为半地下钢筋混凝土结构，混凝土强度等级C40、抗渗等级P8。

臭氧接触池的平面有效尺寸为25.3m×21.5m，在宽度方向设有6道隔墙，间距1~3m，隔墙一端与池壁相连，交叉布置；池壁上宽200mm，下宽350mm；池底板厚300mm，C15混凝土垫层厚150mm；池顶板厚200mm；池底板顶面标高-2.750m，顶板顶面标高5.850m。现场土质为湿软粉质砂土，地下水位标高-0.6m。臭氧接触池立面如下图所示。

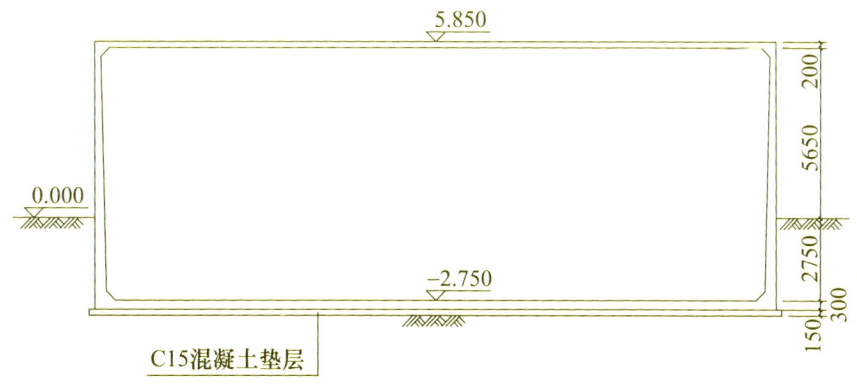

臭氧接触池立面示意图
（高程单位：m；尺寸单位：mm）

项目部编制的施工组织设计经过论证审批，臭氧接触池施工方案有如下内容：

（1）将降水和土方工程施工分包给专业公司。

（2）池体分次浇筑，在池底板顶面以上300mm和顶板底面以下200mm的池壁上设置施工缝；分次浇筑编号：①底板（导墙）浇筑、②池壁浇筑、③隔墙浇筑、④顶板浇筑。

（3）浇筑顶板混凝土采用满堂布置扣件式钢管支（撑）架。

监理工程师对现场支（撑）架钢管抽样检测结果显示：壁厚均没有达到规范规定，要求项目部进行整改。

问题

1. 依据《中华人民共和国建筑法》规定，降水和土方工程施工能否进行分包？说明理由。
2. 依据浇筑编号给出水池整体现浇施工顺序（流程）。
3. 列式计算基坑的最小开挖深度和顶板支架高度。
4. 依据住房城乡建设部《危险性较大的分部分项工程安全管理规定》和计算结果，需要编制哪些专项施工方案？是否需要组织专家论证？
5. 有关规范对支架钢管壁厚有哪些规定？项目部可采取哪些整改措施？

参考答案

1. 依据《中华人民共和国建筑法》规定，降水和土方工程施工能否进行分包？说明理由。

参考答案：

可以分包。

理由：因为降水和土方工程都不是建筑工程主体结构，经建设单位认可，即可发包给具有相应资质的分包单位。

> 解析：二级市政在案例题中第一次考核招投标知识点，但考核内容并不在市政教材上，跟一级市政一样，考核的是招投标基础知识。

2. 依据浇筑编号给出水池整体现浇施工顺序（流程）。

参考答案：

浇筑顺序（流程）：①→③→②→④。

> 解析：在水池施工中，池壁与隔墙通常会同时浇筑，但也存在分开浇筑的情况。分开浇筑时，可以先浇筑池壁再浇筑隔墙，或者先浇筑隔墙再浇筑池壁。分析浇筑顺序时，需要结合具体案例背景以确定合理的顺序。

本工程为半地下结构，地面到底板以上的高度为 2.75m，地面到顶板以下的高度为 5.65m。假设先施工外侧的池壁，后施工内部的隔墙，那么在侧墙施工完成后，若想进入水池内部施工，需要先从地面上升超过 5m 到达池壁顶部，然后下降超过 8m 到达池底，才能进行侧墙施工。这样的施工顺序将给后续施工带来困难，因此不建议采用这种方式。

如果工程中水池地面以上外露部分为 0.5m 或 1m，且要求侧墙和隔墙分开施工，那么可以考虑先施工侧墙，然后施工隔墙。这样的施工顺序能够保证侧墙施工完成后基坑的安全。

3. 列式计算基坑的最小开挖深度和顶板支架高度。

参考答案：

基坑最小开挖深度：$2.75 + 0.30 + 0.15 = 3.2m$。

支（撑）架高度：$2.75 + 5.85 - 0.2 = 8.4m$。

解析： 本小问难度系数较低，属于基本识图题目。

4. 依据住房城乡建设部《危险性较大的分部分项工程安全管理规定》和计算结果，需要编制哪些专项施工方案？是否需要组织专家论证？

参考答案：

依据住房城乡建设部《危险性较大的分部分项工程安全管理规定》和计算结果：

（1）基坑深度 $3.2m > 3.0m$，应编制深基坑施工（土方开挖、支护和降水工程）专项施工方案。

（2）支架高度 $8.4m > 5.0m$，应编制支架施工专项施工方案。

（3）支架高度 $8.4m > 8.0m$，属于超过一定规模的危险性较大的分部分项工程范围，应组织专家论证和履行审批手续。

解析： "两专"属于市政专业最重要的考点，教材中只给出超过一定规模的危险性较大的分部分项工程范围，也就是需要组织专家论证部分的内容，而需要编制安全专项施工方案但不必组织专家论证部分的内容教材并未收录，但是在考试中经常进行考核，所以备考时一定要将编写安全专项施工方案的内容和需要组织专家论证的内容全部掌握。

5. 有关规范对支架钢管壁厚有哪些规定？项目部可采取哪些整改措施？

参考答案：

（1）《建筑施工扣件式钢管脚手架安全技术规范》JGJ 130—2011 中规定：扣件式支

(撑)架立杆宜采用厚3.6mm钢管,允许偏差±0.36mm(或±10%)。

(2)整改措施:可更换为壁厚达标的支(撑)架钢管;或重新设计,选用工具性支架,如盘扣式支架、碗扣式支架等。

> **解析:** 考点稍偏,考核规范中的数值是二建市政惯用的一种考核形式,考生没有见过相关规范很难答出具体的数值。不过本小问后面一问还是比较容易得分的,钢管壁厚不合格,要么换合格的钢管要么换支架。

案例12 2021年二建案例真题四

背景资料

某公司承建沿海某开发区路网综合市政工程,道路等级为城市次干路,沥青混凝土路面结构,总长度约10km。随路敷设雨水、污水、给水、通信和电力等管线;其中污水管道为HDPE缠绕结构壁B型管(以下简称HDPE管),承插—电熔接口,开槽施工,拉森钢板桩支护,流水作业方式。污水管道沟槽与支护结构断面如下图所示。

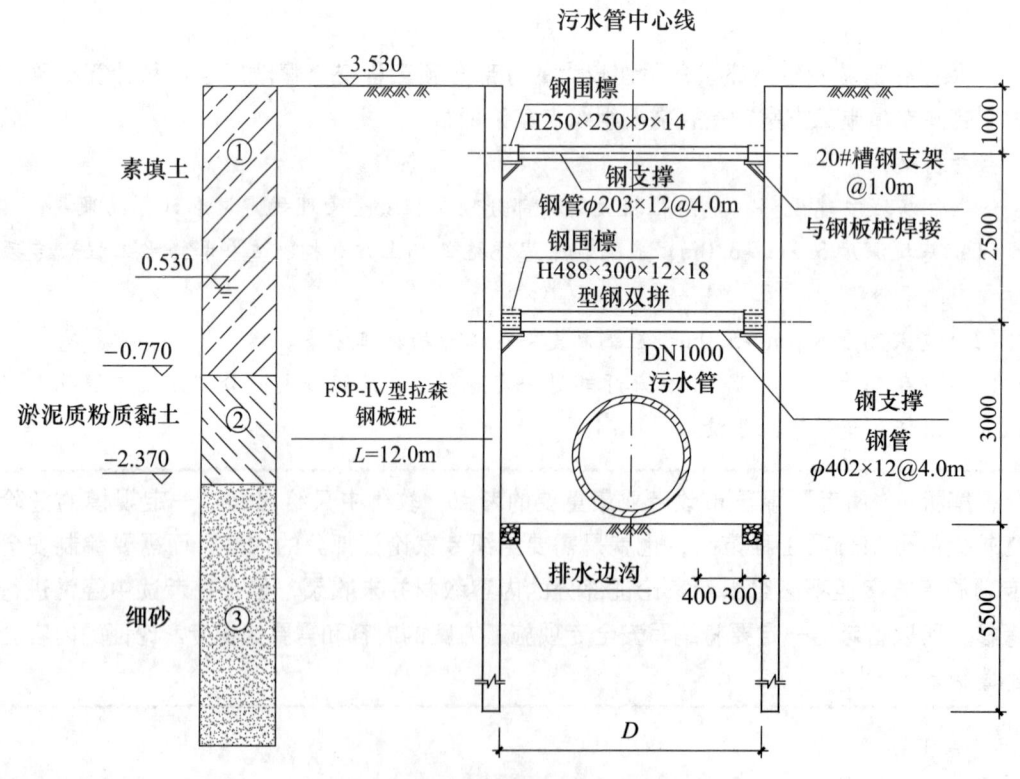

污水管道沟槽与支护结构断面图
(高程单位:m;尺寸单位:mm)

施工过程中发生如下事件：

事件一：HDPE 管进场，项目部有关人员收集、核验管道产品质量证明文件、合格证等技术资料，抽样检查管道外观和规格尺寸。

事件二：开工前，项目部编制污水管道沟槽专项施工方案，确定开挖方法、支护结构安装和拆除等措施，经专家论证、审批通过后实施。

事件三：为保证沟槽填土质量，项目部采用对称回填、分层压实、每层检测等措施，以保证压实度达到设计要求，且控制管道径向变形率不超过 3%。

问题

1. 根据断面图列式计算地下水埋深 h（单位为 m），指出可采用的地下水控制方法。
2. 事件一中的 HDPE 管进场验收存在哪些问题？给出正确做法。
3. 结合工程地质情况，写出沟槽开挖应遵循的原则。
4. 从受力体系转换角度，简述沟槽支护结构拆除作业要点。
5. 根据事件三叙述，给出污水管道变形率控制措施和检测方法。

参考答案

1. 根据断面图列式计算地下水埋深 h（单位为 m），指出可采用的地下水控制方法。

参考答案：

（1）地下水埋深：$h = 3.530 - 0.530 = 3.000$ m。

（2）可采用的地下水控制方法：井点降水（真空井点、管井）辅以集水明排。

> 解析：本小问关于地下水埋深计算，本质上是考核识图，只要知道图中地下水水头的标志，并且清楚地下水埋深就是现况地面到地下水水头之间的距离，那么本题就没有任何难度。
>
> 本案例中地下水控制方法也需要结合图形给出的相关条件，例如图中画出了排水沟，所以答案中除了井点降水以外还要考虑集水明排。本题严格来说采用真空井点是不妥的，因为沟槽挖深已经达到 6.5m，降水降至槽底以下 0.5m，那么降水深度达到 7m。如果采用真空井点也必须采用多级井点，但是本工程采用的是钢板桩围护结构，并非放坡开挖，多级井点不能实现，所以应该用管井更为合理。只不过从考试采分点规则考虑，本题还是写成上述答案的形式更加合理。

2. 事件一中的 HDPE 管进场验收存在哪些问题？给出正确做法。

参考答案：

（1）管件外观质量检验方法不正确。

正确做法：对进入现场的管件逐根进行检验；管件不得有影响结构安全、使用功能和接口连接的质量缺陷，内外壁光滑，无气泡、无裂纹。

(2) 缺少检验项目（或检验项目不全）。
正确做法：对HDPE管件取样进行环刚度复试，管件环刚度应满足设计要求。

> **解析**：材料进场检验遵循看、检、验这三个环节。背景中只是介绍了"看和检"这两个环节，但是验的这个环节没有写出来，HDPE管道属于柔性管道，而柔性管道最主要的技术指标就是环刚度试验，所以需要补充对HDPE管进行环刚度的复试。本题看外观的内容写的是抽检，从考试答题技巧也不难得出逐根（全部）检验的这个采分点。

3. 结合工程地质情况，写出沟槽开挖应遵循的原则。

参考答案：

应遵循的原则：

(1) 遵循分段、分层（或分步）、均衡开挖原则。
(2) 降水至基底以下0.5m后，由上而下、先支撑后开挖。
(3) 基底预留200~300mm土层人工清理。

> **解析**：本小问内容比较综合，在回答时一定要结合案例背景中涉及的地下水、支撑、人工清理基底等内容，例如本案例背景资料中有地下水，就需要有降水之后进行开挖的文字。

4. 从受力体系转换角度，简述沟槽支护结构拆除作业要点。

参考答案：

(1) 应配合回填施工拆除。
(2) 每层横撑应在填土高度达到支撑底面时拆除。
(3) 先拆除支撑再拆除围檩、槽钢支架，全部支撑围檩拆除再拔钢板桩。
(4) 板桩拔除后及时回填桩孔。

> **解析**：围护结构拆除与回填和开挖支撑是逆向操作，只要掌握了支撑开挖的核心知识，回填拆除就可以清晰地写出来。开挖支撑的核心是先撑后挖，那么围护结构拆除与回填的核心就是回填与拆除交替进行。最后需要注意本案例采用的是钢板桩，那么在钢板桩拔除后要及时对桩孔进行回填。

5. 根据事件三叙述，给出污水管道变形率控制措施和检测方法。

参考答案：

(1) 污水管道变形率控制措施：在管道内设置径向支撑（或采用胸腔填土形成竖向反向变形抵消管道变形），按现场试验取得的施工参数回填压实。

（2）检测方法：拆除管内支撑，采用人工管内检测（或圆形芯轴仪、圆度测试板、闭路电视），填土到预定高程后，在12~24h内测量管道径向变形率。

> **解析：** 对于直径大于800mm的柔性管道控制变形措施是在管道内加竖向支撑，但是如果管道直径小于800mm的情况下，不能在管道内部加竖向支撑，那么可以在管道两侧回填土的时候进行对称压实，使管道形成竖向反变形，后期回填管顶上部土方时，下压的土方会使管道变形恢复。
>
> 对于管道变形的检测方法，方便时用钢尺直接量测，不方便时用圆度测试板或芯轴仪在管内拖拉量测管道变形值。

案例13　2021.05.23二建案例真题一

背景资料

某公司承建南方一主干路工程，道路全长2.2km，地勘报告揭示K1+500~K1+650处有一暗塘，其他路段为杂填土，暗塘位置平面如图1所示。设计单位在暗塘范围采用双轴水泥土搅拌桩加固的方式对机动车道路基进行复合路基处理，其他部分采用改良换填的方式进行处理，路基横断面如图2所示。

为保证杆线落地安全处置，设计单位在暗塘左侧人行道下方布设现浇钢筋混凝土盖板管沟，将既有低压电力、通信线缆敷设沟内，盖板管沟断面如图3所示。

针对改良换填路段，项目部在全线施工展开之前做了100m的标准试验段，以便选择压实机具、压实方式等。

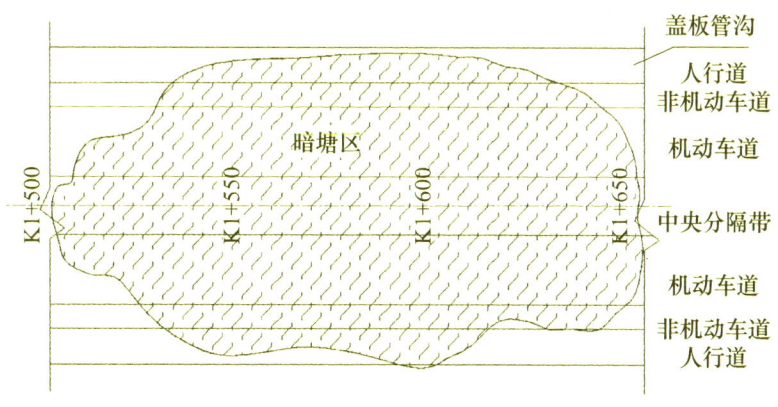

图1　暗塘位置平面示意图

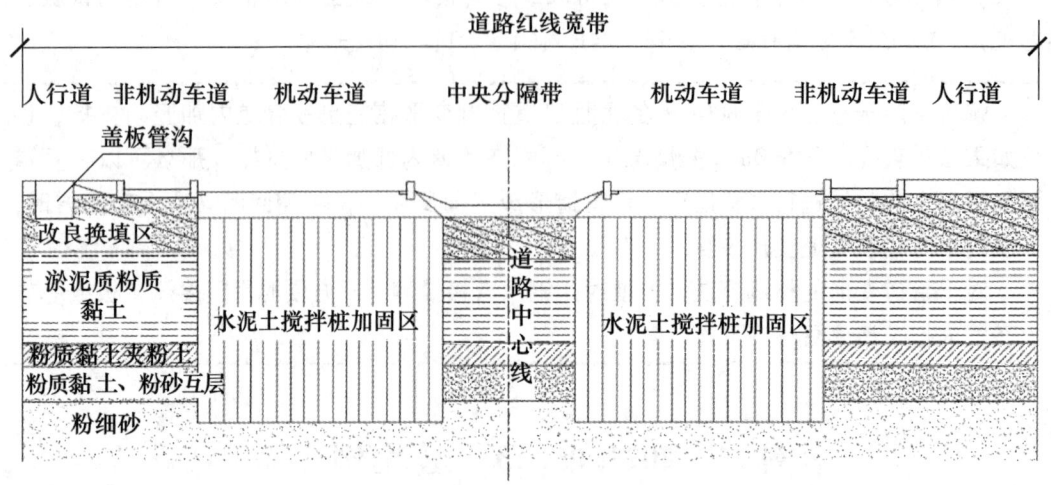

图2 暗塘区路基横断面示意图

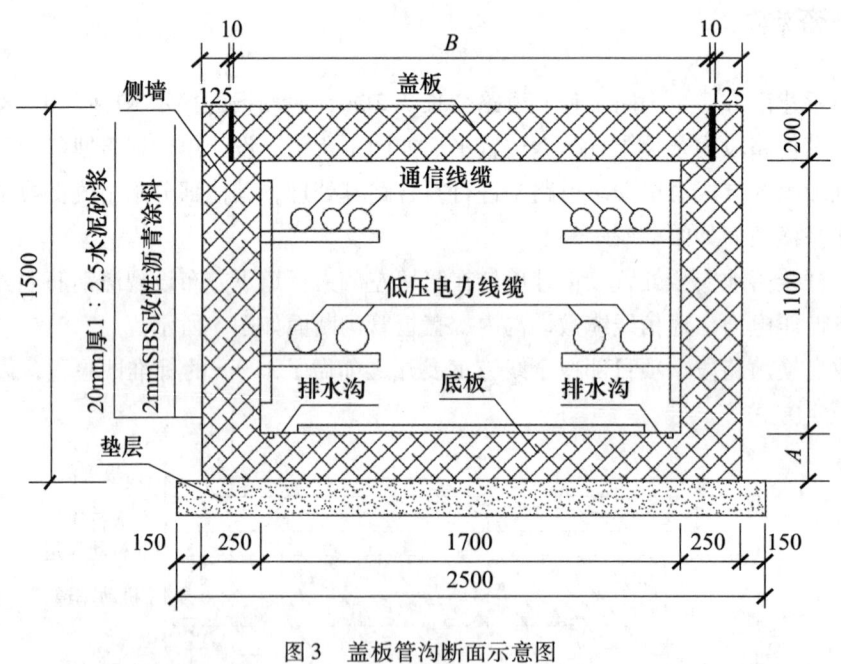

图3 盖板管沟断面示意图

（单位：mm）

问题

1. 写出水泥土搅拌桩复合路基的施工质量检测方法。
2. 写出水泥土搅拌桩的优点。
3. 写出示意图3中涂料层及水泥砂浆层的作用，补齐底板厚度 A 和盖板宽度 B 的尺寸。
4. 补充标准试验段需要确定的技术参数。

参考答案

1. 写出水泥土搅拌桩复合路基的施工质量检测方法。

参考答案：

在成桩3d内，采用轻型动力触控检查上部桩身的均匀性；在成桩7d后，采用浅部开挖桩头进行检查，检查搅拌的均匀性，量测成桩的直径。

> 解析：水泥土搅拌法还可以加工成重力式水泥土挡墙，当作为重力式水泥土墙时，还应用开挖方法检查搭接宽度和位置偏差，应采用钻芯法检查水泥土搅拌桩的单轴抗压强度、完整性和深度。

2. 写出水泥土搅拌桩的优点。

参考答案：

（1）最大限度地利用了原土、造价低。
（2）无污染、无振动、噪声小，对地下管沟影响很小。
（3）根据现场需要，可灵活地采用柱状、壁状、格栅状和块状等加固形式。
（4）施工速度快、加固效果好。

> 解析：水泥土搅拌桩地基加固的优点在教材中没有相关介绍，不过这种题目完全可以通过分析获取采分点。既然是优点，那么施工速度一定"快"，造价一定"低"，现场条件一定可以"充分利用"，效果一定要"好"。本题答案可以作为某材料、机械、工艺等优点的答题模板。

3. 写出示意图3中涂料层及水泥砂浆层的作用，补齐底板厚度 A 和盖板宽度 B 的尺寸。

参考答案：

（1）涂料层作用：防水，阻止水进入管沟。
（2）水泥砂浆层作用：对防水层的保护作用，防止回填过程对防水层造成破坏。
（3）底板厚度 $A = 1500 - 1100 - 200 = 200$ mm。
（4）盖板宽度 $B = 1700 + 250 \times 2 - 125 \times 2 - 10 \times 2 = 1930$ mm。
或：盖板宽度 $B = 2500 - 150 \times 2 - 125 \times 2 - 10 \times 2 = 1930$ mm。

> 解析：本小题分为两部分，一部分是描述图中某一部位的作用，这类题目属于当前的主流考点，本小题考核的是防水以及防水的保护层，图上是防水砂浆，当然也可以将图中的20mm水泥砂浆变成砌筑的砖墙，其作用不变。另一部分是依据图中数字进行计算，本题中的计算相对简单，没有太大难度，考核识图的基本功。

4. 补充标准试验段需要确定的技术参数。

参考答案：

需要确定预沉量值、压实遍数、虚铺厚度。

> **解析：** 市政工程中很多工艺都需要做试验段，目的是确定施工参数，本案例在二建考试中曾多次涉及。很多工程都需要做试验段，其作用也是确定施工参数，在后面备考中，考生不妨自己归纳一些施工过程中的试验段参数，例如浇筑混凝土道路的试验段、沥青混凝土面层试验段、沟槽开挖试验段的参数等。

案例 14　2021.05.23 二建案例真题二

背景资料

某公司承接了某市高架桥工程，桥幅宽 25m，共 14 跨，跨径为 16m，为双向六车道，上部结构为预应力空心板梁，半幅桥断面如下图所示，合同约定 4 月 1 日开工，国庆节通车，工期 6 个月。

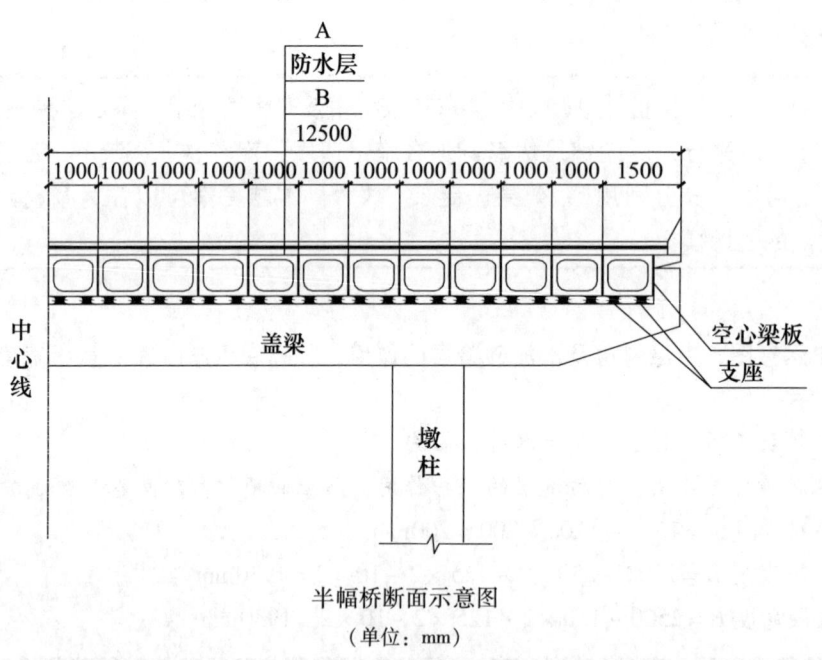

半幅桥断面示意图
（单位：mm）

其中，预制梁场（包括底模）建设需要 1 个月，预应力空心板梁预制（含移梁）需要 4 个月，制梁期间正值高温，后续工程施工需要 1 个月。每片空心板梁预制只有 7d 时间，项目部制定的空心板梁施工工艺流程依次为钢筋安装→C→模板安装→钢绞线穿束→D→养护→拆除边模→E→压浆→F，移梁让出底模。项目部采购了一批钢绞线共计 50t，抽取部分进行了力学性能试验及其他试验，检验合格后用于预应力空心板梁制作。

问题

1. 写出示意图桥面铺装层中 A、B 的名称。
2. 写出图中桥梁支座的作用，以及支座的名称。
3. 列式计算预应力空心板梁加工至少需要的模板数量。（每月按 30d 计算）
4. 补齐项目部制定的预应力空心板梁施工工艺流程，写出 C、D、E、F 的工序名称。
5. 项目部采购的钢绞线按规定应抽取多少盘进行力学性能试验和其他试验？

参考答案

1. 写出示意图桥面铺装层中 A、B 的名称。

参考答案：

A：沥青混凝土面层或水泥混凝土面层。

B：整平层（找平层）。

> 解析：本小问考核图形局部名称，题目难度系数并不高，从常识上也可以分析出桥梁防水层上面的 A 为沥青混凝土面层或水泥混凝土面层。本题背景中并未介绍桥面系铺装层为沥青混凝土还是水泥混凝土，不过常规情况下的桥面铺装多为沥青混凝土。防水层下面的 B 没有什么争议，就是装配式梁的找平层或整平层。

2. 写出图中桥梁支座的作用，以及支座的名称。

参考答案：

（1）支座的作用：将桥梁上部结构承受的荷载和变形（位移和转角）可靠地传递给桥梁下部结构，是桥梁的重要传力装置，并具备减震和抗震能力。

（2）支座名称：板式橡胶支座（固定支座）。

> 解析：本题中支座的作用为教材原文内容，题目答案稍有拓展。教材中内容重复考核间隔的年份一般也就是 3~4 年，所以对于教材中一些知识点考核过 3~4 年之后，一定要注意是否会进行重复考核。本题图形和背景都已经明确桥跨结构为空心板，一般情况下每一片空心板需要设置四个支座，且为固定支座即板式橡胶支座。

3. 列式计算预应力空心板梁加工至少需要的模板数量。（每月按 30d 计算）

参考答案：

空心板总数：（12×2）×14＝336 片。

空心板预制时间：4×30＝120d。

每片需要预制 7d，120÷7＝17.14 次 ≈17 次，即 120d 模板只能周转 17 次。

模板数量：336÷17＝19.76 套 ≈20 套，即至少需要模板 20 套。

解析：在计算资源周转问题时，需要首先计算题目中的关键要素。对于本题中的空心板情况，总数量为$(12 \times 2) \times 14 = 336$片；预制总工期为$4 \times 30 = 120d$；每次预制空心板所需时间为7d。因此，本工程需要进行预制空心板的次数为$120 \div 7 = 17.14$次≈ 17次，即17次。模板的需求量为$336 \div 17 = 19.76$套≈ 20套，即20套。

虽然这个问题看似简单，但很多考生在回答时常常会出现逻辑错误。例如，有些考生会采用以下方式计算：$336 \div (120 \div 7)$或者$(336 \times 7) \div 120$，计算结果为19.6，也是至少需要20套模板。但是，这种算法存在问题。

让我们用这种错误的算法来更换一下参数，假设每片梁的预制时间为11d。如果按照同样的方法计算，$(336 \times 11) \div 120 = 30.8$套$\approx 31$套，即需要31套模板。反向验证一下：$120 \div 11 = 10.9$次$\approx 10$次，即模板的周转次数为10次。然而，使用31套模板进行10次周转，只能完成310片梁（$31 \times 10 = 310$片），远远少于336片。

如果按照正确的方法进行计算：首先计算预制梁需要的周转次数，$120 \div 11 = 10.9$次≈ 10次，即可以进行10次周转；接下来计算模板的需求量，$336 \div 10 = 33.6$套≈ 34套，即需要34套模板。由此可以看出，这种资源周转问题不能采用综合计算。因为在这里，周转次数的计算结果只要有小数，小数点之后的数值无论大小都会进行"舍"处理；而最终模板的数量计算结果只要有小数，小数点之后的数值无论大小都会进行"入"处理。综合计算会导致第一步计算的小数部分没有被舍去，从而引发累计误差，这也是实际操作和纯数学计算之间的区别。

4. 补齐项目部制定的预应力空心板梁施工工艺流程，写出C、D、E、F的工序名称。
参考答案：
C工序为预应力孔道安装；D工序为混凝土浇筑；E工序为预应力张拉；F工序为封锚。

解析：在预制预应力梁板的施工过程中，存在两种方法：先张法和后张法。后张法是指在混凝土构件浇筑完成后进行的预应力张拉。具体操作为：在混凝土构件的孔道中穿过钢束，待混凝土达到所需强度后进行预应力张拉，张拉完成后在两端进行锚固，并进行压浆和封锚处理。

根据本案例的背景资料，空心板梁的施工工艺流程顺序如下：钢筋安装→C→模板安装→钢绞线穿束→D→养护→拆除边模→E→压浆→F，移梁让出底模。通过流程中的"钢绞线穿束"以及"压浆"两个工序，可以确定本工程采用的预应力张拉方式为后张法。在后张法预应力操作中，钢绞线必须穿入预应力孔道中，所以在钢绞线穿束之前的C工序是预应力孔道安装。在混凝土构件浇筑完成后，只有混凝土需要养护，因此养护工序之前的D工序是浇筑混凝土。按照后张法的施工顺序，应该是先张拉后压浆作业，所以E工序是预应力张拉，而压浆之后的F工序则是封锚工作。

5. 项目部采购的钢绞线按规定应抽取多少盘进行力学性能试验和其他试验？

参考答案：

应抽取 3 盘，并从每盘所选的钢绞线任一端截取一根试样，进行力学性能试验和其他试验。

> **解析：** 本题考核内容相对简单，属于教材原文内容。材料的检查与验收也属于当前的高频考点，备考中对于各种材料的存储、验收均应引起重视。

案例 15　2021.05.23 二建案例真题三

背景资料

某公司承建一项目地铁车站土建工程，车站长 236m，标准宽度 19.6m，深度 16.2m，地下水位标高为 12.5m。车站为地下二层三跨岛式结构，采用明挖法施工。围护结构为地下连续墙，内支撑第一道为钢筋混凝土支撑，其余为 φ800mm 钢管支撑，基坑内设管井降水，车站围护结构及支撑断面示意图如图 1 所示。

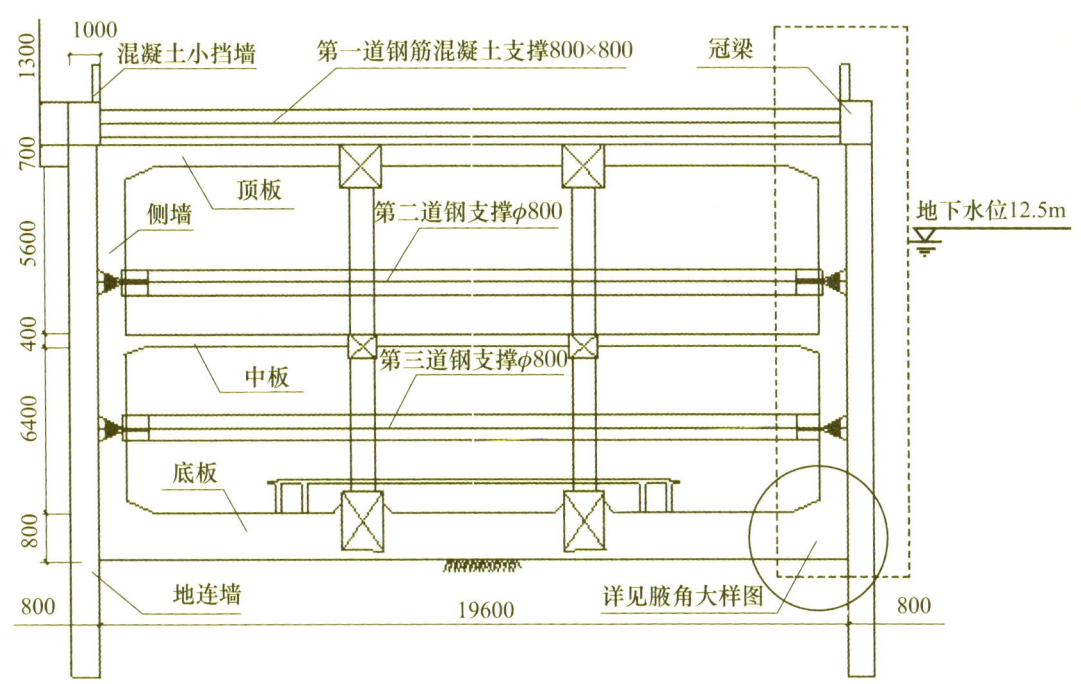

图 1　车站围护结构及支撑断面示意图（单位：mm）

项目部为加强施工过程变形监测，结合车站基本风险等级（基坑自身风险等级为二级）编制了监测方案，其中监测项目包括地连墙顶面的水平位移和竖向位移。

项目部将整个车站划分为 12 仓施工，标准段每仓长度为 20m。每仓的混凝土浇筑顺序为垫层→底板→负二层侧墙→中板→负一层侧墙→顶板，按照上述工序和规范要求设置了水平施工缝，其中底板与负二层侧墙的水平施工缝设置如图2所示。

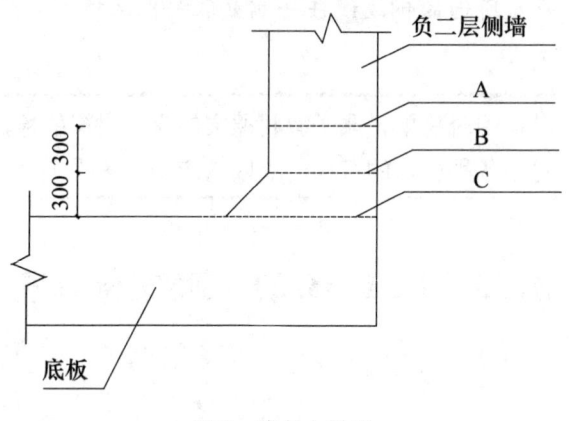

图2 腋角大样图
（单位：mm）

标准段某仓顶板施工时，日均气温23℃，为检验评定混凝土强度，控制模板拆除时间，项目部按相关要求留置了混凝土试件。

顶板模板支撑体系采用自扣式满堂支架，项目部编制了支架搭设专项方案，由于搭设高度不足8m，项目部认为该方案不必经过专家论证。

问题

1. 补充其他监测应测项目。
2. 图1右侧虚线范围断面内应设几道水平施工缝？写出图2中底板与负二层侧墙水平施工缝正确位置对应的字母。
3. 该仓顶板混凝土浇筑过程应留置几组混凝土试件？并写出对应的养护条件。
4. 支架搭设方案是否需要专家论证？写出原因。

参考答案

1. 补充其他监测应测项目。

参考答案：

基坑监测应测项目：地连墙体水平位移；立柱结构竖向位移；支撑轴力；地表沉降；竖井井壁支护结构净空收敛；地下水位。

> 解析：本题为二建市政考题，对于基坑监测考点，一建和二建依据的是不同规范。本小题中补充其他监测应测项目考核的是教材表格内容，这种基坑监测内容需要格外重视。

2. 图 1 右侧虚线范围断面内应设几道水平施工缝？写出图 2 中底板与负二层侧墙水平施工缝正确位置对应的字母。

参考答案：

应设置 4 道水平施工缝。

底板与负二层侧墙水平施工缝正确位置为 A。

> **解析：** 通过本题背景资料中每仓的混凝土浇筑顺序"垫层→底板→负二层侧墙→中板→负一层侧墙→顶板"，可以得出在车站结构的虚线范围内，底板与负二层侧墙之间需要设置第一道施工缝；负二层侧墙与中板之间设置第二道施工缝；中板与负一层侧墙之间设置第三道施工缝；负一层侧墙与顶板之间需要设置第四道施工缝。底板与负二层侧墙的施工缝既不能设置在底板与腋角衔接位置，也不能设置在侧墙与腋角衔接位置，所有钢筋混凝土建筑结构底板和侧墙施工缝的设置一般都遵循以下原则：如果不设腋角，施工缝留置在底板以上不小于 200mm 处；如果设腋角，一般需要在腋角以上不少于 200mm。所以本题底板与负二层侧墙水平施工缝应留置在 A 处。

3. 该仓顶板混凝土浇筑过程应留置几组混凝土试件？并写出对应的养护条件。

参考答案：

应留置 3 组混凝土试件。

养护条件：与顶板混凝土同条件养护，不少于 14d。

> **解析：** 混凝土试件有两种类型，分别是同条件养护试件和标养试件。标养试件用于检验已浇筑混凝土的质量，而同条件养护试件则用于确定混凝土模板的拆除时间。根据题目中提供的背景信息，即"为检验评定混凝土强度，控制模板拆除时间，项目部按相关要求留置了混凝土试件"，可以确定本题中的试件是用于控制混凝土拆模时间的，因此是同条件养护试件。
>
> 根据题目给出的工程信息，车站标准宽度为 19.6m，标准段每仓长度为 20m，顶板厚度为 0.7m（700mm）。因此，该仓顶板的混凝土体积为 $20 \times 19.6 \times 0.7 = 274.4m^3$。由于混凝土方量未超过 $300m^3$，根据《混凝土结构工程施工质量验收规范》GB 50204—2015 的规定，当每拌制 100 盘且不超过 $100m^3$ 时，取样不得少于一次，每次取样应至少留置一组试件。因此，在本工程中需要留置 3 组试件。

4. 支架搭设方案是否需要专家论证？写出原因。

参考答案：

需要专家论证。

原因：车站宽度 19.6m，每仓宽度 20m，支架搭设跨度超过 18m，且顶板混凝土厚度为 700mm，属于超过一定规模的危险性较大的分部分项工程，应当组织专家论证。

> **解析**：本小问需要组织专家论证，理由有两个：一是分仓浇筑宽度为 20m，也就是混凝土顶板支架搭设跨度超过 18m；二是从图形上看，顶板厚度为 700mm，按照常识，混凝土重度为 $25kN/m^3$，混凝土的自重荷载为 $25kN/m^3 \times 0.7m = 17.5kN/m^2$，超过 $15kN/m^2$。而混凝土模板支撑工程搭设跨度 18m 及以上或施工总荷载（设计值）$15kN/m^2$ 及以上，应当组织专家论证。

案例 16　2021.05.23 二建案例真题四

背景资料

某公司承建一项道路扩建工程，在原有道路一侧扩建，并在路口处与现况道路平接。现况道路下方有多条市政管线，新建雨水管线接入现况路下既有雨水管线。项目部进场后，编制了施工组织设计、管线施工方案、道路施工方案、交通导行方案、季节性施工方案。

道路中央分隔带下布设一条 $D1200mm$ 雨水管线，管线长度 800m，采用平接口钢筋混凝土管，道路及雨水管线布置平面如图 1 所示。沟槽开挖深度 $H \leq 4m$ 时，采用放坡法施工，沟槽开挖断面如图 2 所示；$H > 4m$ 时，采用钢板桩加内支撑进行支护。

为保证管道回填的质量要求，项目部选取了适宜的回填材料，并按规范要求放坡。

扩建道路与现况道路均为沥青混凝土路面，在新旧路接头处，为防止产生裂缝，采用阶梯形接缝、新旧路接缝处逐层骑缝设置了土工格栅。

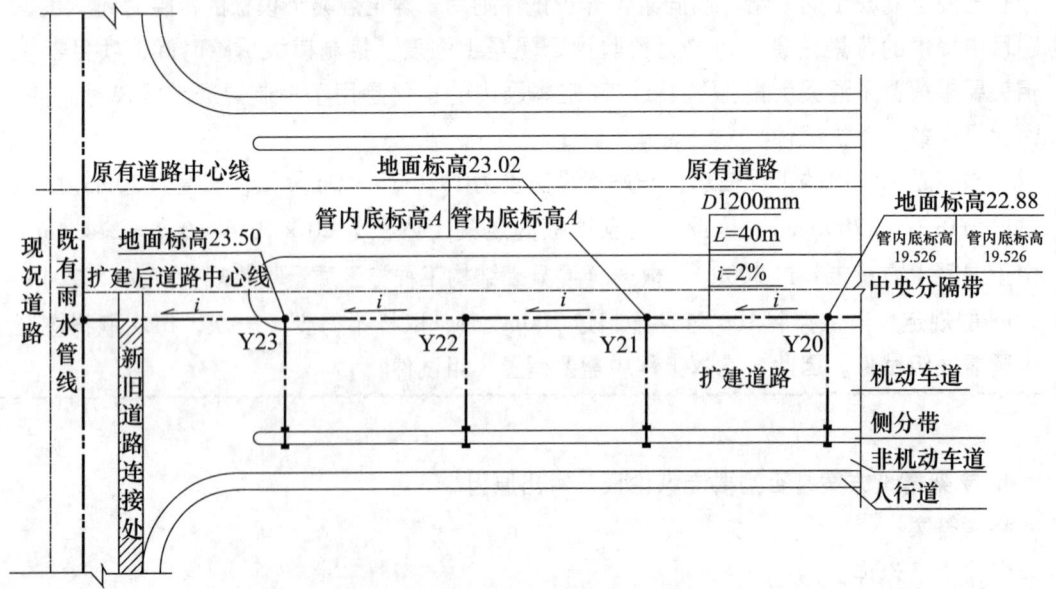

图 1　道路及雨水管线布置平面示意图

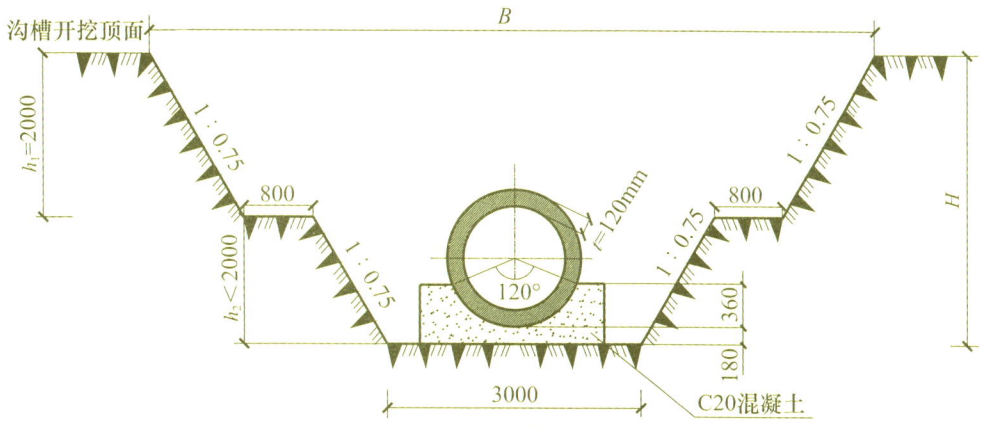

图 2 $3m < H \leq 4m$ 沟槽开挖断面示意图（单位：mm）

📖 问题

1. 补充该项目还需要编制的专项施工方案。
2. 计算图 1 中 Y21 管内底标高 A、图 2 中该处的开挖深度 H，以及沟槽开挖断面上口宽度 B（保留 1 位小数）。（单位：m）
3. 写出管道两侧及管顶以上 500mm 范围内回填土应注意的施工要点。
4. 写出新旧路接缝处，除了骑缝设置土工格栅外，还有哪几道工序。

📄 参考答案

1. 补充该项目还需要编制的专项施工方案。

参考答案：

还需要编制沟槽开挖方案、沟槽支护方案、管道吊装方案、管线勾头方案（或与既有管线接入方案）。

> **解析：** 本小问所需补充方案并未明确是危险性较大的安全专项施工方案，所以需要依据背景补充施工中的吊装方案、勾头方案、沟槽开挖和支护方案等内容。

2. 计算图 1 中 Y21 管内底标高 A、图 2 中该处的开挖深度 H，以及沟槽开挖断面上口宽度 B（保留 1 位小数）。（单位：m）

参考答案：

管内底标高 $A = 19.526 - 40 \times 2‰ = 19.446m$，即 $A \approx 19.4m$。

开挖深度 $H = 23.02 - 19.446 + 0.12 + 0.18 = 3.874m$，即 $H \approx 3.9m$。

上口宽度 $B = 3 + 3.874 \times 0.75 \times 2 + 2 \times 0.8 = 10.411m$，或 $B = 3 + (3.874 - 2) \times 0.75 \times 2 + 0.8 \times 2 + 2 \times 0.75 \times 2 = 10.411m$，即 $B \approx 10.4m$。

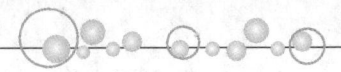

> 解析：本小问属于依据图形计算的题目，考核的知识点比较综合，题目既有垂直、水平方向的计算，又有坡度计算。需要注意的是题目要求计算结果保留一位小数，但是在计算过程中，后面还要用的数值要将计算结果完全保留，以免影响后续计算的精度。

3. 写出管道两侧及管顶以上500mm范围内回填土应注意的施工要点。

参考答案：

（1）回填材料符合要求。

（2）回填宜在一天气温最低时进行。

（3）由管道两侧对称回填，每层回填高度不大于200mm。

（4）采用轻型压实机具分层压实，管道两侧压实面高差不大于300mm。

（5）分段回填压实时，相邻段的接槎呈台阶形且不得漏夯。

> 解析：本小问考核的是刚性管道回填，不过采分点与柔性管道回填大同小异，无外乎是回填材料、时间、对称、层厚、接槎等内容。

4. 写出新旧路接缝处，除了骑缝设置土工格栅外，还有哪几道工序。

参考答案：

还应有以下工序：

（1）逐层垂直切割旧路接缝处。

（2）采用垫方木等措施保护接槎棱角。

（3）清洗切割面。

（4）接槎干燥后涂刷粘层油。

（5）摊铺新沥青混凝土后骑缝碾压。

> 解析：沥青混凝土冷接缝施工考核频率非常高。一般答案都围绕垂直切割、上下错开、接槎清洗、涂刷粘层油、搭接处铺设土工格栅、骑缝碾压等采分点展开。

案例17　2020年二建案例真题一

背景资料

某单位承建一钢厂主干道钢筋混凝土道路工程，道路全长1.2km，红线宽46m，路幅分配如图1所示。雨水主管敷设于人行道下，管道平面布置如图2所示。该路段地层富水，地下水位较高，设计单位在道路结构层中增设了200mm厚级配碎石层。项目部进场后按文明施工要求对施工现场进行了封闭管理，并在现场进口处挂有"五牌一图"。

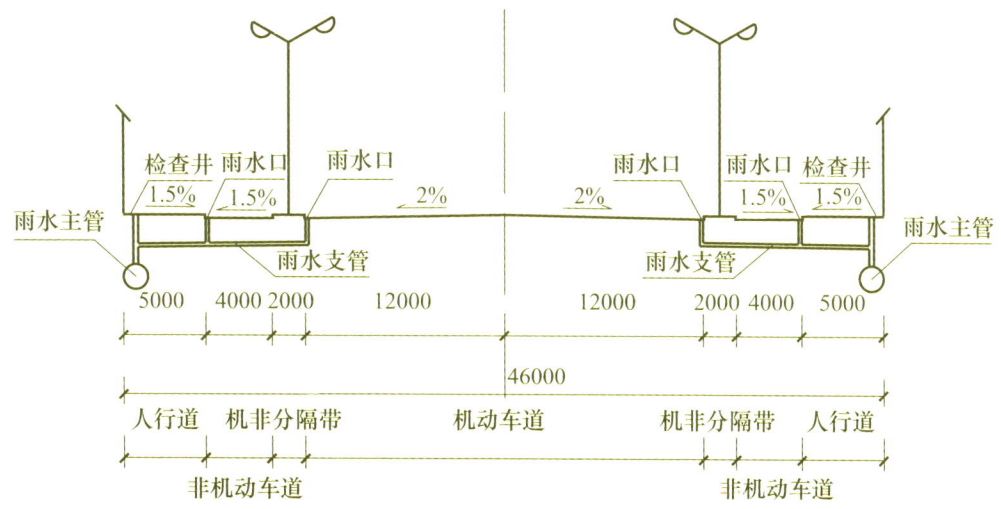

图1 三幅路横断面示意图
（单位：mm）

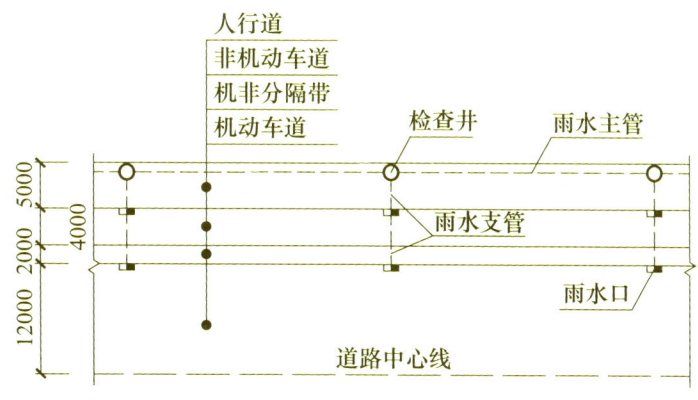

图2 半幅路雨水管道平面示意图
（单位：mm）

道路施工过程中发生如下事件：

事件一：路基验收完成已是深秋，为在冬期到来前完成水泥稳定碎石基层施工，项目部经过科学组织，优化方案，集中力量，按期完成基层分项工程的施工任务，同时做好了基层的防冻覆盖工作。

事件二：基层验收合格后，项目部采用开槽法进行DN300mm的雨水支管施工，雨水支管沟槽开挖断面如图3所示。槽底浇筑混凝土基础后敷设雨水支管，最后浇筑C25混凝土对支管进行全包封处理。

事件三：雨水支管施工完成后，进入面层施工阶段，在钢筋进场时，实习材料员当班检查了钢筋的品种、规格，均符合设计和国家现行标准规定，经复试（含见证取样）合格，却忽略了供应商没能提供的相关资料，便将钢筋投入现场施工。

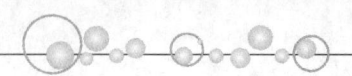

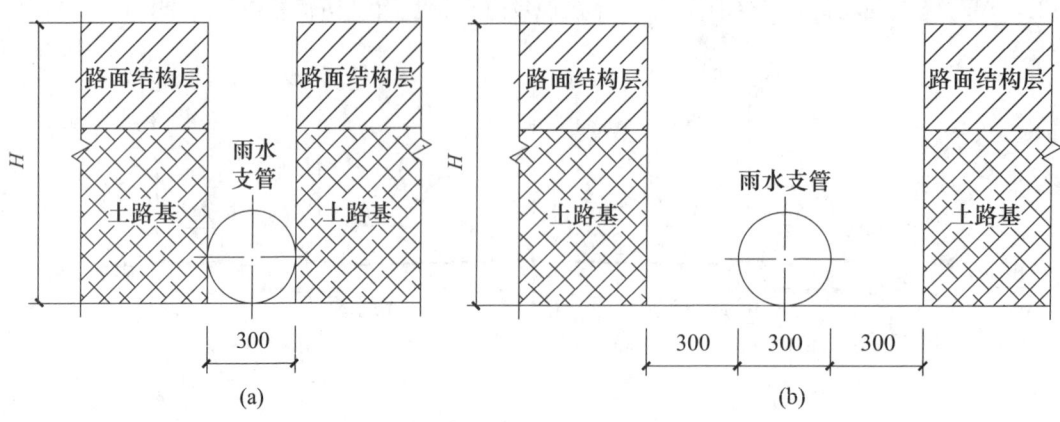

图 3　雨水支管沟槽开挖断面示意图

（单位：mm）

问题

1. 设计单位增设的 200mm 厚级配碎石层应设置在道路结构中的哪个层次？说明其作用。

2. "五牌一图"具体指哪些牌和图？

3. 请写出事件一中进入冬期施工的气温条件，并写出基层分项工程应在冬期施工到来之前多少天完成。

4. 请在图 3 雨水支管沟槽开挖断面示意图中选出正确的雨水支管开挖断面形式。[开挖断面形式用（a）断面或（b）断面作答]

5. 事件三中钢筋进场时还需要检查哪些资料？

参考答案

1. 设计单位增设的 200mm 厚级配碎石层应设置在道路结构中的哪个层次？说明其作用。

参考答案：

（1）垫层（或设置在土路基与基层之间）。

（2）作用：改善土路基的湿度和温度状况（或提高路面结构的水稳性和抗冻胀能力），扩散荷载，减小土路基所产生的变形。

> 解析：在道路模块的案例考核中，主要围绕路基、基层和面层的施工展开，有时候也可能涉及挡土墙或道路改造，但很少会涉及道路垫层施工。垫层的内容除了考核其作用外，还可以通过图形形式进行考核。例如，在题干中绘制道路结构断面图，标记上层、下层、基层和 A，要求考生指出 A 的名称并简述其施工要求。

2. "五牌一图"具体指哪些牌和图？

参考答案：

五牌：工程概况牌、管理人员名单及监督电话牌、消防保卫（防火责任）牌、安全生产牌、文明施工牌。一图：施工现场总平面图。

> 解析："五牌一图"这个知识点在市政和建筑专业中考核频率非常高，不过近年来这个知识点在教材中的描述经常发生变化，考试中注意依据当前的考试用书回答。

3. 请写出事件一中进入冬期施工的气温条件，并写出基层分项工程应在冬期施工到来之前多少天完成。

参考答案：

（1）当施工现场环境日平均气温连续5d稳定低于5℃或最低环境气温低于−3℃时，应视为进入冬期施工。

（2）应在冬期施工之前15～30d。

> 解析：案例题中直接考核数字的考核形式在建造师考试中一直存在，只不过近年来这种题目的分值越来越少了。这类考题有一个规律，就是考核过的数字在后面案例中再次考核的概率很低，所以在备考时对教材中那些很重要但还没有考核过的数字需要更加重视。

4. 请在图3雨水支管沟槽开挖断面示意图中选出正确的雨水支管开挖断面形式。[开挖断面形式用（a）断面或（b）断面作答]

参考答案：

开挖断面形式采用（b）断面。因为（a）断面形式在包封施工时，无法进行腋角部位混凝土浇筑。

> 解析：背景资料中已经强调雨水支管在施工中需要进行全包封处理，既然是全包封施工，就必须保证混凝土可以从管道左右两侧布放到管底腋角部位并进行振捣。而（a）中管道两侧紧邻沟槽侧壁，无法完成上述施工，显然不合理。此题的判断非常简单，但是回答理由时需要组织好语言。

5. 事件三中钢筋进场时还需要检查哪些资料？

参考答案：

进场时还需要检查：钢筋成分，生产厂的牌号、炉号，检验报告和合格证。

解析：材料的检查验收在当前一、二建市政考试中出现的频率非常高，只不过这一次考试命题者直接考核的是教材原文内容。此知识点还可以将背景资料中的钢筋更换成混凝土管道、路缘石、橡胶止水带、各种化学管材等工程材料，采分点基本上相同，都是材料的各种证书系列。

案例18 2020年二建案例真题二

背景资料

某城镇道路局部为路堑路段，两侧采用浆砌块石重力式挡土墙护坡，挡土墙高出路面约3.5m，顶部宽度0.6m，底部宽度1.5m，基础埋深0.85m，如图1所示。

在夏季连续多日降雨后，该路段一侧约20m挡土墙突然坍塌，该侧行人和非机动车无法正常通行。

调查发现，该段挡土墙坍塌前顶部荷载无明显变化，坍塌后基础未见不均匀沉降，墙体块石砌筑砂浆饱满粘结牢固，后背填土为杂填土，泄水孔淤塞不畅。

为恢复正常交通秩序，保证交通安全，相关部门决定在原位置重建现浇钢筋混凝土重力式挡土墙，如图2所示。

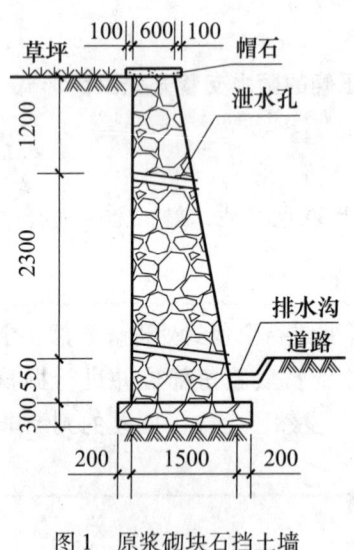

图1 原浆砌块石挡土墙
（单位：mm）

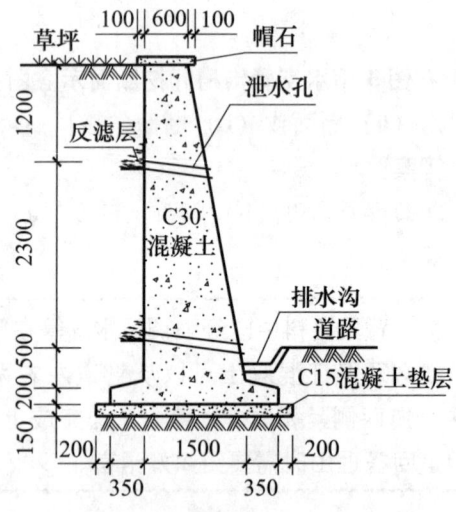

图2 新建钢筋混凝土重力式挡土墙
（单位：mm）

施工单位编制了钢筋混凝土重力式挡土墙混凝土浇筑施工方案，其中包括：提前与商品混凝土厂沟通混凝土强度、方量及到场时间；第一车混凝土到场后立即开始浇筑；按每层600mm水平分层浇筑混凝土，下层混凝土初凝前进行上层混凝土浇筑；新旧挡土墙连接处增加钢筋使两者紧密连接；如果发生交通拥堵导致混凝土运输时间过长，可适量加水调整混凝土和易性；提前了解天气预报并准备雨期施工措施等内容。

施工单位在挡土墙排水方面拟采取以下措施：在边坡潜在滑塌区外侧设置截水沟；挡土墙内每层泄水孔上下对齐布置；挡土墙后背回填黏土并压实等。

问题

1. 从受力角度分析挡土墙坍塌原因。
2. 写出混凝土重力式挡土墙的钢筋设置位置和结构形式特点。
3. 写出混凝土浇筑前钢筋验收除钢筋品种规格外应检查的内容。
4. 改正混凝土浇筑方案中存在的错误之处。
5. 改正挡土墙排水设计中存在的错误之处。

参考答案

1. 从受力角度分析挡土墙坍塌原因。

参考答案：

（1）砌筑挡土墙泄水孔处未设置反滤层造成堵塞，使墙背排水不畅（积水过多）、墙背压力过大（主动土压力）导致挡土墙失稳坍塌。

（2）挡土墙高宽比设计不合理，基础埋深较浅。

> 解析：根据调查发现的关键点，坍塌前挡土墙顶部荷载无明显变化，坍塌后基础未见不均匀沉降，墙体块石砌筑砂浆饱满、粘结牢固。可以得出以下结论：挡土墙的坍塌不是由于墙顶荷载、基础沉降或砌筑问题引起的。
>
> 但是，调查还发现：后背填土为杂填土，且泄水孔存在淤塞问题。结合图1挡土墙中泄水孔后未设置反滤层的情况，可以推断泄水孔堵塞导致墙后土体含水量增加，进而增加了主动土压力，最终导致挡土墙的坍塌。
>
> 此外，在案例背景中提到了挡土墙的高度、顶部宽度、底部宽度及基础埋深，并且在图中再次呈现了这些信息。这种重复的展示可能意味着这些数据是导致挡土墙坍塌的其他因素，例如高宽比设计不合理或基础埋深过浅。
>
> 这类题目属于实操题，考生在考试中需要进行问题分析。评分主要依据案例背景的展开，因此在回答问题时，不能忽视案例背景中的任何细节。为了确保答案全面，应从多个角度进行回答，充分考虑各方面的信息。只有这样才能保证答案具有高度的涵盖性，以获得更高的分数。

2. 写出混凝土重力式挡土墙的钢筋设置位置和结构形式特点。

参考答案：

钢筋设置位置：墙背（迎土面）和墙趾（基础）处。

结构特点：依靠墙体自重抵挡土压力作用。

> 解析：重力式挡土墙有三种形式，一种形式是砌筑，另外两种形式是现浇。从案例背景中可以看出，本工程挡土墙开始采用的是砌筑形式，而后期重新施工的挡土墙采用现浇混凝土形式，都是重力式挡土墙，只不过是更换了材料。但只要是重力式挡土墙，最大的特点都是依靠墙体的自重抵挡土压力。

3. 写出混凝土浇筑前钢筋验收除钢筋品种规格外应检查的内容。

参考答案：

应检查钢筋间距、绑扎（焊接）质量、混凝土保护层厚度，以及锚固方式、连接方式、弯钩和弯折等内容。

> 解析：浇筑混凝土前，对钢筋的检查属于隐蔽工程验收，验收合格即可浇筑混凝土，有过结构施工经验的考生不难写出检查内容。本题采分点主要是钢筋间距、绑扎（焊接）、保护层厚度这类文字。

4. 改正混凝土浇筑方案中存在的错误之处。

参考答案：

① 应检查混凝土出厂、进场时间和外观，查验配合比，测试坍落度和留置试块后浇筑。
② 现场应该有2辆以上（多辆）混凝土车后才开始浇筑，每层浇筑厚度不超过300mm，下层混凝土初凝前上层混凝土浇筑完毕。
③ 新旧挡土墙之间应设置沉降缝（变形缝）。
④ 应加减水剂或同配比水泥浆进行搅拌。

> 解析：本题涉及多个知识点，每个知识点都可以单独成为一个问题。第1个知识点是混凝土进场后在浇筑前需要完成哪些工作，这个考点在2018年二建市政专业曾经进行过案例考核。第2个知识点是一个综合题，涉及大体积混凝土浇筑层厚的数值修改，以及纠正第一车混凝土到达施工现场后立即进行浇筑的错误做法。可以参考高等级道路摊铺沥青混凝土时，在摊铺机前等候的运料车不少于5辆，以避免施工缝的做法。同样，为了避免施工缝，在挡土墙浇筑混凝土前，应等待多辆混凝土运料车到场后进行浇筑。第3个知识点是一个常被忽视的考点，即新、旧挡土墙的连接问题。新施工的挡土墙是现浇钢筋混凝土挡土墙，而原来的挡土墙是砌筑挡土墙。考虑到这两种挡土墙的材质和施工时间等方面的不同，根据挡土墙施工要求，应按照一定距离设置沉降缝。第4个考点也是2018年二建案例考核中涉及的知识点。

5. 改正挡土墙排水设计中存在的错误之处。

参考答案：

（1）泄水孔应交错布置。

（2）挡土墙后背泄水孔周围应回填砂石类（透水性）材料。

> **解析**：题目要求直接改正挡土墙排水设计中的错误，无须提及不妥（或错误）之处，那么在考试中，直接给出正确做法即可，这样可以节约答题的时间。
>
> 这道题目并非要求基于教材原文内容回答，而是根据改错题的规则进行作答。大多数改错题可以按照题干描述的相反方向进行答题。例如，背景资料描述泄水孔上下对齐，那么在作答时可以选择错开布置；背景中提到使用黏土，那么在作答时可以改为使用透水性好的砂石类材料。

案例19　2020年二建案例真题三

背景资料

某公司承建一座城市桥梁。上部结构采用20m预应力混凝土简支板梁；下部结构采用重力式U形桥台，明挖扩大基础。地质勘察报告揭示桥台处地质自上而下依次为杂填土、粉质黏土、黏土、强风化岩、中风化岩、微风化岩。桥台立面如下图所示。

施工过程中发生如下事件：

事件一：开工前，项目部会同相关单位将工程划分为单位、分部、分项工程和检验批，编制了隐蔽工程清单，以此作为施工质量检查、验收的基础，并确定了桥台基坑开挖在该项目划分中所属的类别。

桥台基坑开挖前，项目部编制了专项施工方案，上报监理工程师审查。

事件二：按设计图纸要求，桥台基坑开挖完成后，项目部在自检合格基础上，向监理单位申请验槽，并参照下表通过了验收。

扩大基础基坑开挖与地基质量检验标准

序号	项目		允许偏差（mm）	检验方法
1	一般项目	基底高程 土方	0～-20	用水准仪测量四角和中心
2		基底高程 石方	+50～-200	
3		轴线偏位	50	用C，纵横各2点
4		基坑尺寸	不小于设计规定	用D，每边各1点
5	主控项目	地基承载力	符合设计要求	检查地基承载力报告

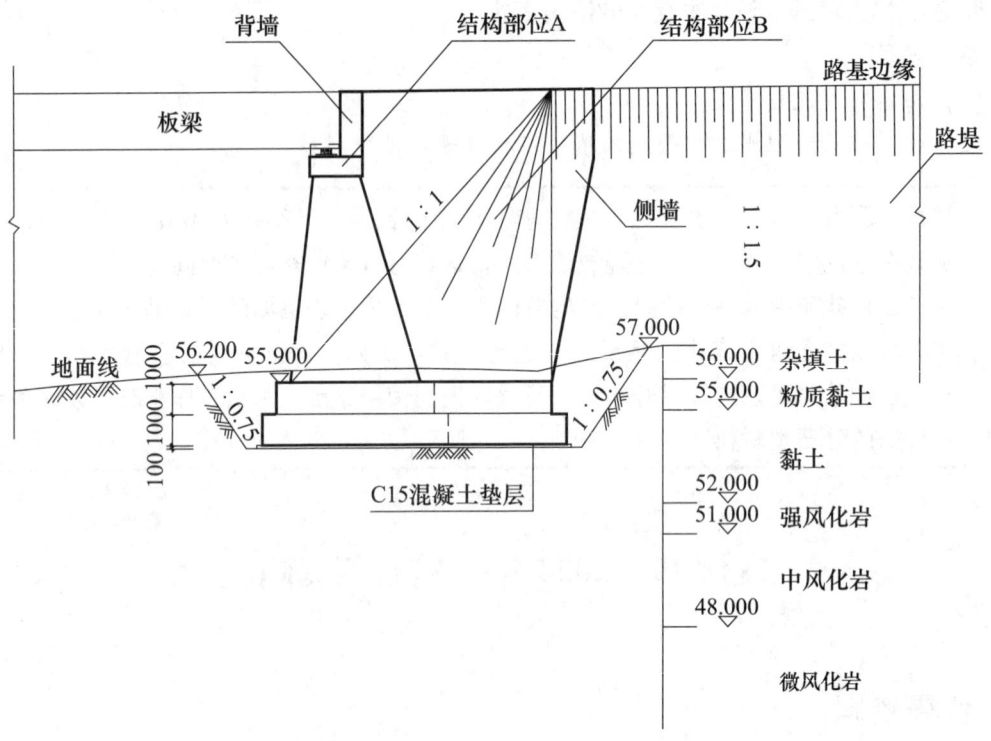

桥台立面布置与基坑开挖断面示意图

（标高单位：m；尺寸单位：mm）

问题

1. 写出示意图中结构 A、B 的名称，简述桥台在桥梁结构中的作用。
2. 事件一中，项目部"会同相关单位"参与工程划分指的是哪些单位？
3. 事件一中，指出桥台基坑开挖在项目划分中属于哪几类？
4. 写出表 1 中 C、D 代表的内容。

参考答案

1. 写出示意图中结构 A、B 的名称，简述桥台在桥梁结构中的作用。

参考答案：

结构 A 的名称是台帽；结构 B 的名称是锥形护坡。

桥台的作用：桥台一边与路堤相接，以防止路堤坍塌；另一边支承桥跨结构的端部，传递上部结构荷载至地基。

> **解析**：在背景资料中绘制施工图时，要求应试者写出图中某一具体部位的名称。这类题目是当前一、二建市政专业考试中的超高频考点，几乎年年出现。对于桥梁而言，

核各部位名称的重点更多地体现在桥台位置，因为桥台中可以考核到耳墙（侧墙）、背墙（前墙）、桥台挡块、桥头搭板、台帽等多个构件。本题中，桥台顶部的构造 A 明显是指台帽，而 B 则是指锥形护坡。

台帽一般位于桥台位置，与盖梁基本是一个概念。一般在桥台上叫台帽，在桥墩上叫盖梁。台帽是在台身上面，用来放置梁板等上部结构的一种构件。

台帽　　　　　　　　　　锥形护坡

2. 事件一中，项目部"会同相关单位"参与工程划分指的是哪些单位？

参考答案：

指的是建设单位和监理单位。

解析： 本题考核的内容来自《城市桥梁工程施工与质量验收规范》CJJ 2—2008。该规范 23.0.1 规定：开工前，施工单位应会同建设单位、监理单位将工程划分为单位、分部、分项工程和检验批，作为施工质量检查、验收的基础。

市政专业经常考核道路工程、桥梁工程和给排水管线工程的工程验收。然而，这些考核内容通常在教材中未涉及，而主要依据是《城镇道路工程施工与质量验收规范》CJJ 1—2008、《城市桥梁工程施工与质量验收规范》CJJ 2—2008 和《给水排水管道工程施工及验收规范》GB 50268—2008 这三个规范。为了备考顺利，关注这些规范中分部分项工程和检验批的划分，将有助于更好地准备考试并应对相关考题。

3. 事件一中，指出桥台基坑开挖在项目划分中属于哪几类？

参考答案：

桥台基坑开挖属于分项工程、隐蔽工程。

解析：《城市桥梁工程施工与质量验收规范》CJJ 2—2008 规范中表 23.0.1 内容如下：

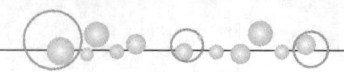

表23.0.1 城市桥梁分部（子分部）工程与相应的分项工程、检验批对照表

序号	分部工程	子分部工程	分项工程	检验批
1	地基与基础	扩大基础	基坑开挖、地基、土方回填、现浇混凝土（模板与支架、钢筋、混凝土）、砌体	每个基坑
		沉入桩	预制桩（模板、钢筋、混凝土、预制混凝土）、钢管桩、沉桩	每根桩

4. 写出表1中C、D代表的内容。

参考答案：

C代表的内容：经纬仪（或全站仪）测量。

D代表的内容：钢尺量。

解析：本题考核的知识点依然是《城市桥梁工程施工与质量验收规范》CJJ 2—2008 表10.7.2-1 内容，见下表。即便没看过规范内容，凭常识也可以写出本题的答案，轴线偏差的检验方法当然是采用经纬仪或者全站仪进行测量，而基坑尺寸最简单的方法是采用钢尺进行量测。

表10.7.2-1 基坑开挖允许偏差

序号项目		允许偏差（mm）	检验频率		检验方法
			范围	点数	
基底高程	土方	0 −20	每座基坑	5	用水准仪测量四角和中心
	石方	+50 −200		5	
轴线偏差		50		4	用经纬仪测量，纵横各2点
基坑尺寸		不小于设计规定		4	用钢尺量每边各1点

案例20　2020年二建案例真题四

📋 背景资料

某公司承建一座再生水厂扩建工程。项目部进场后，结合地质情况，按照设计图纸编制了施工组织设计。

基坑开挖尺寸为70.8m（长）×65m（宽）×5.2m（深），基坑断面如下图所示。图中可见地下水位较高，为-1.5m，方案中考虑在基坑周边设置真空井点降水。项目部按照以下流程完成了井点布置：高压水套管冲击成孔→冲洗钻孔→A→填滤料→B→连接水泵→漏水漏气检查→试运行。调试完成后开始抽水。

因结构施工恰逢雨期，项目部采用1:0.75放坡开挖，挂钢筋网喷射C20混凝土护面，施工工艺流程如下：修坡→C→挂钢筋网→D→养护。

基坑支护开挖完成后项目部组织了坑底验收，确认合格后开始进行结构施工。监理工程师现场巡视发现：钢筋加工区部分钢筋锈蚀、不同规格钢筋混放、加工完成的钢筋未经检验即投入使用，要求项目部整改。

结构底板混凝土分6仓施工，每仓在底板腋角上200mm高处设施工缝，并设置了一道钢板。

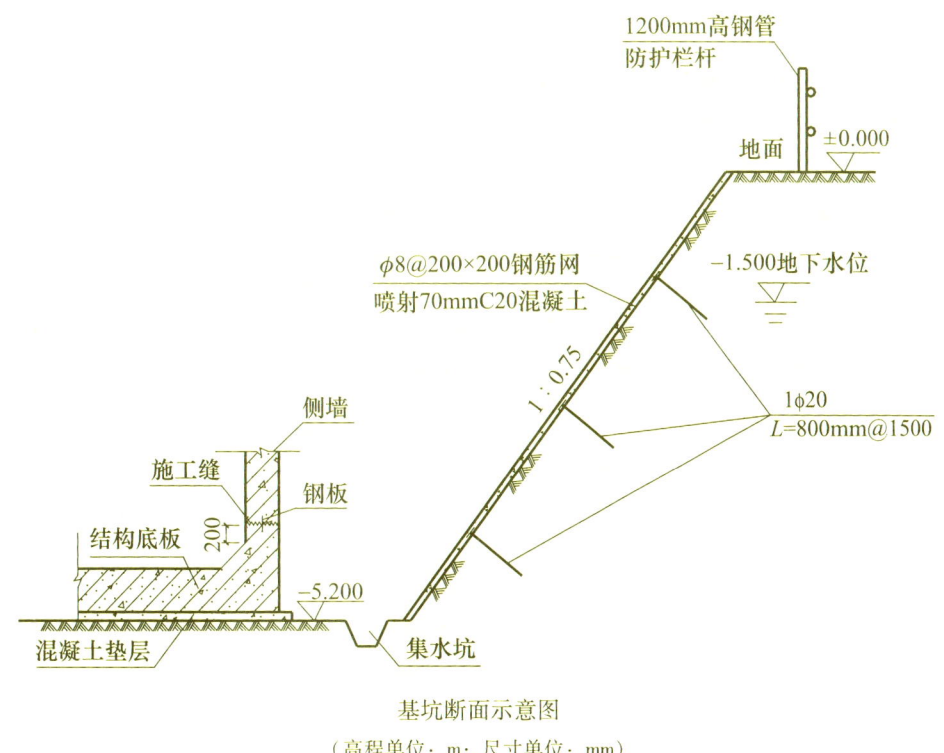

基坑断面示意图
（高程单位：m；尺寸单位：mm）

问题

1. 补充井点降水工艺流程中A、B工作内容。
2. 请指出基坑挂网护坡工艺流程中C、D的内容。
3. 坑底验收应由哪些单位参加？
4. 项目部现场钢筋存放应满足哪些要求？
5. 请说明施工缝处设置钢板的作用和安装技术要求。

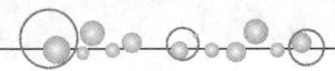

参考答案

1. 补充井点降水工艺流程中 A、B 工作内容。

参考答案：

A：安放井点管；B：井口填黏土压实。

> 解析：本题考核点是降水井施工工序的名称，属于按照施工顺序补充施工工序的考点。任何井点降水都离不开井管，所以在降水井施工中填充滤料前需要先将井管安装完毕，然后才可以向井管周围填充滤料。当然填充滤料以后一定要将井口距离地面 1~2m 的高度进行黏土封堵，目的就是在进行井管抽真空时，不至于出现漏气现象。所以 A、B 两个工序，是安放井点管和井口填黏土压实。

2. 请指出基坑挂网护坡工艺流程中 C、D 的内容。

参考答案：

C：打入锚杆（摩擦土钉、锚筋）。

D：喷射混凝土。

> 解析：作答此题需要从背景资料中图形和文字描述的两个角度进行分析。因为基坑围护形式是挂网喷射混凝土，需要确定这个网挂在哪里。根据图中显示的钢筋网和垂直于坡面的锚杆，可以推断 C 工序是打入锚杆（摩擦土钉、锚筋）。而 D 工序则更为明显，由于背景资料中提到了挂网喷混凝土，因此在挂网后养护之前必定需要进行喷射混凝土的工序。
>
> 值得注意的是，本题的考点还可以升级，例如考核土钉墙施工。在这种情况下，土钉墙施工工序会比锚杆喷射混凝土更复杂。考生后期可以尝试练习土钉墙的施工工序，以便更全面地准备相关考点。

3. 坑底验收应由哪些单位参加？

参考答案：

坑底验收应该由勘察单位、设计单位、施工单位、监理单位和建设单位参加。

> 解析：关于验槽的知识点，二建市政 2018—2020 年连续考核了三次，是这三年案例考点中的最牛"钉子户"。验槽的考点基本上是围绕着谁组织、谁参加、验哪些内容设问。

4. 项目部现场钢筋存放应满足哪些要求？

参考答案：

① 钢筋不得直接堆放在地面上，须垫高（下设垫木）、覆盖、防腐蚀、防雨露。

② 时间不宜超过 6 个月。

③ 不同规格钢筋需分类码放。

④ 加工好的钢筋应有检验合格标识牌。

> **解析：** 本题答案除了钢筋存放的常识外，还应结合案例背景进行回答。例如，案例背景中提到了"加工完成的钢筋未经检验即投入使用"，此时可以将"加工后检验合格的钢筋应悬挂标识牌"等内容作为采分点。这样能更好地与案例背景相结合，以提高得分的机会。

5. 请说明施工缝处设置钢板的作用和安装技术要求。

参考答案：

（1）作用：止水。

（2）安装技术要求：

① 钢板除锈。

② 搭接不少于 20mm。

③ 双面连续满焊。

④ 安装居中、对称、垂直、稳定、牢固。

> **解析：** 施工缝设置的止水钢板要求属于市政专业超高频考点，曾经考核过钢板本身的要求、搭接长度、安装要求、接缝要求、开口方向等内容，并且一般都以图形方式进行考核。

施工缝位置止水钢板

案例21 2019年二建案例真题一

背景资料

某公司承建一项路桥结合城镇主干路工程,桥台设计为重力式U形结构。基础采用扩大基础,持力层位于砂质黏土层、地层中少量潜水;台后路基平均填土高度大于5m。场地地质自上而下分别为腐殖土层、粉质黏土层、砂质黏土层,砂卵石层等。桥台及台后路基立面如图1所示,路基典型横断面及路基压实度分区如图2所示。

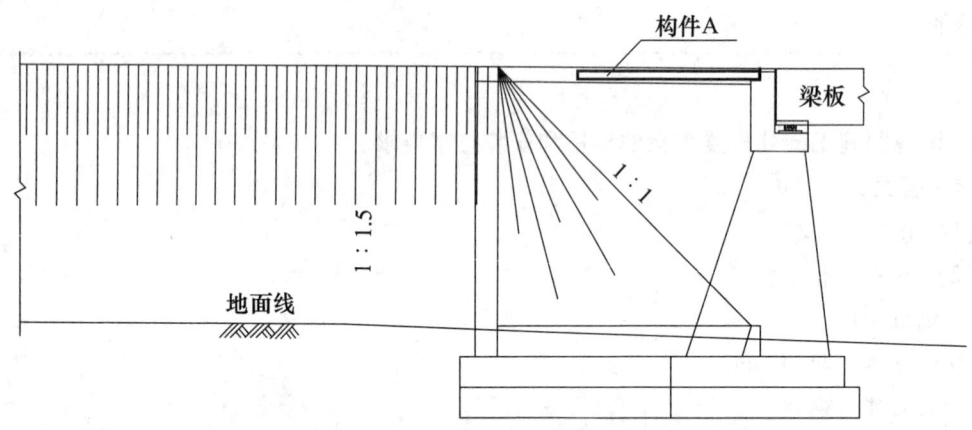

图1 桥台及台后路基立面示意图

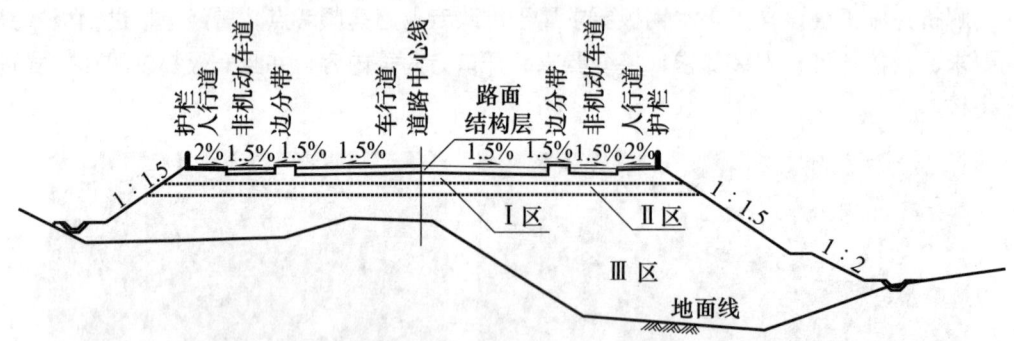

图2 路基典型横断面及路基压实度区分示意图

施工过程中发生如下事件:

事件一:桥台扩大基础开挖施工过程中,基坑坑壁有少量潜水出露,项目部按施工方案要求,采取分层开挖和做好相应的排水措施,顺利完成了基坑开挖施工。

事件二:扩大基础混凝土结构施工前,项目部在基坑施工自检合格的基础上,邀请监理等单位进行实地验槽,检验项目包括轴线偏位、基坑尺寸等。

事件三:路基施工前,项目部技术人员开展现场调查和测量复测工作,发现部分路段原地面横向坡度陡于1∶5。在路基填筑施工时，项目部对原地面的植被及腐殖土层进行清理，并按规范要求对地表进行相应处理后，开始路基填筑施工。

事件四：路基填筑采用合格的黏性土，项目部严格按规范规定的压实度对路基填土进行分区，即路床顶面以下80cm范围内为Ⅰ区，路床顶面以下80~150cm范围为Ⅱ区，路床顶面以下大于150cm为Ⅲ区。

问题

1. 写出图1中构件A的名称及其主要作用。
2. 指出事件一中基坑排水最适宜的方法。
3. 事件二中，基坑验槽还应邀请哪些单位参加？补全基坑质量检验项目。
4. 事件三中，路基填筑前，项目部应如何对地表进行处理？
5. 写出图2中各压实度分区的压实度值（重型击实）。

参考答案

1. 写出图1中构件A的名称及其主要作用。

参考答案：

构件A的名称：桥头搭板（桥台搭板）。

主要作用：防止桥端连接处因不均匀沉降出现错台，车辆行至此处可起到缓冲作用，从而避免发生桥头跳车现象。

> 解析：桥头搭板是桥梁附属结构分部工程中的一个分项工程，设置在桥台或悬臂梁板端部和填土之间，随着填土的沉降能够少量发生转动的结构，是为防止桥端连接部分的沉降而采取的措施。车辆行驶时可起到缓冲作用，即使台背填土沉降也不至于产生凹凸不平。
>
> 图形考试是近几年市政考试的新形式，对于现场施工人员而言，应该没有难度。不过对于没有现场施工经验的考生，平时多看看施工图纸，有方向地了解一些施工工法和视频，也可以弥补自身的不足。另外，一、二建教材中一些点到而没有展开的知识点，需要引起考生注意，是未来案例真题考核方向之一。

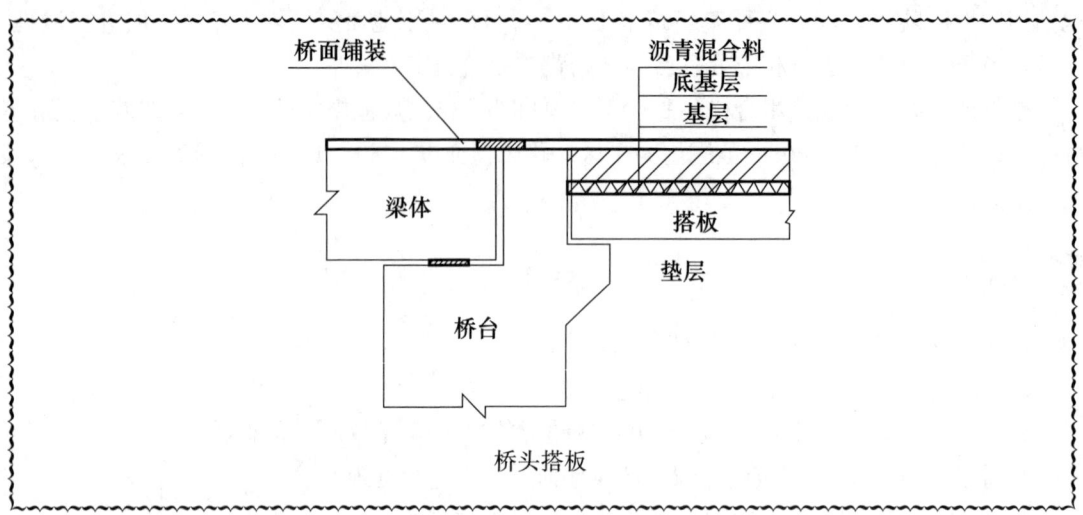

桥头搭板

2. 指出事件一中基坑排水最适宜的方法。

参考答案：

集水明排法，即开挖过程中，采取边开挖、边用排水沟和集水井进行集水明排的方法。

> **解析：** 案例背景中基础采用扩大基础，持力层位于砂质黏土层、地层中少量潜水；场地地质自上而下分别为腐殖性土、粉质黏土层、砂质黏土层、砂卵石层等。而基础开挖施工过程中，基坑坑壁只有少量潜水出露。那么从经济性角度考虑，最适宜的排水方法就是集水明排。

3. 事件二中，基坑验槽还应邀请哪些单位参加？补全基坑质量检验项目。

参考答案：

基坑验槽应邀请的单位还有建设（业主）单位、设计单位、地质勘察（测）单位、质量监督部门。

基坑质量检验项目还应该有地基承载力、平面位置、槽底高程、基底土质、降水情况等。

> **解析：** 验槽这个知识点在二级建造师市政教材中没有提及，但是在2018年和2019年连续两年进行考核，这也再次证明市政考试的特点是倾向考核施工中的那些重要程序，即便这些知识点在教材中没有介绍。

4. 事件三中，路基填筑前，项目部应如何对地表进行处理？

参考答案：

（1）排除原地面积水。

（2）对原路基进行地基承载力检测。

（3）将清理后的地面进行夯实。

（4）对于原地面坡度陡于1∶5的，修成台阶形式，且台阶顶面应向内倾斜。

解析：填土路基施工要点：①地基承载力满足要求；②原路基处理（清表，处理不合格地面，必要时修台阶）；③土质合格且填土方式符合规范要求（填土要分层，碾压有原则）。本题目问的是地表处理，那么针对问题答出对应项即可。这里需要注意回答案例题时语言组织的问题。

5. 写出图 2 中各压实度分区的压实度值（重型击实）。

参考答案：

Ⅰ 区压实度：≥95%；Ⅱ 区压实度：≥93%；Ⅲ 区压实度：≥90%。

解析：在道路工程中，路基、基层和沥青路面的压实度均为施工质量检验主控项目。而施工质量检验主控项目是命题人经常关注的考核点，在后期备考时需要格外留意。关于《城镇道路工程施工与质量验收规范》CJJ 1—2008 表 6.3.12-2 内容如下。

表 6.3.12-2　路基压实度标准

填挖类型	路床顶面以下深度（cm）	道路类型	压实度（%）	检验频率		检验方法
				范围	点数	
挖方	0~30	城市快速路、主干路	≥95	每1000m²	每层一组（3点）	细粒土用环刀法，粗粒土用灌水法或灌砂法
		次干路	≥93			
		支路及其他小路	≥90			
填方	0~80	城市快速路、主干路	≥95			
		次干路	≥93			
		支路及其他小路	≥90			
	>80~150	城市快速路、主干路	≥93			
		次干路	≥90			
		支路及其他小路	≥90			
	>150	城市快速路、主干路	≥90			
		次干路	≥90			
		支路及其他小路	≥87			

注：表中数字为重型击实标准压实度，以相应的标准击实试验法求得最大干密度为100%。

案例22 2019年二建案例真题二

背景资料

某公司承接给水厂升级改造工程,其中新建容积10000m³清水池一座,钢筋混凝土结构,混凝土设计强度等级为C35、P8,底板厚650mm;垫层厚100mm,混凝土设计强度等级为C15;底板下设抗拔混凝土灌注桩,直径φ800mm,满堂布置。桩基施工前,项目部按照施工方案进行施工范围内地下管线迁移和保护工作,对作业班组进行了全员技术安全交底。

施工过程中发生如下事件:

事件一:在吊运废弃的雨水管节时,操作人员不慎将管节下的燃气钢管兜住,起吊时钢管被拉裂,造成燃气泄漏,险些酿成重大安全事故。总监理工程师下达工程暂停指令,要求施工单位限期整改。

事件二:桩基首个验收批验收时,发现个别桩施工质量缺陷——桩基顶面设计高程以下约1.0m范围混凝土不够密实,达不到设计强度。监理工程师要求项目部提出返修处理方案和预防措施。项目部获准的返修处理方案所附的桩头与杯口细部做法如下图所示。

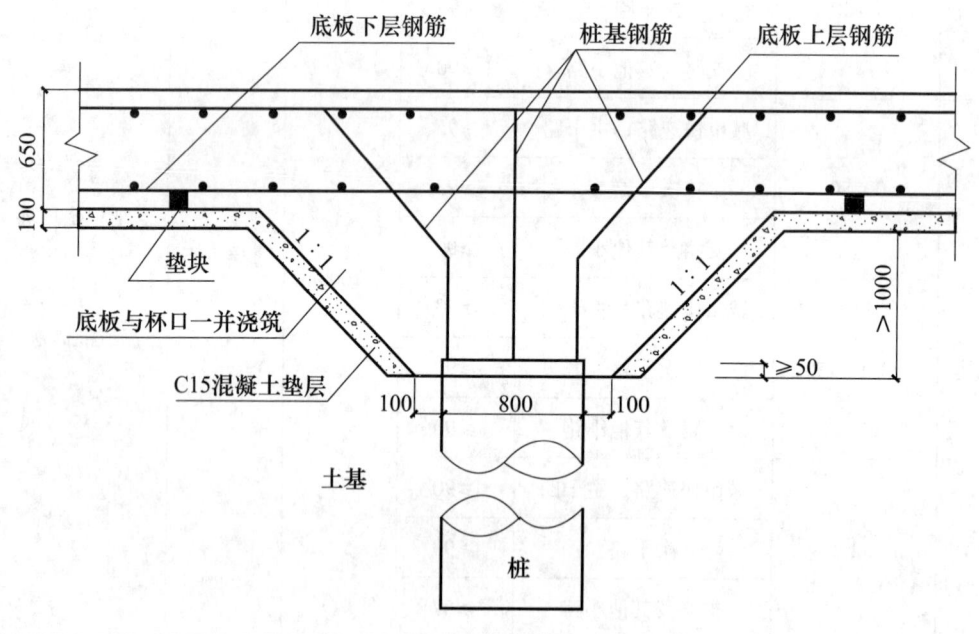

桩头与杯口细部做法示意图
(尺寸单位:mm)

问题

1. 指出事件一中项目部安全管理的主要缺失,并给出正确做法。
2. 列出事件一整改与复工的程序。
3. 分析事件二中桩基质量缺陷的主要成因,并给出预防措施。
4. 依据桩头与杯口细部做法示意图,给出返修处理步骤。(请用文字叙述)

参考答案

1. 指出事件一中项目部安全管理的主要缺失,并给出正确做法。

参考答案:

(1) 主要缺失:

① 未对施工区域管线调查。

② 未编制吊装方案、未进行试吊。

③ 未对危险性较大的吊运节点进行安全验收(或动态监控)。

(2) 正确做法:

① 应依据风险控制方案,对易发生生产安全事故的部位(燃气管道)进行标识。

② 正式吊装前进行试吊。

③ 对起吊作业进行旁站监控(或检查),设置专职安全员(或指挥人员)。

解析: 在案例背景中提到"在吊运废弃的雨水管节时,操作人员不慎将管节下的燃气钢管兜住,起吊时钢管被拉裂,造成燃气泄漏,险些酿成重大安全事故"。这一描述表明施工单位在管线调查方面存在缺失,并且现场可能没有进行试吊作业,或者动态监控方面存在问题。正确的做法与管理缺失之间存在对应关系。只要回答出前面的缺失,后面的正确做法基本可以得到相应的分数。

2. 列出事件一整改与复工的程序。

参考答案:

项目部停工并提出整改措施(方案)→总监理工程师批准整改措施(方案)→验证整改措施(方案)→项目部提出复工申请→总监理工程师下达复工令。

解析: 在回答该问题时,请注意问题要求列出事件的"整改与复工的程序",确保回答中涵盖整改与复工两个方面。按照正确的程序,首先进行整改,整改的流程应该是施工单位提出整改方案,经总监理工程师批准后执行方案,然后准备复工。复工相对较简单,同样也需要施工单位提出复工申请,然后由总监理工程师下达复工令。

3. 分析事件二中桩基质量缺陷的主要成因,并给出预防措施。

参考答案:

造成桩基缺陷的主要原因:超灌高度不够、混凝土浮浆太多、孔内混凝土面测定不准。

预防措施:根据现场情况灌注混凝土超灌 0.5~1m;桩顶 10m 内的混凝土应适当调整配合比,增大碎石含量;在灌注最后阶段,孔内混凝土面测定应采用硬杆筒式取样法测定。

> 解析:钻孔灌注桩施工质量问题一直是市政专业考试中的高频考点。考核内容主要涵盖钻孔偏斜、堵管、夹渣断桩、桩身混凝土不符合设计要求,以及桩顶混凝土不密实等情况。考试形式通常包括质量问题的原因分析、预防措施及后期处理。在备考这个考点时,除了记忆教材中已经涉及的质量问题,还需要额外关注其他尚未考核的钻孔灌注桩质量问题,以充分准备考试。

4. 依据桩头与杯口细部做法示意图,给出返修处理步骤。(请用文字叙述)

参考答案:

(1) 按照方案高程和坡度挖出桩头、形成杯口。

(2) 凿除桩身(桩头)不密实部分,将剔出的主筋清理干净。

(3) 浇筑杯口混凝土垫层。

(4) 安放垫块并绑扎底板钢筋。

(5) 桩头主筋按设计要求弯曲并与底板上层钢筋焊接。

(6) 混凝土浇筑并养护。

> 解析:本题相当于"看图说话"的题目。根据案例背景,水池底板下面设置了抗拔桩,但施工时发现个别桩的桩顶混凝土不密实,因此需要对这些问题桩进行处理。由于问题仅限于桩顶混凝土,处理方法是开挖桩头形成杯口,并将不密实的混凝土全部凿除。然后,将桩顶的钢筋与底板进行整体连接后,与顶板混凝土一起统一浇筑。在回答问题时,需要注意案例背景图中的细节信息,如杯口的挖深和坡度等,在答案中应该有所体现。另外,桩的钢筋与底板上层钢筋的连接,也显示出该工程中采用了抗拔桩。这道题目设计得非常新颖,将来可能在其他专业领域出现类似形式的考核题目。

案例 23 2019 年二建案例真题三

背景材料

某施工单位承建一项城市污水主干管道工程,全长 1000m。设计管材采用Ⅱ级承插式钢筋混凝土管,管道内径 D_1 1000mm,壁厚 100mm;沟槽平均开挖深度为 3m,底部开挖宽度设计无要求。场地地层以硬塑粉质黏土为主,土质均匀,地下水位于槽底设计标高以下,施工期为旱期。

项目部编制的施工方案明确了下列事项：

（1）将管道的施工工序分解为：①沟槽放坡开挖；②砌筑检查井；③下（布）管；④管道安装；⑤管道基础与垫层；⑥沟槽回填；⑦闭水试验。

施工工艺流程：①→A→③→④→②→B→C。

（2）依据现场施工条件、管材类型及接口方式等因素确定了管道沟槽底部一侧的工作面宽度为500mm，沟槽边坡坡度为1∶0.5，如下图所示。

（3）质量管理体系中，管道施工过程质量控制实行企业的"三检制"流程。

（4）根据沟槽平均开挖深度及沟槽开挖断面估算沟槽开挖土方量（不考虑检查井等构筑物对土方量估算值的影响）。

（5）由于施工场地受限及环境保护要求，沟槽开挖土方必须外运，土方外运量依据土方体积换算系数表估算。外运用土方车辆容量为10m³/(车·次)，外运单价为100元/(车·次)。

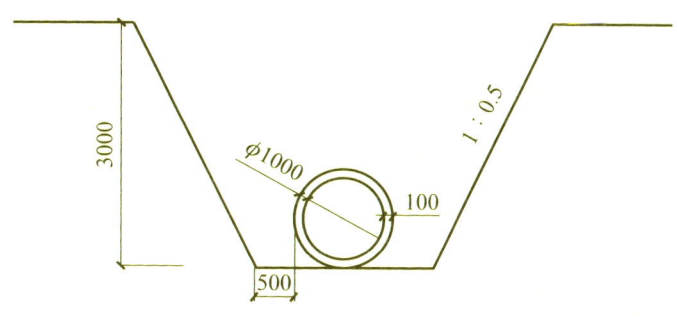

沟槽开挖断面示意图

（单位：mm）

土方体积换算系数表

虚方	松填	天然密实	夯填
1.00	0.83	0.77	0.67
1.20	1.00	0.92	0.80
1.30	1.09	1.00	0.87
1.50	1.25	1.15	1.00

问题

1. 写出施工方案（1）中管道施工工艺流程中A、B、C的名称。（用背景资料中提供的序号①~⑦或工序名称作答）

2. 写出确定管道沟槽边坡坡度的主要依据。

3. 写出施工方案（3）中"三检制"的具体内容。

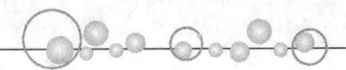

4. 依据施工方案（4）（5），列式计算管道沟槽开挖土方量（天然密实体积）及土方外运的直接成本。

5. 指出本工程闭水试验管段的抽取原则。

参考答案

1. 写出施工方案（1）中管道施工工艺流程中 A、B、C 的名称。（用背景资料中提供的序号①~⑦或工序名称作答）

参考答案：

施工工艺流程中 A 的名称：⑤（管道基础与垫层）；B 的名称：⑦（闭水试验）；C 的名称：⑥（沟槽回填）。

> 解析：背景中①是沟槽放坡开挖，③是下（布）管，④是管道安装，从常识上也可以判断出在下管、安管之前要施工管道的基础与垫层，所以 A 的名称不难得出。排序最后两项是⑥沟槽回填和⑦闭水试验，而排水管道施工的闭水试验必须在回填前进行，由此可得最终排序。
>
> 本题目属于排序题类型，但比传统的全程排序题目要相对简单一些。回答这类题目的关键点是要明白题目中已列工序名称的含义，继而就很容易确定工序的先后顺序了。

2. 写出确定管道沟槽边坡坡度的主要依据。

参考答案：

确定边坡坡度的主要依据：土的类别（或土质情况）、坡顶荷载、地下水位、沟槽开挖深度、沟槽支撑。

> 解析：本题的答案在教材中有相应介绍："当地质条件良好、土质均匀、地下水位低于沟槽底面高程，且开挖深度在 5m 以内、沟槽不设支撑时，沟槽边坡最陡坡度应符合表……的规定。"即使对这个知识点记忆不深刻，根据案例背景中提供的信息"沟槽平均开挖深度为 3m"和"场地地层以硬塑粉质黏土为主，土质均匀，地下水位于槽底设计标高以下"，仍然可以得出相应的采分点。

3. 写出施工方案（3）中"三检制"的具体内容。

参考答案：

"三检制"的具体内容：班组自检、工序或工种间互检、专业检查。

> 解析：当前市政专业考核多以技术为主，这类纯管理的题目考核得比较少，不过本题涉及知识点属于管理中较为常识的内容，不难作答。

4. 依据施工方案（4）（5），列式计算管道沟槽开挖土方量（天然密实体积）及土方外运的直接成本。

参考答案：

（1）沟槽底宽：$1000 \div 1000 + 100 \div 1000 \times 2 + 500 \div 1000 \times 2 = 2.2\text{m}$。

沟槽顶宽：$2.2 + 3 \times 0.5 \times 2 = 5.2\text{m}$。

沟槽开挖土方量：$(5.2 + 2.2) \times 3 \div 2 \times 1000 = 11100\text{m}^3$。

（2）外运土方量（虚方）：$11100 \times 1.3 = 14430\text{m}^3$。

土方外运直接成本：$14430 \div 10 \times 100 = 144300$ 元。

> 解析：本小题属于沟槽开挖土方量计算类型，实际上是考核计算梯形面积，并根据梯形面积乘以沟槽长度来得出开挖土方体积的题目。难度系数不高，需要注意题干中不同单位之间的换算。
>
> 在本小题的第二问中，要求计算土方外运的直接成本。土方外运是指经过挖掘后的松散土方体积，又称虚方体积。根据题目提供的表格信息，可以得知天然密实体积与虚方体积之间的折算系数为1∶1.3。通过已计算出的天然密实体积，可以很容易地计算得到虚方体积，进而得出土方外运的直接成本。
>
> 以下是四个名词的解释：
>
> （1）天然密实体积：指挖掘前未扰动的土方体积。在土石方工程量计算一般规则中，土方体积通常以挖掘前的天然密实体积为基准进行计算。
>
> （2）虚方体积：指经过挖掘后的松散土方体积。在使用松散土方进行回填时，需要将天然密实体积进行折算，折算系数为1∶0.77。
>
> （3）松填体积：土方回填过程中，未进行压实作业的土方体积。在这种情况下，回填土方的体积被称为松填体积。
>
> （4）夯填（夯实）体积：回填土方过程中经过压实（夯实）后的土方体积。在进行压实（夯实）后，土方体积被称为夯填（夯实）体积。

5. 指出本工程闭水试验管段的抽取原则。

参考答案：

抽取原则：

（1）试验管段应按井距分隔，抽样选取，带井试验，一次试验不超过5个连续井段。

（2）按管道井段数量抽样选取1/3进行试验；试验不合格时，抽样数量应在原抽样基础上加倍进行试验。

> 解析：本工程管道内径为1000mm，大于700mm，所以可按管道井段数量抽样选取1/3进行试验。本题基本上算是教材原文考点。

案例 24 2019 年二建案例真题四

背景资料

A 公司中标承建一项热力站安装工程，该热力站位于某公共建筑物的地下一层，一次给回水设计温度为 125℃/65℃，二次给回水设计温度为 80℃/60℃，设计压力为 1.6MPa；热力站主要设备包括板式换热器、过滤器、循环水泵、补水泵、水处理器、控制器、温控阀等；采取整体隔声降噪综合处理。热力站系统工作原理如下图所示。

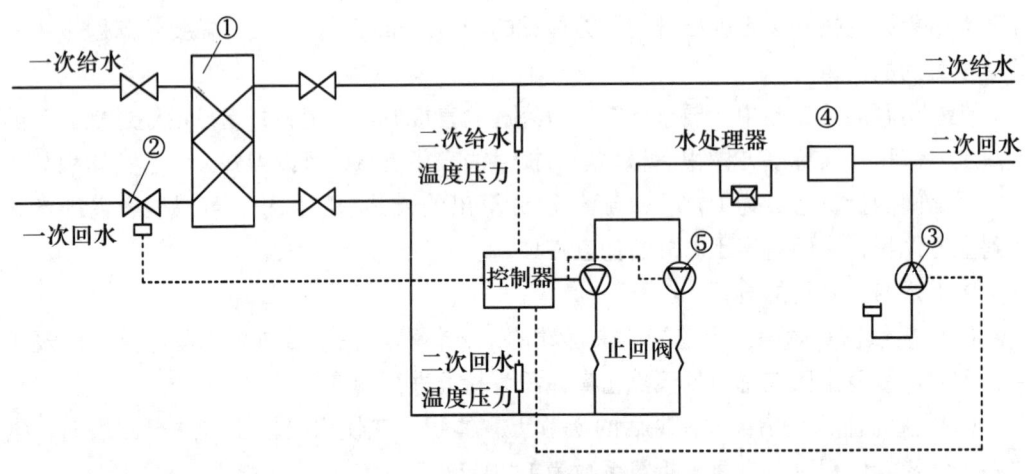

热力站系统工作原理图

工程实施过程中发生如下事件：

事件一：安装工程开始前，A 公司与公共建筑物的土建施工单位在监理单位的主持下，对预埋吊点、设备基础、预留套管（孔洞）进行了复验，划定了纵向、横向安装基准线和标高基准点，并办理了书面交接手续。设备基础复验项目包括纵轴线和横轴线的坐标位置、基础面上的预埋钢板和基础平面的水平度、基础垂直度、外形尺寸、预留地脚螺栓孔中心线位置。

事件二：鉴于工程的专业性较强，A 公司决定将工程交由具有独立法人资格和相应资质，且具有多年施工经验的下属 B 公司来完成。

事件三：为方便施工，B 公司进场后拟利用建筑结构作为起吊、搬运设备的临时承力构件，并征得了建设、监理单位的同意。

事件四：工程施工过程中，质量监督部门对热力站工程进行监督检查，发现施工资料中施工单位一栏均填写 B 公司，且 A 公司未在施工现场设立项目管理机构，根据《中华人民共和国建筑法》，A 公司与 B 公司涉嫌违反相关规定。

问题

1. 写出上图中编号为①、②、③、④、⑤的设备名称。

2. 事件一中，设备基础的复验项目还应包括哪些内容？

3. 事件三中 B 公司的做法还应征得哪方的同意？说明理由。

4. 结合事件二与事件四，写出 A 公司与 B 公司的违规之处。

参考答案

1. 写出上图中编号为①、②、③、④、⑤的设备名称。

参考答案：

图中编号为①、②、③、④、⑤的设备名称分别为：

①板式换热器；②温控阀；③补水泵；④过滤器；⑤循环水泵。

> 解析：又一道图形考核题。这个原理图也许考生并未见过，但题干中已经给出设备名称，便使本题的难度指数下降了许多，考生只需要对号入座即可。即使一个都不认识，也可以通过分析得出部分答案。
>
> 五个设备名称，有两个都是水泵，而题目中图形相似的只有③和⑤，所以③和⑤确定是水泵，区分循环水泵和补水泵的关键是明白两个水泵的作用，很明显循环水泵是起循环的作用，而补水泵则是补给的作用。从图上看，⑤这个水泵处于系统中，且在闭路系统，所以一定是循环水泵，而③在图中处于系统末端，并且外面接了一个水箱，可以有效对整个系统进行补给，所以只能是补水泵。
>
> 板式换热器，顾名思义，是热交换装置，图中有一次给、回水和二次给、回水，那么换热器应该是在一、二次热网之间，这里的②和④都单一地处在一次回水或二次回水管线上，显然与换热器名称不相符。从另一个角度分析，板式换热器应该是一个"板子"的形状，所以①是最合理的。
>
> 剩下②和④，温控阀和过滤器，管道施工中用得最多的就是阀门，图中与②相同的形状有 4 个，所以②是温控阀最合理。最后④只能是过滤器了。
>
> 这个题目给我们更多的启示就是平时多看图，尽可能熟悉各类图纸，并且在识图过程中尽量锻炼分析能力。

2. 事件一中，设备基础的复验项目还应包括哪些内容？

参考答案：

基础混凝土质量；不同平面的高程（标高）；预留地脚螺栓孔的深度和尺寸。

> 解析：本题案例背景中提到了对预埋吊点、设备基础和预留套管（孔洞）进行了复验。然而，问题只要求补充设备基础的复验项目。因此，在回答问题时，无须补充预留套管和预埋吊点的复验项目。设备基础的复验项目包括位置、表面质量、几何尺寸、标高和混凝土质量。案例背景中已经提供了位置、表面质量和几何尺寸的信息，因此需要补充混凝土质量和标高的回答。此外，背景资料中特别强调了预留螺栓孔中心线位置。

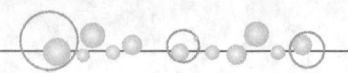

> 因此，作答时除了回答标高和混凝土质量，还要根据问题要求补充预埋螺栓孔的深度和尺寸。

3. 事件三中 B 公司的做法还应征得哪方的同意？说明理由。

参考答案：

还应征得建筑结构原设计单位和施工单位的同意。

理由：建筑结构承受附加荷载，可能引发结构安全问题，原设计单位要对结构的承载力（受力）进行核算（验算、复核），符合要求后方可使用。

> 解析：B 公司拟利用建筑结构作为起吊、搬运设备的临时承力构件，这种做法首先要经过原设计单位的验算，如果验算结果不能满足吊装、搬运设备的要求，那么就绝对不能采取上述形式施工。

4. 结合事件二与事件四，写出 A 公司与 B 公司的违规之处。

参考答案：

A 公司与 B 公司的违规之处：违法转包。

> 解析：A 公司将工程交由下属 B 公司，而 B 公司具有独立法人资格和相应资质，所以属于违法转包。注意这里有考生回答为"违法分包"或"非法转包"，虽然只是一字之差，但其含义已经大不相同，给出这种不严谨的答案，很容易错失唾手可得的分数。

案例 25　2018 年二建案例真题一

📖 背景资料

某公司承包一座雨水泵站工程，泵站结构尺寸 23.4m（长）×13.2m（宽）×9.7m（高），地下部分深度 5.5m，位于粉土、砂土层，地下水位为地面下 3.0m。设计要求基坑采用明挖放坡，每层开挖深度不大于 2.0m，坡面采用锚杆喷射混凝土支护，基坑周边设置轻型井点降水。

基坑临近城市次干路，围挡施工占用部分现况道路，项目部编制了交通导行图（见下图）。在路边按要求设置了 A 区、上游过渡区、B 区、作业区、下游过渡区、C 区 6 个区段，配备了交通导行标志、防护设施、夜间警示信号。

基坑周边地下管线比较密集，项目部针对地下管线距基坑较近的现况制定了管线保护措施，设置了明显的标识。

1. 项目部的施工组织设计文件中包括质量、进度、安全、文明环保施工、成本控制等保证措施；基坑土方开挖等安全专项施工技术方案，经审批后开始施工。

2. 为了能在雨期前完成基坑施工，项目部拟采取以下措施：

（1）采用机械分两层开挖；（2）开挖到基底标高后一次完成边坡支护；（3）机械直接开挖到基底标高夯实后，报请建设、监理单位进行地基验收。

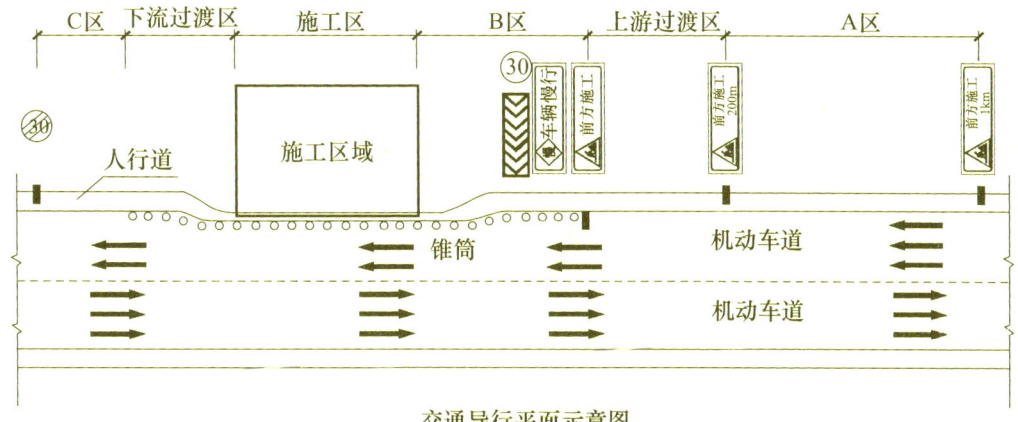

交通导行平面示意图

问题

1. 补充施工组织设计文件中缺少的保证措施。
2. 交通导行示意图中，A、B、C 功能区的名称分别是什么？
3. 项目部除了编制地下管线保护措施外，在施工过程中还需具体做哪些工作？
4. 指出项目部拟采取加快进度措施的不当之处，写出正确的做法。
5. 地基验收时，还需要哪些单位参加？

参考答案

1. 补充施工组织设计文件中缺少的保证措施。

参考答案：

季节性施工保证措施（冬雨期施工措施）、交通组织措施、构（建）构筑物保护措施、应急措施（应急预案）。

> **解析：** 施工组织设计是重要的内容，包括以下主要方面：工程概况、施工总体部署、施工现场平面布置、施工准备、施工技术方案及主要施工保证措施。主要施工保证措施涵盖多个方面，包括以下内容：进度保证措施、质量保证措施、安全管理措施、环保及文明施工管理措施、成本控制措施、季节性施工保证措施、交通组织措施、构（建）筑物及文物保护措施及应急措施。然而，在当前的考试中，传统的案例补充题并不是主要考核的内容，因此基于教材原文的这类题目相对较少出现。

2. 交通导行示意图中，A、B、C 功能区的名称分别是什么？

参考答案：

A 为警告（警示）区；B 为缓冲区；C 为终止区。

> **解析**：交通导行的划分区域在一、二建市政专业考试中已经考核过三次，交通导行划分区域为警示（警告）区、上游过渡区、缓冲区、作业区、下游过渡区和终止区范围。虽然新教材中没有展开介绍交通导行的知识点，但是在道路和桥梁施工中均有提及。在市政专业考试中，这种在现场频繁涉及的管理措施基本都会是考核的重点。

3. 项目部除了编制地下管线保护措施外，在施工过程中还需具体做哪些工作？

参考答案：

（1）设专人随时检查地下管线、维护加固设施。

（2）观测管线沉降和变形并记录。

> **解析**：市政工程中，大多数项目都位于市区，因此在进行基坑或沟槽开挖时必须面对现有地下管线的问题。市政一、二建专业对地下管线的考核主要从两个方面展开。首先是在开挖前需要进行哪些准备工作，包括查阅图纸、进行挖探坑、将管线信息在图纸上标记、现场标识和制定保护方案等。其次，在开挖过程中需要采取哪些措施也是考核的重点，包括管线改移、保护（支架、吊架或托架）、指定专人进行检查监督及进行监控测量等。而在本小题中，要求描述在施工过程中还需要进行哪些工作，主要围绕开挖过程展开即可。

4. 指出项目部拟采取加快进度措施的不当之处，写出正确的做法。

参考答案：

（1）机械分两层开挖错误，应分三层开挖，每层开挖深度不大于 2.0m。

（2）开挖完成一次支护错误，应按照每层开挖高度及时进行边坡支护。

（3）机械直接开挖至基底标高错误，应保留 200~300mm 原状土人工清理至设计高程。

> **解析**：本题属于传统的改错题类型。即使遇到不清楚的知识点，也可以通过对背景语言叙述的理解来进行方向描述，并尽可能给出合理的回答，以获得相应的分数。

5. 地基验收时，还需要哪些单位参加？

参考答案：

地基验收时，还需要勘察单位和设计单位参加。

解析： 验槽是二建市政考试中的一个高频考点，涉及验槽的组织单位、参加单位及验槽的内容等几个方面。在回答相关问题时，需要注意以下细节：如果问题要求列出需要参加的单位，则回答本工程的参建单位即可，包括设计单位、勘察单位、施工单位、建设单位及监理单位；如果问题要求列出还应邀请哪些单位参加，最好在答案中特别提及质监站或质量监督部门。在考试时，务必注意聚焦问题的核心，并结合具体情况给出完整、精准的答案，以提高答案的质量，从而获得更高的分数。

案例 26　2018 年二建案例真题二

背景资料

某桥梁工程项目的下部结构已全部完成，受政府指令工期的影响，业主将尚未施工的上部结构分成 A、B 两个标段，将 B 段重新招标。桥面宽度 17.5m，桥下净空 6m。上部结构设计为钢筋混凝土预应力现浇箱梁（三跨一联），共 40 联。

原施工单位甲公司承担 A 标段，该标段施工现场既有废弃公路无须处理，满足支架法施工条件，甲公司按业主要求对原施工组织设计进行了重大变更调整；新中标的乙公司承担 B 标段，因 B 标段施工现场地处闲置弃土场，地域宽广平坦，满足支架法施工部分条件，其中纵坡变化较大部分为跨越既有正在通行的高架桥段，新建桥下净空高度达 13.3m，见下图。

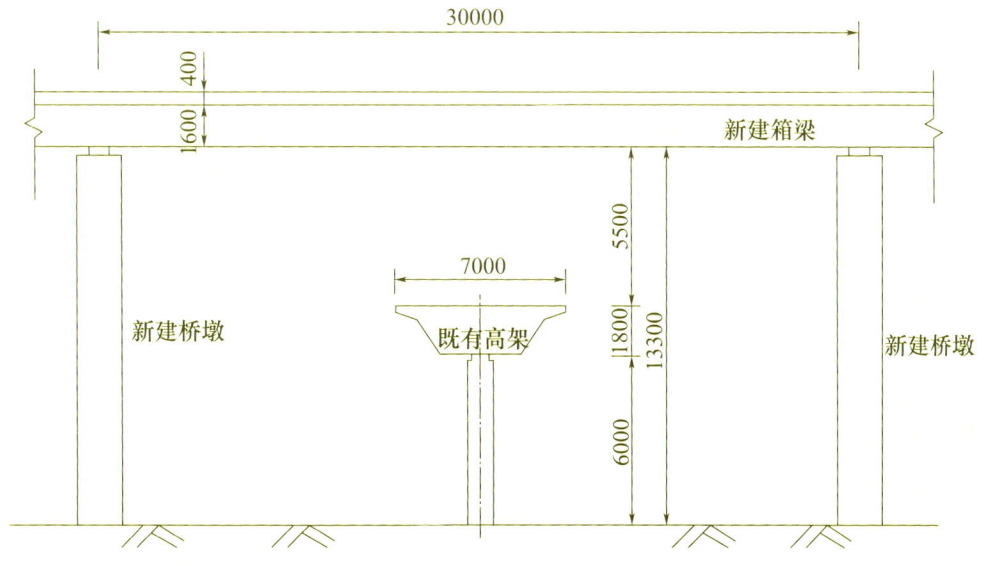

跨越既有高架桥断面示意图（单位：mm）

甲、乙两公司接受任务后立即组织力量展开了施工竞赛。甲公司利用既有公路作为支架基础，地基承载力符合要求。乙公司为赶工期，将原地面稍作整平后即展开支架搭设工作，很快进度超过甲公司。支架全部完成后，项目部组织了支架质量检查，并批准模板安装，模板安装完成后开始绑扎钢筋。指挥部在检查中发现乙公司施工管理存在问题，下发了停工整改通知单。

问题

1. 原施工组织设计中，主要施工资源配置有重大变更调整，项目部应如何处理？重新开工之前技术负责人和安全负责人应完成什么工作？
2. 满足支架法施工的部分条件指的是什么？
3. B标支架搭设场地是否满足支架的地基承载力？应如何处置？
4. 支架搭设前技术负责人应做好哪些工作？桥下净高13.3m部分如何办理手续？
5. 支架搭设完成和模板安装后用什么方法解决变形问题？支架拼装间隙和地基沉降在桥梁建设中属哪一类变形？
6. 跨越既有高架部分的桥梁施工需到什么部门补充办理手续？

参考答案

1. 原施工组织设计中，主要施工资源配置有重大变更调整，项目部应如何处理？重新开工之前技术负责人和安全负责人应完成什么工作？

参考答案：

（1）项目部应重新启动施工组织设计的编制，并重新进行审批程序。

（2）技术负责人：进行技术交底、相关方案的编制与审核工作。

（3）安全负责人：进行安全交底、安全专项方案的审核与报批工作。

> 解析："重新开工之前技术负责人和安全负责人应完成什么工作"并非教材介绍的内容，但是属于施工管理的常识。技术负责人开工前的工作主要围绕着技术方面展开，而技术方面的工作主要是技术交底、技术方案编制、审批等内容。同样，安全负责人开工前的工作主要围绕安全方面展开，可以回答安全交底、安全专项施工方案的审批与报批等。

2. 满足支架法施工的部分条件指的是什么？

参考答案：

（1）箱梁基础部分均为闲置弃土场，场地宽广，无支架搭设障碍。

（2）地域平坦，无须整平工作。

解析：问题是本工程中满足支架法施工的部分条件指的是什么。案例背景中，地域平坦满足支架搭设基础一个平整的要求，而位于闲置的弃土场的宽广场地满足了支架搭设无障碍物的要求。然而，仅满足这两个条件还不足以进行支架搭设。支架搭设前的场地要求包括：场地平整坚实、有排水设施、无障碍物。在本案例中，地处弃土场的场地说明地基松软，无法满足支架基础坚实这一最重要的条件。此外，支架基础还需要具备排水设施，以保证施工过程中的正常排水。因此，可以说案例背景中的现场条件满足支架搭设的部分条件。

这道题目的形式较为新颖，对考生的知识应用能力和表达能力均进行了重要的考核。

3. B 标支架搭设场地是否满足支架的地基承载力？应如何处置？

参考答案：

（1）不满足。

（2）需对地基彻底平整后碾压；地基预压合格后硬化地面；支架基础四周设排水沟。

解析：本小问相当于前一小问的延续。支架搭设的地基处理考核过多次，一般针对支架地基处理的题目，采分点主要围绕夯实（压实）、换填、预压、硬化、排水等方面展开。

4. 支架搭设前技术负责人应做好哪些工作？桥下净高 13.3m 部分如何办理手续？

参考答案：

（1）技术负责人应做好如下工作：

① 对支架及地基进行验算。

② 编写支架方案并送审，经批准后方可施工。

③ 进行安全技术交底。

（2）桥下净高 13.3m 部分应编写安全专项施工方案并组织专家论证，根据论证报告修改完善专项方案后实施。

解析：本小题考核两个方向。第一个方向是技术负责人在支架搭设前需要进行的工作。在施工过程中，项目技术负责人的职责主要包括验算、组织编制方案、重要方案的送审及安全技术的交底等工作。

第二个方向是在变相考核专家论证的审批手续，因为桥下净高已经达到了 13.3m（搭设高度超过 8m），所以支架专项方案必须组织专家论证，需要办理论证和审批的手续。

5. 支架搭设完成和模板安装后用什么方法解决变形问题？支架拼装间隙和地基沉降在桥梁建设中属哪一类变形？

参考答案：

(1) 支架搭设完成和模板安装后用预压方法解决变形问题。

(2) 属于非弹性变形（塑形变形）。

> 解析：题目强调"支架搭设完成和模板安装后用什么方法解决变形问题"，此时最好的解决变形方式就是对支架和模板进行预压，从而消除支架的拼装间隙和地基的不均匀沉降，但是在预压过程中，有可能造成箱梁的底模与设计高程出现少量偏差，对于这种少量偏差可以通过设置预拱度来消除。
>
> 支架搭设后，承受施工荷载会产生弹性变形和非弹性变形，顾名思义，弹性变形是材料在外力作用下产生变形，当外力去除后变形会随即消失的现象，而非弹性变形就是在产生形变后不能恢复原状。显然支架拼装间隙和地基沉降属于后者。

6. 跨越既有高架部分的桥梁施工需到什么部门补充办理手续？

参考答案：

到市政工程行政主管部门和公安交通管理部门办理交通导行手续。

> 解析：办理手续属于市政高频考点，一建、二建市政对这一类考点考核过十几次，而且后期还会不定期出现。对于办理手续的题目，不能完全拘泥于教材内容。例如，施工中跨越（或下穿）、占用铁路、市政道路、河道等情况，开工前均应到相关部门办理手续。

案例27 2018年二建案例真题三

背景材料

某公司承建一项城市污水处理工程，包括调蓄池、泵房、排水管道等。调蓄池为钢筋混凝土结构，结构尺寸为40m（长）×20m（宽）×5m（高），结构混凝土设计等级为C35，抗渗等级为P6。调蓄池底板与池壁分两次浇筑，施工缝处安装金属止水带，混凝土均采用泵送商品混凝土。

事件一：施工单位在现场特定部位有针对地悬挂醒目的安全警示牌。

事件二：调蓄池基坑开挖渣土外运过程中，因运输车辆装载过满，造成抛洒滴漏，被城管执法部门下发整改通知单。

事件三：池壁混凝土浇筑过程中，有一辆商品混凝土运输车因交通堵塞，混凝土运至现场时间过长，坍落度损失较大，泵车泵送困难，施工员安排工人向混凝土运输车罐体内直接加水后完成了浇筑工作。

事件四：金属止水带安装中，接头采用单面焊搭接法施工，搭接长度为15mm，并用铁钉固定就位，监理工程师检查后要求施工单位进行整改。

为确保调蓄池混凝土的质量，施工单位加强了混凝土浇筑和养护等各环节的控制，以确保实现设计的使用功能。

问题

1. 施工单位必须在哪些特定部位有针对地悬挂醒目的安全警示牌。
2. 事件二中，为确保项目的环境保护和文明施工，施工单位对出场的运输车辆做好哪些防止抛洒滴漏的措施？
3. 事件三中，施工员安排向罐内加水的做法是否正确？应如何处理？
4. 说明事件四中监理工程师要求施工单位整改的原因？
5. 施工单位除了混凝土的浇筑和养护控制外，还应从哪些环节加以控制以确保混凝土质量？

参考答案

1. 施工单位必须在哪些特定部位有针对地悬挂醒目的安全警示牌。

参考答案：

施工单位必须在主要施工部位、作业点和危险区域，以及主要通道口有针对性地悬挂醒目的安全警示牌。

> 解析：现场管理的内容多为教材原文的规定，所以对于那些可以考核案例但还未出现过真题的知识点应给予足够重视。

2. 事件二中，为确保项目的环境保护和文明施工，施工单位对出场的运输车辆应做好哪些防止抛洒滴漏的措施？

参考答案：

（1）施工车辆应采取密封覆盖措施。
（2）施工运送车辆不得装载过满（防超载），且低速行驶。
（3）在场地出口设置冲洗池，待运土车辆出场时派专人将车轮冲洗干净。

> 解析：文明施工是市政专业中的一个高频考点，而土方外运则是其中的重要环节。在考虑施工单位对出场的运输车辆采取哪些防止抛洒滴漏的措施时，需要重点关注车辆和出场环节。考试时务必清晰理解题目要求，避免将施工现场的其他措施（如洒水降尘、场地硬化、堆土场覆盖、土方的绿化、固化等）作为本题的得分点。本题采分点应针对外运渣土车的密封和覆盖、防超载、低速行驶、门口洗车池、专人负责冲洗车轮等内容。

3. 事件三中，施工员安排向罐内加水的做法是否正确？应如何处理？

参考答案：

不正确。正确做法：泵送防水混凝土，当坍落度损失后不能满足施工要求时，应加入原水灰比的水泥浆或减水剂进行搅拌，严禁直接加水。

> 解析：在混凝土到达施工现场后，如果发现混凝土坍落度损失较大，向混凝土罐车内加水是一种常见但错误的做法。尽管施工人员和工人可能对这种错误的做法心知肚明，但出于省事的考虑，仍然可能采取这种做法。那么，遇到这种情况应该怎么做呢？在解决这个问题之前，我们首先需要找出混凝土坍落度损失的原因。
>
> （1）如果混凝土坍落度损失是由于温度高、混凝土运输时间长等原因导致的，可以考虑向混凝土中加入减水剂。减水剂可以改善混凝土的流动性，使其更易于浇筑和振捣。
>
> （2）如果混凝土坍落度损失是由于混凝土运输车漏浆现象造成的，需要向混凝土中加入原水灰比（配合比）的水泥浆进行二次搅拌，以恢复混凝土的坍落度。
>
> 在考试中，我们可以综合这两个方向来回答问题，以确保答案具有更高的涵盖性。当然，在实际施工中，应根据具体情况确定混凝土坍落度损失的原因，并采取相应的措施来保证混凝土的浇筑质量。

4. 说明事件四中监理工程要求施工单位整改的原因？

参考答案：

（1）原因之一："止水带采用单面焊搭接法施工，搭接长度为15mm"，会造成焊缝位置漏水；应采用折叠咬接或搭接，搭接长度不小于20mm，必须采用双面焊接。

（2）原因之二：止水带"用铁钉固定就位"，会从钉眼处漏水；可用钢筋焊接定位。

> 解析：在《给水排水构筑物工程施工及验收规范》GB 50141—2008中，施工缝位置的金属止水带也被称为止水钢板。这是市政专业考试中的一个高频考点，需要重点掌握其安装位置、安装要求及搭接长度。

5. 施工单位除了混凝土的浇筑和养护控制外，还应从哪些环节加以控制以确保混凝土质量？

参考答案：

施工单位还应从原材料、配合比、混凝土搅拌、混凝土供应（运输）等环节加以控制，以确保混凝土质量。

> **解析:** 混凝土一直以来都是建造师考试中各个专业的重要考点。因此,建造师需要熟悉混凝土相关知识,包括从原材料选择、混凝土的配合比、混凝土的搅拌、运输、浇筑振捣及养护等全过程。此外,建造师还需要掌握混凝土施工中可能出现的各种情况,能够分析出问题的原因,提出预防措施,并熟悉解决方法。这类题目考试中出现的频率相当高(如混凝土浇筑过程中跑模、混凝土硬化后出现裂缝等情况)。

案例28 2018年二建案例真题四

某公司项目部施工的桥梁基础工程,灌注桩混凝土强度为C25,直径1200mm,桩长18m。承台、桥台的位置如图1所示,承台的桩位编号如图2所示。

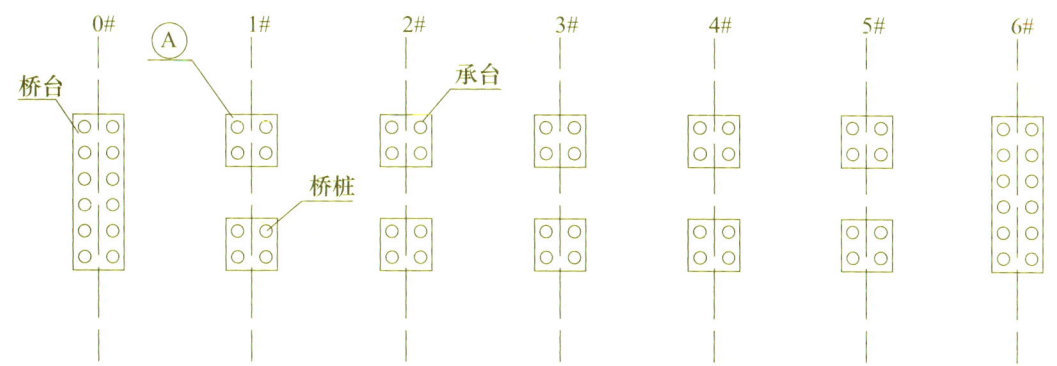

图1 承台、桥台位置示意图

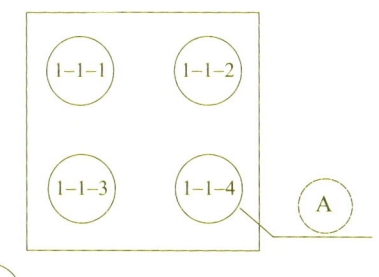

注: 1-1-4 表示1轴-1号承台-4号桩

图2 承台钻孔编号图

事件一:项目部依据工程地质条件,安排4台反循环钻机同时作业,钻机工作效率(1根桩/2d)。在前12d,完成了桥台的24根桩,后20d要完成10个承台的40根桩。承台施工前项目部对4台钻机作业划分了区域,如图3所示,并提出了要求:①每台钻机完成10根桩;②一座承台只能安排1台钻机作业;③同一承台两桩施工间隙时间为2d。1#钻机工作进度安排及2#钻机部分工作进度安排如图4所示。

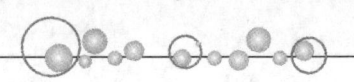

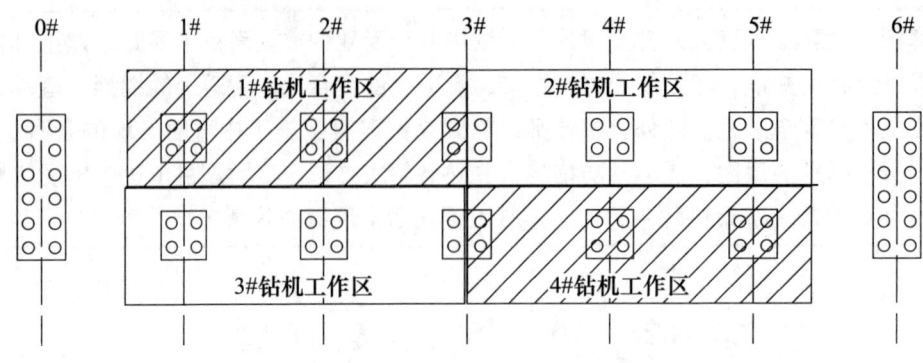

图3　钻机作业区划分图

事件二：项目部对已加工好的钢筋笼做了相应标识，并且设置了桩顶定位吊环连接筋，钻机成孔、清孔后，监理工程师验收合格，立刻组织吊车吊放钢筋笼和导管，导管底部距孔底0.5m。

事件三：经计算，编号为3-1-1的钻孔灌注桩混凝土用量为$A m^3$，商品混凝土到达现场后施工人员通过在导管内安放隔水球、导管顶部放置储灰斗等措施灌注了首罐混凝土，经测量导管埋入混凝土的深度为2m。

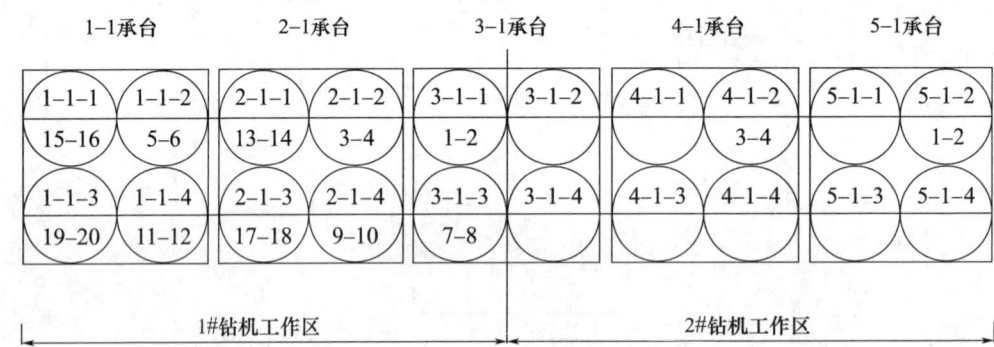

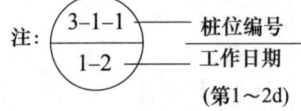

图4　1#钻机、2#钻机工作进度安排示意图

问题

1. 事件一中补全2#钻机工作区作业计划，用图4的形式表示。（将此图复制到答题卡上作答，在试卷上答题无效）

2. 钢筋笼标识应有哪些内容？

3. 事件二中吊放钢筋笼入孔时桩顶高程定位连接筋长度如何确定，用计算公式（文字）表示。

4. 按照灌注桩施工技术要求，事件三中A值和首罐混凝土最小用量各为多少？

5. 混凝土灌注前项目部质检员对到达现场商品混凝土应做哪些工作？

参考答案

1. 事件一中补全2#钻机工作区作业计划,用图4的形式表示。

1–1		2–1		3–1		4–1		5–1	
1-1-1 15–16	1-1-2 5–6	2-1-1 13–14	2-1-2 3–4	3-1-1 1–2	3-1-2 13–14	4-1-1 11–12	4-1-2 3–4	5-1-1 9–10	5-1-2 1–2
1-1-3 19–20	1-1-4 11–12	2-1-3 17–18	2-1-4 9–10	3-1-3 7–8	3-1-4 17–18	4-1-3 7–8	4-1-4 19–20	5-1-3 5–6	5-1-4 15–16

1#钻机工作区　　　　　　　　　2#钻机工作区

> **解析**:非常新颖的题目,不过本题只要读懂题意,也不难作答。案例背景中条件:"钻机工作效率(1根桩/2d)""一座承台只能安排1台钻机作业,并且同一承台两桩施工间隙时间为2d"。由这两个条件可知,每一个承台施工2d后,必须再间隔2d施工。本题需要注意3-1承台,因为受到1#钻机施工的影响,所以2#钻机在施工3-1-2和3-1-4两根桩不能在"5～10d"任一时间段内进行施工。
>
> 本题答案有几十种排列方式,不过只要排列顺序满足背景中条件即可。例如3-1承台和4-1承台安排时间不变,5-1承台的打桩时间可以将5-1-1与5-1-4对调,也可以将5-1-1与5-1-3对调,还可以将5-1-3与5-1-4对调。当然也可以3-1与5-1承台不变,4-1承台打桩时每根桩施工时间进行更换。考试只要回答出符合条件的一种形式即可。

2. 钢筋笼标识应有哪些内容?

参考答案:

钢筋笼标识应有轴号、承台(桥台)编号、桩号、钢筋笼节段号;检验合格的标识牌。

> **解析**:在桥梁桩基施工现场,需要提前预制灌注桩的钢筋笼。然而,如果提前预制的钢筋笼没有清晰的标识,很容易在后期使用时发生位置错误的情况。为了避免这种情况发生,每段加工完成的钢筋笼都需要进行身份标记,类似于为其提供一个"身份证"。在本工程中,承台(桥台)位于不同的轴线位置(也可以称为里程桩号),每个轴线上都有不同的承台(桥台),每个承台上又有不同的桩,每根桩可能还会分节制作。因此,对加工完成的钢筋笼进行标识是必要的,包括轴线号、承台号、桩号、节段号等内容。
>
> 由于施工现场的钢筋笼数量庞大,加工完成后必须经过检验合格才能使用,因此现场检验合格的钢筋笼还必须悬挂检验合格的标识牌。

3. 事件二中吊放钢筋笼入孔时桩顶高程定位连接筋长度如何确定，用计算公式（文字）表示。

参考答案：

连接筋长度＝孔口垫木顶高程－桩顶高程－桩顶预留筋长度＋焊口搭接长度

解析： 本小问与施工现场密切相关，许多没有现场施工经验的考生对"桩顶高程定位吊环连接筋"这个术语可能不太熟悉。实际上，钢筋笼的底部与孔底之间存在一定距离。此外，钻孔灌注桩的桩顶部分嵌入到埋在地下的承台中，因此桩顶位置与现有地面（孔口）之间存在一定距离，需要在钢筋笼的最后一节焊接一个吊环钢筋，将整个钢筋笼悬挂在孔口的垫木上，如下图所示。

根据图示可知，吊环筋的长度是通过垫木顶部高程减去桩顶高程，并减去桩顶预留钢筋的长度得出的。由于吊环筋需要与桩顶预留筋进行焊接，计算长度时需要考虑这部分搭接焊缝的长度。这类问题可能在未来的考试中继续出现，只不过在考试中，出题人很可能绘制出示意图，列出地面标高、垫木厚度、桩顶标高、钢筋直径、桩顶预留筋长度等信息，考生只需根据相关信息进行计算即可。

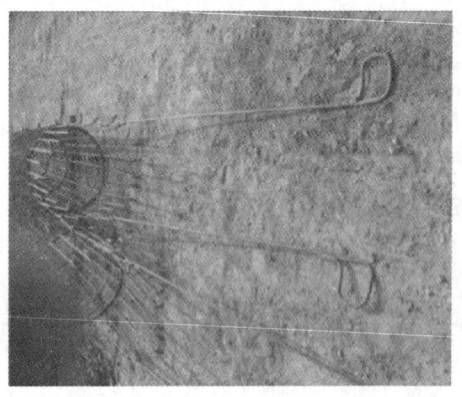

钢筋笼吊环筋

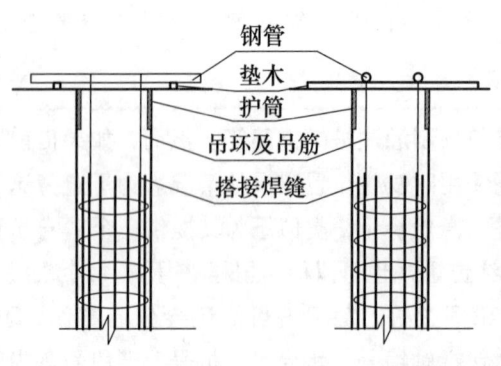

钢筋笼安装图

4. 按照灌注桩施工技术要求，事件三中 A 值及首罐混凝土最小用量各为多少？

参考答案：

A 值：

$A = \pi R^2 h$，而 $h =$ 桩长 + 超灌量（超灌量为 0.5~1m）

$3.14 \times 0.6^2 \times (18 + 0.5) = 20.9 \text{m}^3$

$3.14 \times 0.6^2 \times (18 + 1) = 21.5 \text{m}^3$

所以 A 值为 20.9~21.5 m^3。

首罐混凝土最小用量：

$3.14 \times 0.6^2 \times (2 + 0.5) = 2.83 \text{m}^3$

解析： 本题的问法是"按照灌注桩施工技术要求，事件三中 A 值及首罐混凝土最小用量各为多少"，按照灌注桩的技术要求，每根混凝土灌注桩需要超灌 0.5~1m，那么混凝土灌注量也应该是一个区间。

相对而言，本题中的"首罐混凝土最小用量"有一些争议。首灌混凝土完成后，混凝土与泥浆液处于平衡状态（见下图），此时首灌混凝土的最小用量应由两部分组成，一部分是桩底 $H_1 + H_2$ 部分的混凝土，本题中是 2.5m；另一部分是导管内部的混凝土，h_1 可以通过 $h_1 = H_w \gamma_w / \gamma_c$ 计算得出。其中，H_w 表示桩孔内水或泥浆的深度（m）；γ_w 表示桩孔内水或泥浆的重度（kN/m^3）；γ_c 表示混凝土拌合物的重度（kN/m^3）。然而，在本题中，泥浆的深度、泥浆的重度及混凝土的重度在题目中都未给出，因此无法计算出 h_1。此外，计算混凝土导管内混凝土的另一个要素——导管直径也未在案例背景中提及。因此，无法计算出该部分混凝土量，只能计算桩底 $H_1 + H_2$ 部分的混凝土量作为初灌量。

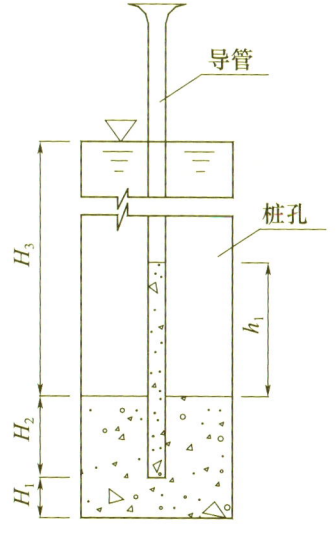

首灌混凝土量计算示意图

5. 混凝土灌注桩前项目部质检员对到达现场商品混凝土应做哪些工作？

参考答案：

检查混凝土的开盘鉴定书；查验混凝土出厂时间、到场时间和混凝土外观；测试混凝土的坍落度；留置混凝土试块等工作。

> **解析：** 当前施工现场基本上全部要求使用商品混凝土。然而，商品混凝土到场后不能马上进行浇筑，必须先完成以下工作后才能正式浇筑。
>
> 首先，需要查看混凝土的开盘鉴定书，以避免错用混凝土的情况发生。其次，要检查混凝土的出厂时间、到场时间和外观，主要目的是避免混凝土出厂时间过长或接近初凝时间。最后两项工作考生并不陌生，就是对准备浇筑的混凝土测试坍落度，并留置混凝土试块（试件）等工作。

案例29　2017年二建案例真题一

背景资料

某公司承建一座城市桥梁。该桥上部结构为6×20m简支预制预应力混凝土空心板梁，每跨设置边梁2片，中梁24片；下部结构为盖梁及φ1000mm圆柱式墩，重力式U形桥台，基础均采用φ1200mm钢筋混凝土钻孔灌注桩。桥墩构造如下图所示。

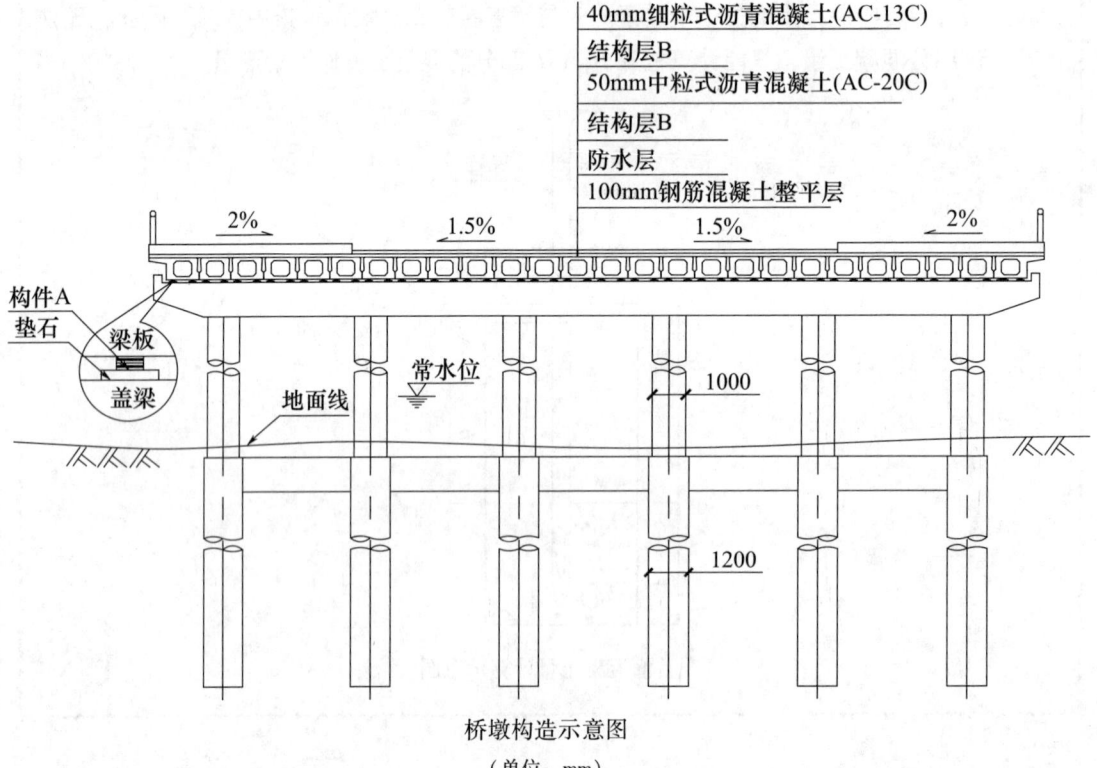

桥墩构造示意图

（单位：mm）

开工前，项目部对该桥划分了相应的分部、分项工程和检验批，作为施工质量检查、验收的基础。划分后的分部（子分部）、分项工程及检验批对照表如下。

桥梁分部（子分部）分项工程及检验批对照表（节选）

序号	分部工程	子分部工程	分项工程	检验批
1	地基与基础	灌注桩	机械成孔	54（根桩）
			钢筋笼制作与安装	54（根桩）
			C	54（根桩）
		承台	…	…
2	墩台	现浇混凝土墩台	…	…
		台背填土	…	…
3	盖梁		D	E
			钢筋	E
			混凝土	E
…	…	…	…	…

工程完工后，项目部立即向当地市场监督管理部门申请工程竣工验收，该申请未被受理。此后，项目部按照工程竣工验收规定对工程进行全面检查和整修，确认工程符合竣工验收条件后，重新申请工程竣工验收。

问题

1. 写出上图中构件 A 和桥面铺装结构层 B 的名称，并说明构件 A 在桥梁结构中的作用。
2. 列式计算上图中构件 A 在桥梁中的总数量。
3. 写出上表中 C、D 和 E 的内容。
4. 施工单位应向哪个单位申请工程竣工验收？
5. 工程完工后，施工单位在申请工程竣工验收前应做好哪些工作？

参考答案

1. 写出上图中构件 A 和桥面铺装结构层 B 的名称，并说明构件 A 在桥梁结构中的作用。

参考答案：

（1）构件 A 的名称：支座。结构层 B 的名称：粘结层（油）。

（2）构件 A（支座）的作用：将桥梁上部结构承受的荷载和变形（位移和转角）可靠地传递给桥梁下部结构，是桥梁的重要传力装置；具备减震和抗震能力。

解析：桥梁的结构可分为上部结构和下部结构，其中桥梁基础、墩台和盖梁属于下部结构，而桥跨结构属于上部结构。上部结构和下部结构之间的分界点就是桥梁支座，它是设置在桥跨结构与桥墩或桥台的支承位置上的传力装置。

支座的主要功能是传递上部结构的支承反力，包括来自恒载和活载所引起的竖向力和水平力。同时，支座能够确保在活载、温度变化、混凝土收缩和徐变等因素的作用下，桥梁结构能够自由变形，以使上部结构和下部结构的实际受力情况符合结构的静力图式。

桥梁支座根据其位移的可能性可以分为固定支座和活动支座。固定支座传递竖向力和水平力，允许上部结构在支座处自由旋转但不能水平移动；活动支座则只传递竖向力，允许上部结构在支座处既能自由旋转又能水平移动。活动支座可进一步分为多向活动支座（可在纵向和横向上自由移动）和单向活动支座（只能在一个方向上自由移动）。根据材料的不同，支座可以分为简易支座、钢支座、钢筋混凝土支座、橡胶支座和特种支座（如减震支座和拉力支座）等。

2. 列式计算上图中构件 A 在桥梁中的总数量。

参考答案：

全桥空心板数量：$(24+2) \times 6 = 156$ 片。

构件 A 的总数量：$4 \times 156 = 624$ 个。

解析：首先，需要了解桥梁的一项基本知识：在安装预制的 T 形梁时，通常需要使用 2 个支座，而安装预制空心板则需要 4 个支座，因为每个空心板的两个端头都需要设置两个支座。即使没有相关经验，也可以通过观察本题案例背景提供的图纸，直接清点每个横断面的支座数量。

案例背景中还有一个重要信息需要注意，"该桥上部结构为 $6 \times 20\text{m}$ 简支预制预应力混凝土空心板梁，每跨设置边梁 2 片，中梁 24 片"，这意味着每个跨度桥梁需要安装 26 片空心板，整座桥梁共有 $26 \times 6 = 156$ 片空心板。由于每片空心板有 4 个支座，因此整座桥梁共有 $156 \times 4 = 624$ 个支座。

3. 写出上表中 C、D 和 E 的内容。

参考答案：

（1）C 的名称：混凝土灌注。

（2）D 的名称：模板与支架。

（3）E 的内容：5（个盖梁）。

解析：本题考点依据《城市桥梁工程施工与质量验收规范》CJJ 2—2008 这部规范。该规范表 23.0.1 城市桥梁分部（子分部）工程与相应的分项工程、检验批对照表如下（节选）。

城市桥梁分部（子分部）工程与相应的分项工程、检验批对照表

序号	分部工程	子分部工程	分项工程	检验批
1	地基与基础	扩大基础	基坑开挖、地基、土方回填、现浇混凝土（模板与支架、钢筋、混凝土）、砌体	每个基坑
		沉入桩	预制桩（模板、钢筋、混凝土、预应力混凝土）、钢管桩、沉桩	每根桩
		灌注桩	机械成孔、人工挖孔、钢筋笼制作与安装、混凝土灌注	每根桩
		沉井	沉井制作（模板与支架、钢筋、混凝土、钢壳）、浮运、下沉就位、清基与填充	每节、座
		地下连续墙	成槽、钢筋骨架、水下混凝土	每个施工段
		承台	模板与支架、钢筋、混凝土	每个承台
2	墩台	砌体墩台	石砌体、砌块砌体	每个砌筑段、浇筑段、施工段或每个墩台、每个安装段（件）
		现浇混凝土墩台	模板与支架、钢筋、混凝土、预应力混凝土	
		预制混凝土柱	预制柱（模板、钢筋、混凝土、预应力混凝土）、安装	
		台背回填	填土	
3		盖梁	模板与支架、钢筋、混凝土、预应力混凝土	每个盖梁
…	…	…	…	

由该表可以得出 C 的名称是混凝土灌注，D 的名称是模板与支架。不过，案例背景中的表格与规范中的表格略有不同。根据规范，钻孔灌注桩的检验批是每根桩，而盖梁的检验批是每个盖梁。然而，在案例背景的表格中，桩的检验批表达为 54（根桩）。因此，在相应的盖梁处应按照这种格式写为 ×（个盖梁）。

根据案例背景中提供的信息，"该桥上部结构为 6×20m 简支预制预应力混凝土空心板梁，……下部结构为盖梁及 φ1000mm 圆柱式墩，重力式 U 形桥台"，可以得出以下结论：该桥共有 6 跨，下部结构包括 7 排墩台用于支撑，其中每侧各有一个桥台。因此，中间部分有 5 排桥墩，也就是说共有 5 个盖梁。

本题还可以延伸考点：每个桥台下有多少根钻孔灌注桩？根据案例图示，每个盖梁下有 6 个墩柱，而每个墩柱下有一根钻孔灌注桩。因此，在中间的盖梁下共计有 30 根钻孔灌注桩。而背景中的表格显示该工程有 54 根桩，那么两个桥台总共有 24 根桩，每个桥台下设有 12 根钻孔灌注桩。

4. 施工单位应向哪个单位申请工程竣工验收？

参考答案：

工程完工后，施工单位向建设单位提交工程竣工报告，申请工程竣工验收。

> **解析**：这是题中最简单的一问，属于很常识的考点。即便是在备考中没有注意到教材上这句话，也可以凭借常识进行判断。本知识点也是法规教材中一个重要知识点。

5. 工程完工后，施工单位在申请工程竣工验收前应做好哪些工作？

参考答案：

施工单位应做好以下工作：

（1）施工单位自检合格。

（2）监理单位组织的预验收合格。

（3）施工资料档案完整。

（4）建设主管部门及市场监督管理部门责令整改的问题全部整改完毕。

> **解析**：教材上没有完整的段落描述，需要自己组织内容。工程竣工验收，首先需要施工单位自检合格，只有自检合格的情况下，才可以约请监理单位进行工程预验收，工程预验收合格之后还需要看建设主管部门或者市场监督管理部门责令整改的问题是否整改完毕，最后施工单位还需要将施工资料档案准备齐全完整。当然，回答这类题目时，也可以从多个角度回答，但是原则是语言要言简意赅，不能拖泥带水。

案例 30　2017 年二建案例真题二

背景资料

某公司中标承建污水截流工程，内容有：新建提升泵站一座，位于城市绿地内，地下部分为内径 5m 的圆形混凝土结构，底板高程 -9.0m；新敷设 $D1200mm$ 和 $D1400mm$ 柔性接口钢筋混凝土管道 546m，管顶覆土深度 4.8～5.5m，检查井间距 50～80m；A 段管道从高速铁路桥跨中穿过，B 段管道垂直穿越城市道路，工程纵向剖面图如下图所示。场地地下水为层间水，赋存于粉质黏土、重粉质黏土层，水量较大。设计采用明挖法施工，辅以井点降水和局部注浆加固施工技术措施。

施工前，项目部进场调研发现：高铁桥墩柱基础为摩擦桩；城市道路车流量较大；地下水位较高，水量大，土层渗透系数较小。项目部依据施工图设计拟定了施工方案，并组织对施工方案进行专家论证。依据专家论证意见，项目部提出工程变更，并调整了施工方案如

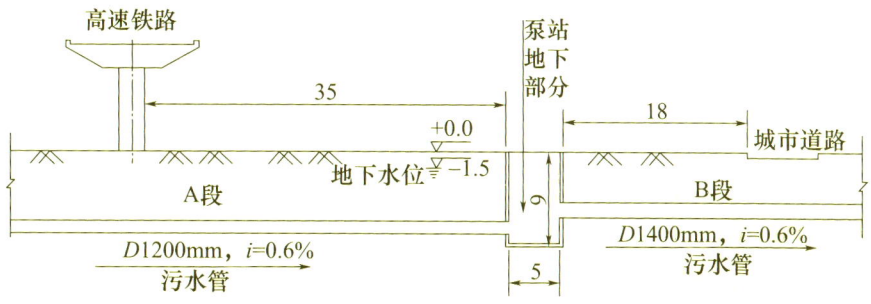

污水截流工程纵向剖面示意图(单位：m)

下：①取消井点降水技术措施；②泵站地下部分采用沉井法施工；③管道采用密闭式顶管机顶管施工。该工程变更获得建设单位的批准。项目部按照设计变更情况，向建设单位提出调整费用的申请。

问题

1. 简述工程变更采用①和③措施具有哪些优越性。
2. 给出工程变更后泵站地下部分和新建管道的完工顺序，并分别给出两者的验收试验项目。
3. 指出沉井下沉和沉井封底的方法。
4. 列出设计变更后的工程费用调整项目。

参考答案

1. 简述工程变更采用①和③措施具有哪些优越性。

参考答案：

（1）工程变更①主要优越性：

可提前开工；还可以避免因降水引起的沉降对交通设施的不良影响和对路面的破坏，保证线路运行安全。

（2）工程变更③的主要优越性：

顶管机施工精度高；对地面交通影响小；受天气影响小；机械化程度高；有利于文明施工的控制。

解析：取消井点降水并采用密闭式顶管的优势是显而易见的。根据案例背景提供的信息，地下水位高、水量大、土质差和低渗透系数等，可以得出以下分析结果：如果坚持采用降水措施，则需要相当长的时间才能将地下水位降至设计高程，而取消降水则可以提前开始施工。此外，案例背景还提到管线必须穿越城市道路和高铁桥的下部，而高铁桥的基础是摩擦桩，因此降水会导致沉降，对交通设施造成不良影响并可能损坏路面。取消降水可以避免这些问题的发生。

密闭式顶管类似于盾构施工，在以下方面具有优势：精度高、受天气影响小、对地面交通影响较小、具备较高的机械化程度等。

2. 给出工程变更后泵站地下部分和新建管道的完工顺序，并分别给出两者的验收试验项目。

参考答案：

完工顺序：泵站地下部分沉井、封底→A 段管道顶进接驳→B 段管道顶进接驳。

泵站地下部分试验项目：满水试验。

A、B 管道验收试验项目：分别进行严密性试验（或闭水试验）。

解析： 一定注意本案例问的是完工顺序。在顶管施工工艺中，不管是敞开式顶管还是密闭式顶管，都需要从始发井开始顶进，接收井到达，为提高工作效率，顶管工程始发井通常会先向一侧顶进完成，然后在顶管坑内掉头，再向另一侧顶进，所以顶管坑的始发井必须在顶管工程开始前完成，而本工程沉井即为顶管坑，所以它必须最先完成。A、B 管段顶管施工顺序应该遵循先深后浅的原则，先施工 A 管段的顶管与接驳，再施工 B 管段。

本题稍有瑕疵，命题者这里想考核的应该是构筑物的满水试验和排水管道的闭水试验，而管道是密闭式顶管，且有地下水，闭水试验的条件不满足，假如本案例中管道直径 1500mm 以上，那么可以用内渗法做管道的严密性试验。

3. 指出沉井下沉和沉井封底的方法。

参考答案：

沉井下沉采用不排水下沉；沉井封底应采用水下封底。

解析： 在本工程环境中，地下水位较高，并且决定取消降水。因此，采用不排水下沉的方式进行沉井施工是最佳选择，而水下封底是实现不排水下沉的有效方法之一。有些考生在回答这道题时没能给出正确答案，可能是因为他们觉得这道题目太简单而过度复杂化了问题。然而，每年的考试中总会有一些容易得分的题目，对于这些"送分题"，我们应该避免过度思考，直接给出正确答案即可。

4. 列出设计变更后的工程费用调整项目。

参考答案：

（1）减少费用：

井点施工和运行费用；

土方开挖回填施工费用；

道路、绿地占用和恢复费用。

(2) 增加费用:

沉井制作、下沉施工费用;

顶管机械使用费用;

调整顶管施工专用管材与普通承插柔性接口管材价差。

> **解析**:一建2012年曾经考核过类似的考点,这类题目需要对施工工艺基本明白。如果不明白工艺,就不可能知道有哪些具体的费用,更无从谈起哪些费用增加、哪些费用减少了。即便对工艺不是十分了解,只要熟读案例背景,也可以从背景中找到一些蛛丝马迹,既然取消降水,那么降水井点的施工及在施工过程中抽水的费用就可以减少了;既然是不开槽施工,那么土方施工的费用就可以减少,即便不知道顶管施工的具体步骤,顶管的机械费用也是比较容易想到的。同时原施工方案是开槽施工,涉及占用和破坏城市绿地,那么占路占绿地,以及道路和绿地的恢复费用就要减少。这些点基本上可以通过熟读案例背景分析得出。

案例31 2017年二建案例真题三

背景资料

某公司承建一项天然气管道工程,全长1380m,公称外径DN110mm,采用聚乙烯燃气管道(SDR11PE100),直埋敷设,热熔连接。

工程实施过程中发生如下事件:

事件一:开工前,项目部对现场焊工的执业资格进行检查。

事件二:管材进场后,监理工程师检查发现聚乙烯直管现场露天堆放,堆放高度达1.8m,项目部既未采取安全措施,也未采用棚护。监理工程师签发通知单要求项目部进行整改,并按下表所列项目及方法对管材进行检查。

聚乙烯管材进场检查项目及检查方法表

检查项目	检查方法
A	查看资料
检测报告	查看资料
使用聚乙烯原材料级别和牌号	查看资料
B	目测
颜色	目测
长度	量测
不圆度	量测

续表

检查项目	检查方法
外径及壁厚	量测
生产日期	查看资料
产品标志	目测

事件三：管道焊接前，项目部组织焊工进行现场试焊，试焊后，项目部相关人员对管道连接接头的质量进行了检查，并依据检查情况完善了焊接作业指导书。

问题

1. 事件一中，本工程管道焊接的焊工应具备哪些资格条件？
2. 事件二中，直管堆放的最高高度应为多少米，并应采取哪些安全措施？管道采用棚护的主要目的是什么？
3. 写出上表中检查项目 A 和 B 的名称。
4. 事件三中，热熔对焊工艺评定检验与试验项目有哪些？
5. 事件三中，聚乙烯管道连接接头质量检查包括哪些项目？

参考答案

1. 事件一中，本工程管道焊接的焊工应具备哪些资格条件？

参考答案：

本工程管道焊接焊工必须具备的条件：

① 具有相应资质证书。
② 证书焊接范围与本工程施焊范围一致。
③ 间断安装作业时间超过 6 个月，再次上岗前应重新考试和技术评定。
④ 上岗前经过专门培训，并经考试合格。
⑤ 从事热熔焊接作业要有安全技术交底和作业指导书。

> 解析：2011 年一建考点，只不过当时是焊接钢管的焊工，这里是焊接热熔管道的焊工，其实大同小异，但不要完全照搬钢制管道焊接焊工的内容，例如这里绝不要再写动火证等相关的内容。

2. 事件二中，直管堆放的最高高度应为多少米，并应采取哪些安全措施？管道采用棚护的主要目的是什么？

参考答案：

（1）堆放的最高高度应为 1.5m。

（2）应采取防止直管滚动的安全保护措施，如管材分层交叉码放、梯形码放、货架存放或两侧加支撑保护的矩形堆放。

（3）棚护的目的：防止暴晒（或紫外线的照射），减缓管材老化现象的发生。

> **解析**：本题在一个问题中设置了三个小问题。这种考法每个小问的分值注定不会太高。为了避免 PE 管滚动，可以采取以下措施进行管道存放：一是将管道分层交叉码放或堆叠成梯形；二是将其存放在固定的货架上；三是采用两侧加支撑的矩形码放。这样的存放方式都可以有效防止管道滚动。需要注意的是，PE 管属于化学管材，阳光或紫外线长时间照射会导致管材老化，因此需要采用棚护措施对管材进行保护。
>
>
>
> 　　　交叉码放　　　　　　　　　梯形堆放
>
>
>
> 　　　货架存放　　　　　两侧加支撑保护的矩形堆放

3. 写出上表中检查项目 A 和 B 的名称。

参考答案：

检查项目 A 的名称：检验合格证。检查项目 B 的名称：外观。

> **解析**：材料进场后的检查与验收是建造师考试中的高频考点。考试形式包括对材料外观检查、资料（证书）检查、见证取样以及材料存放要求。在本题的表格中，项目 A 属于材料资料（证书）检查范畴，其中必不可少的内容包括材料的检验合格证和检测报告。因此，本题中的项目 A 应该是指检验合格证。
>
> 　　材料外观检查通常采用目测的方式进行。在表格中，项目 B 对应的内容即为外观检查。如果进一步考核 PE 管管道的外观要求，可以回答如下：管道应保持顺直，管道的内外壁应平整，不得有破损、划痕、凹陷或任何妨碍安装的缺陷。

4. 事件三中，热熔对焊工艺评定检验与试验项目有哪些？
参考答案：

聚乙烯管道热熔对焊工艺的评定检验和试验项目：拉伸性能试验、耐压（静液压）强度试验。

> **解析：** 此知识点考核内容为《聚乙烯燃气管道工程技术标准》CJJ 63—2018，管道连接的一般规定 5.1.7 内容如下：
>
> 5.1.7 聚乙烯燃气管道连接完成后，应按本标准第 5.2 节和第 5.3 节的有关规定进行接头质量检查。不合格应返工，返工后应重新进行接头质量检查。当对焊接质量有争议时，应按表 5.1.7-1～表 5.1.7-3 的规定进行检验。
>
> 表 5.1.7-1　热熔对接焊接的检验与试验要求
>
> | 序号 | 检验与试验项目 | 检验与试验参数 | 检验与试验要求 | 检验与试验方法 |
> |---|---|---|---|---|
> | 1 | 拉伸性能 | 23℃±2℃ | 试验到破坏为止：
（1）韧性，通过
（2）脆性，不通过 | 《聚乙烯（PE）管材和管件热熔对接接头拉伸强度和破坏形式的测定》GB/T 19810 |
> | 2 | 耐压（静液压）强度试验 | （1）密封接头，A 型
（2）方向，任意
（3）试验时间，165h
（4）环应力：
① PE80，4.5MPa
② PE100，5.4MPa
（5）试验温度，80℃ | 焊接处无破坏，无渗漏 | 《流体输送用热塑性塑料管道系统 耐内压性能的测定》GB/T 6111 |

5. 事件三中，聚乙烯管道连接接头质量检查包括哪些项目？
参考答案：

连接接头质量检查的项目应包括：卷边（翻边）对称性、接头对正性（或错边量）、卷边（翻边）切除。

> **解析：** 注意本题的背景信息是"试焊后，项目部相关人员对管道连接接头的质量进行了检查"，因此，此处考核的检查项目主要是针对焊接完成的管道焊缝，而不包括对接口的一系列检查。针对 PE 管焊接后的管道焊缝，应进行以下几个项目的检查：焊接的卷边（翻边）对称性、接头对正性（或错边量）及卷边（翻边）切除。此外，本题可以进一步考核卷边（翻边）切除后的要求，可以按如下方式回答：卷边切除后的切面不应夹有杂质、小孔、扭曲和损坏，切面中线附近不应有开裂或裂缝，并且接缝处不得露出熔合线。

案例32 2017年二建案例真题四

背景资料

某地铁盾构工作井，平面尺寸为18.6m×18.8m，深28m，位于砂性土、卵石地层，地下水埋深为地表以下23m。施工影响范围内有现状给水、雨水、污水等多条市政管线。盾构工作井采用明挖法施工，围护结构为钻孔灌注桩加钢支撑，盾构工作井周边设降水管井。设计要求基坑土方开挖分层厚度不大于1.5m，基坑周边2~3m范围内堆载不大于30MPa，地下水位需在开挖前1个月降至基坑底以下1m。

项目部编制的施工组织设计有如下事项：

（1）施工现场平面布置如示意图所示，布置内容有施工围挡范围50m×22m，东侧围挡距居民楼15m，西侧围挡与现状路步道路缘平齐；搅拌设施及堆土场设置于基坑外缘1m处；布置了临时用电、临时用水等设施；场地进行硬化等。

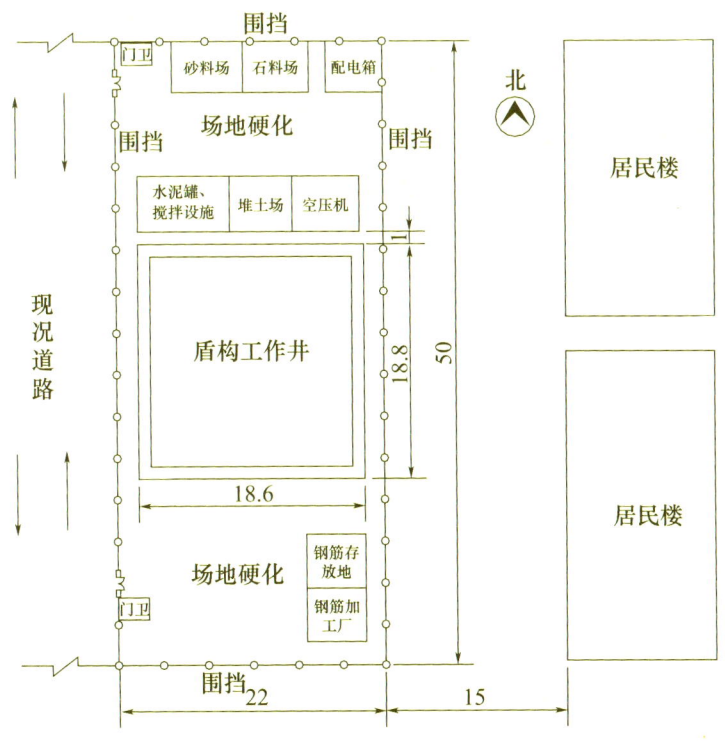

盾构工作井施工现场平面布置示意图
（单位：m）

（2）考虑盾构工作井基坑施工进入雨期，基坑围护结构上部设置挡水墙，防止水浸入基坑。

（3）基坑开挖监测项目有地表沉降、道路（管线）沉降、支撑轴力等。

(4) 应急预案分析了基坑土方开挖过程中可能引起基坑坍塌的因素，包括钢支撑架设不及时、未及时喷射混凝土支护等。

问题

1. 基坑施工前有哪些危险性较大的分部分项工程的安全专项施工方案需要组织专家论证？
2. 施工现场平面布置图还应补充哪些临时设施？请指出布置不合理之处。
3. 施工组织设计（3）中基坑监测还应包括哪些项目？
4. 基坑坍塌应急预案还应考虑哪些危险因素？

参考答案

1. 基坑施工前有哪些危险性较大的分部分项工程的安全专项施工方案需要组织专家论证？

参考答案：
施工前有以下分部分项工程需要组织专家论证：盾构工作井的基坑降水工程、基坑土方开挖工程、基坑支护工程、龙门吊起重设备安装和拆卸工程、盾构工程。

> 解析：基坑工程比较容易理解，不过盾构工程本身就属于地下暗挖，需要进行专家论证，而且盾构井设置的龙门吊需要吊装大型的盾构机，所以起重量要大于30t，需要组织专家论证。

2. 施工现场平面布置图还应补充哪些临时设施？请指出布置不合理之处。

参考答案：
（1）还要补充：
① 大门出入口洗车池、沉淀池和排水沟。
② 消防设施及五牌一图。
③ 垂直提升设备、水平运输设备。
④ 料具间、机修间、管片堆放场、防雨棚等。
（2）不合理的地方有：
① 搅拌设施和堆土场与工作井的距离不满足设计要求。
② 砂石料场紧挨围挡内侧。
③ 砂石料场未与搅拌设施放在一起。
④ 空压机设在居民区一侧。
⑤ 钢筋加工厂与钢筋存放场地位置颠倒。

> **解析**：本小题是当前典型的图形找错题，对于这一类题，很多答案可以在案例背景中找出来。解答这种题目，可以认为图上画出来的内容都有问题，看这些内容画得对不对，如果是对的，再看全不全。这一类题也可能是原来考试中文字描述案例题中的改错和补充题目的变形。

3. 施工组织设计（3）中基坑监测还应包括哪些项目？

参考答案：

支护桩顶部水平位移；支护桩顶部竖向位移；支护桩体水平位移；立柱结构竖向位移；立柱结构水平位移；竖井井壁支护结构净空收敛；地下水位；居民楼沉降、倾斜和裂缝。

> **解析**：关于基坑监测项目的内容，近年来一、二建市政专业的教材进行了多次变化，并且现在一、二建依据的规范也不完全相同。本题的答案是根据二建市政最新版教材及案例背景进行回答的。
>
> 根据二建市政教材，基坑监测依据《城市轨道交通工程监测技术规范》GB 50911—2013进行。该规范规定，基坑开挖深度大于或等于20m为一级基坑。而本题案例背景中的基坑开挖深度为28m，因此属于一级基坑。
>
> 该规范规定，一级基坑应测项目包括：支护桩（墙）、边坡顶部水平位移；支护桩（墙）、边坡顶部竖向位移；支护桩（墙）体水平位移；立柱结构竖向位移；立柱结构水平位移；支撑轴力；锚杆拉力；地表沉降；竖井井壁支护结构净空收敛；地下水位。选测项目包括：支护桩（墙）结构应力；立柱结构应力；顶板应力；土钉拉力；土体深层水平位移；土体分层竖向位移；坑底隆起（回弹）；孔隙水压力；支护桩（墙）侧向土压力。
>
> 根据案例背景，基坑采用钻孔灌注桩加钢支撑作为支护结构，基坑尺寸为18.6m×18.8m，属于大断面基坑，在支撑下方应设置立柱，所以基坑的钻孔灌注桩围护结构、钢支撑、支撑立柱为主要监测对象，监测项目围绕着以上监测对象展开。当前考试形式一般只考核基坑监测的应测项目，不考核选测项目。因此，除了案例背景中提到的支撑轴力和地表沉降，还需要从应测项目中选择其他8项进行回答。然而，案例背景中并未提及围护结构采用锚杆，因此也无须回答锚杆拉力这一项。
>
> 本工程施工环境中有道路、管线和居民楼，且案例背景中对道路和管线的沉降进行了监测，因此在回答监测项目时，也应考虑到施工环境中居民楼的监测。其监测项目无外乎是居民楼的沉降、倾斜和裂缝等内容。

4. 基坑坍塌应急预案还应考虑哪些危险因素？

参考答案：

还应考虑：

（1）每层开挖深度超出设计要求。

(2) 基坑周边堆载超限或行驶的车辆距离基坑边缘过近。
(3) 支撑中间立柱不稳。
(4) 基坑周边长时间积水。
(5) 基坑周边给排水现况管线渗漏。
(6) 降水措施不当引起基坑周边土粒流失。

> **解析：** 对于基坑失稳坍塌这一类题目，需要从影响基坑的几个因素入手，即坑边的荷载、降排水、暴露时间、开挖深度。另外需要注意基坑尺寸为 18.6m×18.8m，如果采用钢管支撑，则需要在竖向的支撑下面设置钢格构柱，那么钢格构柱的稳定也是影响基坑的主要因素。

案例 33　2016 年二建案例真题一

背景资料

某公司中标一座城市跨河桥梁，该桥跨河部分总长 101.5m，上部结构为 30m+41.5m+30m 三跨预应力混凝土连续箱梁，采用支架现浇法施工。

项目部编制的支架安全专项施工方案的内容有：为满足河道 18m 宽通航要求，跨河中间部分采用贝雷梁-碗扣组合支架形式搭设门洞；其余部分均采用满堂式碗扣支架；满堂支架基础采用筑岛围堰，填料碾压密实；支架安全专项施工方案分为门洞支架和满堂支架两部分内容，并计算支架结构的强度和验算其稳定性。

项目部编制了混凝土浇筑施工方案，其中混凝土裂缝控制措施有：
(1) 优化配合比，选择水化热较低的水泥，降低水泥水化热产生的热量。
(2) 选择一天中气温较低的时候浇筑混凝土。
(3) 对支架进行检测和维护，防止支架下沉变形。
(4) 夏季施工保证混凝土养护用水及资源供给。

混凝土浇筑施工前，项目技术负责人和施工员在现场进行了口头安全技术交底。

问题

1. 支架安全专项施工方案还应补充哪些验算？说明理由。
2. 模板施工前还应对支架进行哪些试验？主要目的是什么？
3. 本工程搭设的门洞应采取哪些安全防护措施？
4. 对工程混凝土裂缝的控制措施进行补充。
5. 项目部的安全技术交底方式是否正确？如不正确，给出正确做法。

参考答案

1. 支架安全专项施工方案还应补充哪些验算？说明理由。

参考答案：

应补充：刚度（挠度）验算；支架和地基承载力的验算。

理由：门洞贝雷梁和分配梁的最大挠度应小于允许值，以保证其上的碗扣支架的稳定性；满堂支架基础采用筑岛围堰，存在隐患。

> **解析：** 本工程的支架分为两部分。其中，18m 跨河部分采用贝雷梁-碗扣组合支架形式搭设门洞。鉴于门洞的大跨度，必须对其挠度（刚度）进行验算。另一部分支架采用满堂式碗扣支架，建立在筑岛围堰基础上。然而，回填后的基础可能出现不均匀沉降的问题，因此在搭设之前必须对地基的承载力进行验算。

2. 模板施工前还应对支架进行哪些试验？主要目的是什么？

参考答案：

支架试验：对支架基础和支架进行预压。

主要目的：

（1）支架地基预压目的：检验支架基础处理程度（检验地基承载力是否满足施工荷载要求），确保支架预压时支架基础不失稳，防止由于地基不均匀沉降导致箱梁混凝土产生裂缝。

（2）支架预压目的：检验结构的承载能力和稳定性、消除其非弹性变形、观测结构弹性变形及基础沉降情况。

> **解析：** 在支架施工中，存在两个重要的工序，即地基预压和支架预压，有时也称这两个工序为两项试验。地基预压是在搭设支架的地基处理完成后、支架搭设前进行的。而支架预压则是在支架搭设完成后、铺装底模前进行的，有时也会在支架搭设完成后，箱梁的底模安装完成后进行支架预压。在考试中需要根据不同的案例背景作答。地基预压和支架预压的目的属于高频考点，但教材中只介绍了支架预压的目的，而地基预压的目的需要根据《钢管满堂支架预压技术规程》JGJ/T 194—2009 进行回答。

3. 本工程搭设的门洞应采取哪些安全防护措施？

参考答案：

（1）设限高、限宽、限速等警示标志。

（2）通航孔的两边应加设护桩（护栏）及防撞设施。

（3）夜间设照明设施、反光警示标志、警示红灯。

（4）门洞上方必须满铺（密铺）脚手板，张挂水平安全网。

（5）专人巡视检查，定期维护。

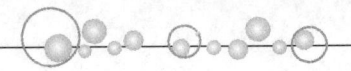

> **解析**：门洞支架是一、二建市政专业中的超高频考点之一。它可能跨越既有道路或河道，但对于门洞支架采取的安全防护设施答案大体上是相同的。安全防护措施是双向的，既要注意防止车辆、船只等撞击支架，因此应设置警示标志、限高、限宽、限速等设施；也要保护门洞支架下方通行的船只和车辆，在门洞支架上铺设板材、挂网等措施可以防止施工过程中的杂物坠落，从而保护船只和车辆的安全。

4. 对工程混凝土裂缝的控制措施进行补充。

参考答案：

补充措施如下：

（1）采取分层浇筑混凝土，利用浇筑面散热。

（2）适当降低水泥用量。

（3）严格控制集料的级配及其含泥量。

（4）选用合适的外加剂，改善混凝土的性能。

（5）控制混凝土坍落度。

（6）控制混凝土的内外温差。

> **解析**：浇筑混凝土时的防裂措施通常涉及原材料（如水泥、砂石、含泥量）、配比（包括水泥用量、坍落度等）、外加剂和浇筑方式等方面。需要注意的是，本题是关于桥梁工程的题目，项目部在制定方案时考虑的混凝土裂缝控制措施是为整座桥梁而设计的，不能仅仅将其视为针对大体积混凝土的防裂措施。因此，专门针对大体积混凝土裂缝防治的措施，例如内部预留冷水管、通水降低内部温度等，不是本题的评分点。

5. 项目部的安全技术交底方式是否正确？如不正确，给出正确做法。

参考答案：

不正确。

正确做法：开工前技术负责人和施工员现场的安全技术交底应采取书面方式，双方应签字并保留相关记录。

> **解析**：一般依据背景资料，只要有口头的说法基本上都可以改成书面形式。采取书面形式的目的就是为了逐级落实，责任到人，有据可查，所以书面形式还需双方签字，并均应保留相关记录。

案例34 2016年二建案例真题二

背景资料

某公司承建城市桥区泵站调蓄工程,其中调蓄池为地下式现浇钢筋混凝土结构,混凝土强度等级C35,池内平面尺寸为62.0m×17.3m,筏板基础。场地地下水类型为潜水,埋深6.6m。设计基坑长63.8m,宽19.1m,深12.6m,围护结构采用φ800mm钻孔灌注桩排桩+2道φ609mm钢支撑,桩间挂网喷射C20混凝土,桩顶设置钢筋混凝土冠梁。基坑围护桩外侧采用厚度700mm止水帷幕,如下图所示。

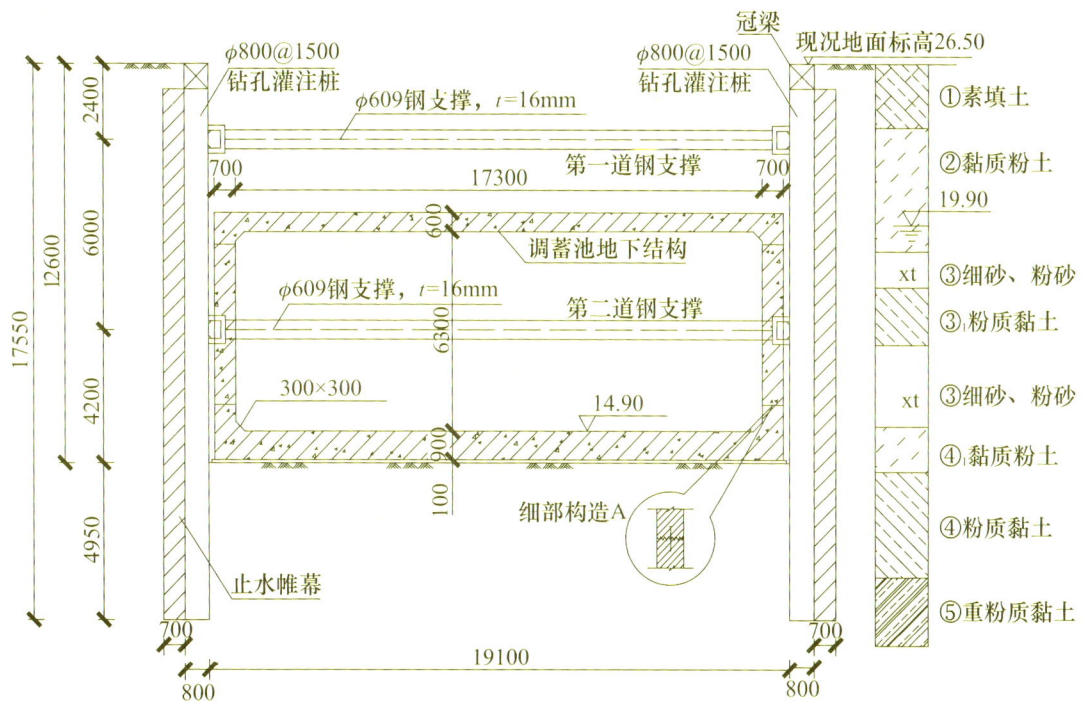

调蓄池结构与基坑围护断面图
(单位:结构尺寸为mm,高程为m)

施工过程中,基坑土方开挖至深度8m处,侧壁出现渗漏,并夹带泥砂;迫于工期压力,项目部继续开挖施工;同时安排专人巡视现场,加密地表沉降、桩身水平变形等项目的监测频率。

按照规定,项目部编制了模板支架及混凝土浇筑专项施工方案,拟在基坑单侧设置泵车浇筑调蓄池结构混凝土。

问题

1. 列式计算池顶模板承受的结构自重分布荷载q(kN/m^2),(混凝土重度旧称容重$\gamma=$

$25kN/m^3$);根据计算结果,判断模板支架安全专项施工方案是否需要组织专家论证,说明理由。

2. 计算止水帷幕在地下水中的高度。
3. 指出基坑侧壁渗漏后,项目部继续开挖施工存在的风险。
4. 指出基坑施工过程中风险最大的时段,并简述稳定坑底应采取的措施。
5. 写出上图中细部构造 A 的名称,并说明其留置位置的有关规定和施工要求。
6. 根据本工程特点,试述调蓄池混凝土浇筑工艺应满足的技术要求。

参考答案

1. 列式计算池顶模板承受的结构自重分布荷载 q(kN/m^2),(混凝土重度旧称容重 $\gamma = 25kN/m^3$);根据计算结果,判断模板支架安全专项施工方案是否需要组织专家论证,说明理由。

参考答案:

(1) 顶板模板承受结构自重分布荷载 $q = 25kN/m^3 \times 0.6m = 15kN/m^2$。

(2) 模板支架专项方案需要组织专家论证。

理由:顶板模板承受的总分布荷载 $q \geq 15kN/m^2$,依据建办质〔2018〕31 号文件规定,属于超过一定规模的危险性较大的分部分项工程。

> 解析:根据建办质〔2018〕31 号文件的规定,施工总荷载达到 $15kN/m^2$ 及以上的混凝土模板支撑工程,需要组织专家进行论证。施工总荷载包括混凝土的自重分布荷载以及模板、施工人员和机具等荷载。换句话说,施工总荷载必定大于混凝土的自重分布荷载。混凝土结构的自重分布荷载计算只与混凝土的重度(密度)和板厚有关,即 q(自重分布荷载)$= h$(板厚)$\times \gamma$(混凝土重度)。将本题中的数值代入计算,即 $q = h \times \gamma = 0.6m \times 25kN/m^3 = 15kN/m^2$,因此需要组织专家进行论证。

2. 计算止水帷幕在地下水中的高度。

参考答案:

止水帷幕在地下水中的高度为 $19.90 - (26.5 - 17.55) = 10.95m$,或 $17.55 - 6.60 = 10.95m$,或 $19.90 - 14.90 + 1.0 + 4.95 = 10.95m$。

> 解析:潜水,埋藏在地表以下第一稳定隔水层之上,具有自由表面的重力水。潜水的自由表面称潜水面,潜水面的绝对标高称为潜水位,潜水面距地面的距离称为潜水埋藏深度,即地下水埋深。在图上 19.90 这个数字就是地下水位的高程,另外通过计算,也可以计算出来 $26.5 - 6.6 = 19.90$。本题考核的一个知识点是绝对标高,另外一个就是考核看图的仔细程度。

3. 指出基坑侧壁渗漏后,项目部继续开挖施工存在的风险。

参考答案:

可能风险:造成围护结构后背土体流失,导致地面或周边构筑物沉降过大(或超标),产生基坑失稳(或围护结构倾覆)。

> **解析:** 基坑渗漏是深基坑开挖过程中的质量通病,因此在实际施工中通常将其作为一个质量控制要点进行管理。基坑渗漏若不及时处理,可能导致整个基坑围护结构朝着渗漏的一侧倾斜,进而引发基坑坍塌。在考试中,这类问题通常属于分析题目,要求运用所学的基坑开挖相关知识进行分析和推断。例如本题中基坑侧壁渗漏以后,推导因为基坑渗漏可能带来的风险,已经成为当前考试中的一个主流方向。

4. 指出基坑施工过程中风险最大的时段,并简述稳定坑底应采取的措施。

参考答案:

风险最大的时段为土方开挖到坑底至底板混凝土浇筑前。

坑底稳定措施:加深围护结构入土深度、坑底土体加固、坑内井点降水等措施,并适时(及时)施作底板结构。

> **解析:** 在基坑施工过程中,随着深度增加,风险不断加大。尤其是在土方开挖至坑底但尚未施作底板的时段,风险达到最大值。此时,基坑面临的主要风险包括坑底土体的隆起、坑底突涌、围护结构变形以及周围地表沉降等因素。

5. 写出上图中细部构造 A 的名称,并说明其留置位置的有关规定和施工要求。

参考答案:

(1) 名称:带止水钢板(或止水带)的施工缝。

(2) 有关规定:应高于腋角(八字)以上200mm。

(3) 施工要求:

① 止水钢板(止水带)安装应居中、垂直、平稳、牢固,接头搭接不小于20mm,且双面焊接。

② 浇筑前,缝部应凿毛、清理干净、保持湿润,铺一层同等级的水泥砂浆。

> **解析:** 此题目的考核非常经典,无论是考核内容还是考核形式都具有重要的代表意义。在地下混凝土构筑物的施工中,侧墙与底板相接处的施工缝位置是一个关键的施工重点。由于此处容易发生漏水现象,根据《给水排水构筑物工程施工及验收规范》GB 50141—2008 中 6.2.14-3 规定:构筑物处地下水位或设计运行水位高于底板顶面 8m 时,施工缝处宜设置高度不小于200mm、厚度不小于3mm 的止水钢板。

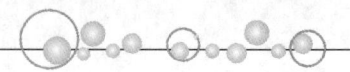

> 本题目考核的止水钢板安装并未在规范中明确涉及。然而，与所有安装要求相同，采分点都围绕着"平整、稳固、直顺、牢固"进行评分。除了止水钢板，这道题目还涉及一个经常考察的知识点：混凝土施工缝。对于施工缝的评分点通常围绕着"凿毛、清理、湿润、涂浆"等方面展开。

6. 根据本工程特点，试述调蓄池混凝土浇筑工艺应满足的技术要求。

参考答案：
（1）混凝土分段分层浇筑，一次浇筑量应适应各施工环节的实际能力。
（2）同一个施工段混凝土连续浇筑，底层混凝土初凝前完成上层混凝土浇筑。
（3）混凝土运输、浇筑和间歇的全部时间不应超过混凝土的初凝时间。
（4）混凝土下料高度超过2m需要设置串筒、溜槽。
（5）混凝土应振捣密实，既不漏振也不过振。
（6）浇筑过程中设专人维护支架。

> **解析：** 本题需结合案例背景和图形回答。图中信息如下：调蓄池的平面尺寸为62.0m×17.3m，底板顶面与地面高差11.6m，水池底板厚度为900mm，顶板厚度为600mm，侧墙厚度为700mm。因此，在浇筑混凝土时需要注意以下几点：分层、分段施工；混凝土下料高度超过2m时，要使用串筒或溜槽；由于顶板采用支架支撑的模板，混凝土浇筑过程中要有专人维护支架的稳定性。
>
> 混凝土浇筑还有以下通用要求：连续浇筑，确保底层混凝土初凝前完成上层混凝土的浇筑；混凝土运输、浇筑和间歇的总时间不应超过混凝土的初凝时间；避免出现漏振或过振等问题。

案例35 2016年二建案例真题三

背景资料

某公司承建城市道路改扩建工程，工程内容包括：①在原有道路两侧各增设隔离带、非机动车道及人行道；②在北侧非机动车道下新增一条长800m直径为DN500mm的雨水主管道，雨水口连接支管直径为DN300mm，管材均采用HDPE双壁波纹管，胶圈柔性接口；主管道两端接入现状检查井，管底埋深为4m，雨水口连接管位于道路基层内；③在原有机动车道上加铺厚50mm改性沥青混凝土上面层，道路横断面布置如下图所示。

施工范围内土质以硬塑粉质黏土为主，土质均匀，无地下水。

项目部编制的施工组织设计将工程项目划分为三个施工阶段：第一阶段为雨水主管道施工；第二阶段为两侧隔离带、非机动车道、人行道施工；第三阶段为原机动车道加铺沥青混凝土面层。同时编制了各施工阶段的施工技术方案，内容有：

（1）为确保道路正常通行及文明施工要求，根据三个施工阶段的施工特点，在图中A、B、C、D、E、F所示的6个节点上分别设置各施工阶段的施工围挡。

（2）主管道沟槽开挖由东向西按井段逐段进行，拟定的槽底宽度为1600mm、南北两侧的边坡坡度分别为1：0.50和1：0.67，采用机械挖土，人工清底；回用土存放在沟槽北侧，南侧设置管材存放区，弃土运至指定存土场地。

（3）原机动车道加铺改性沥青路面施工，安排在两侧非机动车道施工完成并导入社会交通后，整幅分段施工，加铺前对旧机动车道面层进行铣刨、裂缝处理、井盖高度提升、清扫、喷洒（刷）粘层油等准备工作。

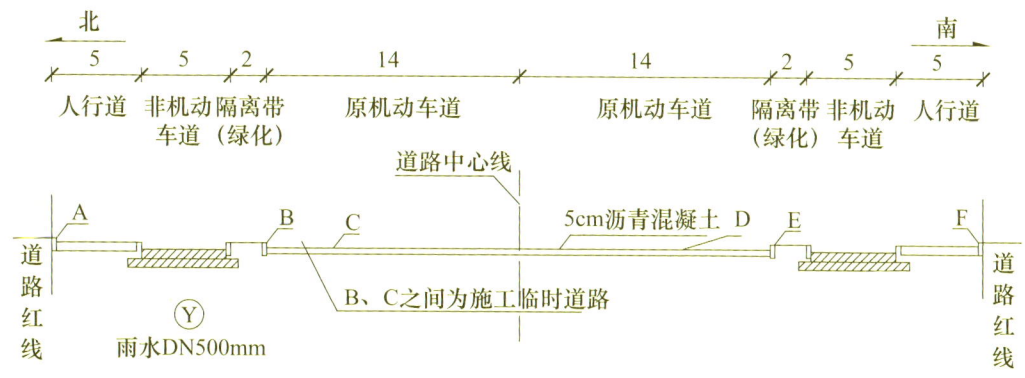

道路横断面布置示意图（单位：m）

问题

1. 本工程雨水口连接支管施工应有哪些技术要求？
2. 用示意图中所示的节点代号，分别写出三个施工阶段设置围挡的区间。
3. 写出确定主管道沟槽底开挖宽度及两侧槽壁放坡坡度的依据。
4. 现场土方存放与运输时应采取哪些环保措施？
5. 加铺改性沥青面层施工时，应在哪些部位喷洒（刷）粘层油？

参考答案

1. 本工程雨水口连接支管施工应有哪些技术要求？

参考答案：

（1）定位放线后破除道路结构层、开挖沟槽后铺砂基础。

（2）管口涂抹润滑剂后安装，并保证其直顺、稳定。

（3）承口朝向雨水口（来水）方向且坡度符合设计要求。

（4）支管采用混凝土全（360°）包封，且包封混凝土达到设计强度75%前不得进行上部基层、面层施工。

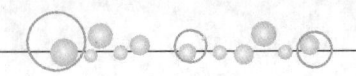

> **解析：** 题目非常接近施工现场，需要有一定的现场施工经验和常识。
> 　　本工程中非机动车道、隔离带、人行步道及雨水主管道均为新增工程，而原机动车道为既有工程，只需最后在其表面加铺50mm改性沥青混凝土面层。正常的道路断面形式皆是中间高两边低，所以雨水口的位置都设在道路两边的路缘石根部，而本工程中原机动车道未设置雨水主管线和雨水口及连接管，在增设雨水主管线后也需要在原机动车道两边对应位置增加雨水口及连接支管，由图可知，雨水口位置需设置在 B、E 位置，所以本次施工的雨水口连接支管需修建在原机动车道下面。对于雨水口连接支管施工的技术要求需从支管上面的道路破除、开挖、垫层、安管、管道保护几个方向简述。
> 　　另外，本案例中背景介绍采用的是 HDPE 双壁波纹管，管道强度较差，所以施工中需要对管底铺一层中粗砂，管道安装前检查管道、密封橡胶圈、涂抹润滑剂、承口对着来水方向等属于承插口管道施工的常识；而管道安装平直、通顺、稳定、牢固，坡度符合规范要求是管道安装工艺的总体要求，按照套路回答即可。

2. 用示意图中所示的节点代号，分别写出三个施工阶段设置围挡的区间。

参考答案：

第一阶段的围挡设置区间为 AC；第二阶段围挡设置区间为 AC 和 DF；第三阶段围挡设置区间为 BE。

> **解析：** 在本题中，第二阶段和第三阶段施工围挡的设置区间几乎没有争议。然而，第一阶段围挡设置在 AB 区间还是 AC 区间存在不同的回答。背景资料显示，沟槽的南侧设置了管材存放区。如果围挡设置在 AB 区间，将很难满足管材堆放的要求。此外，BC 区间被用作施工便道，将施工便道设置在围挡外侧可能对社会交通造成影响。综合考虑这些因素，可以得出第一阶段围挡应设置在 AC 区间的结论。

3. 写出确定主管道沟槽底开挖宽度及两侧槽壁放坡坡度的依据。

参考答案：

（1）槽底宽度开挖宽度的依据：槽底宽度应符合设计要求；当设计无要求时，可按经验公式计算确定（管道外径、工作面、基础模板厚度）。

（2）确定边坡坡度的依据：根据土的类别、沟槽深度、地下水位、荷载情况，以及沟槽暴露时间等因素，在规范中查表确定。

> **解析：** 在回答本题时，很难准确揣摩到命题人的考核意图。首先，如果根据教材，槽底宽度应符合设计要求。如果设计中没有具体要求，可以按照经验公式进行计算以确定槽底宽度。另一方面，也可以从管道外径、工作面、基础模板厚度等具体内容的角度进行回答。这些因素都会对槽底宽度产生影响。当无法确定应从哪个角度回答时，可以

尽量将这两个角度都展示出来，以全面回答问题。这样可以覆盖更多的可能性，符合题目的要求。

需要注意第二小问是"两侧槽壁放坡坡度的依据"。根据案例背景，南北两侧的边坡坡度分别为1：0.50和1：0.67，这是因为回用土被存放在沟槽的北侧，而南侧则设置了管材存放区，考虑到本工程所使用的管材为直径仅为500mm的HDPE双壁波纹管，说明南北两侧承受的荷载不同，因此边坡的坡度也不同。所以，荷载情况是确定边坡坡度的一个重要依据。此外，教材中还提到了确定沟槽边坡坡度的其他依据，如土的类别、沟槽深度和地下水位等。另外，沟槽施工的暴露时间也是确定边坡坡度的一个因素，即从沟槽开挖到回填之间的时间间隔。如果时间间隔较长，边坡的坡度应适度放缓；而如果时间间隔较短，边坡的坡度可以适当陡一些。

4. 现场土方存放与运输时应采取哪些环保措施？

参考答案：

（1）现场存放土方：现场洒水降尘；存土及时覆盖，如时间较长，可进行绿化、固化或硬化处理。

（2）外运土方：大门口设洗车池冲洗拉土车；运输车辆封闭苫盖（覆盖），拐弯、上坡路段需减速慢行；有遗撒时派专人清扫（清理）。

解析：建造师考试中环保文明施工是许多专业都经常考核的内容。在市政专业教材中，对环保文明施工的介绍可能有些冗长，主要包括防治大气污染、液体污染、固体废弃物污染、噪声污染和照明（光）污染等方面。在建筑和机电专业中，夜间施工是一个常见的考核点，主要关注噪声污染和照明（光）污染的内容。而在市政专业中，更侧重于大气污染和固体废弃物污染的考核，重点体现在土方的存储和运输措施上。相关题目的评分点通常包括洒水、覆盖、硬化、绿化、固化、洗车池、冲洗车辆、苫盖和清理等。

5. 加铺改性沥青面层施工时，应在哪些部位喷洒（刷）粘层油？

参考答案：

喷洒（刷）粘层油的部位：铣刨后的面层表面、路缘石（侧石）与沥青接触的侧面、检查井和雨水口侧面。

解析：根据案例提供的背景信息，旧机动车道面层需要进行铣刨和井盖高度提升等工作。此外，案例图形显示机动车道两侧有路缘石（侧石）。基于这些信息，为了确保新铺装的改性沥青与路缘石、检查井、雨水口等侧面接触部位，以及铣刨后的道路表面之间的黏附性，需要进行粘层油的喷洒或涂刷。

案例36 2016年二建案例真题四

背景资料

A 公司承建中水管道工程，全长 870m，管径 DN600mm，管道出厂由南向北垂直下穿快速路后，沿道路北侧绿地向西排入内湖，管道覆土3.0～3.2m；管材为碳素钢管，防腐层在工厂内施作，施工图设计建议：长38m下穿快速路的管段采用机械顶管法施工混凝土套管，其余管段全部采用开槽法施工。施工区域土质较好，开挖土方可用于沟槽回填，施工时可不考虑地下水影响。依据合同约定，A 公司将顶管施工分包给 B 专业公司，开槽段施工从西向东采用流水作业。

施工过程发生如下事件：

事件一，质量员发现个别管段沟槽胸腔回填存在采用推土机从沟槽一侧推土入槽不当施工现象，立即责令施工队停工整改。

事件二，由于发现顶管施工范围内有不明管线，B 公司项目部征得 A 公司项目负责人同意，拟改用人工顶管方法施工混凝土套管。

事件三，质量安全监督部门例行检查时，发现顶管坑内电缆破损较多，存在严重安全隐患，对 A 公司和建设单位进行通报批评；A 公司对 B 公司处以罚款。

事件四，受局部拆迁影响，开槽施工段出现进度滞后局面，项目部拟采用调整工作关系的方法控制施工进度。

问题

1. 分析事件一中施工队不当施工可能产生的后果，并写出正确做法。
2. 事件二中，机械顶管改为人工顶管时，A 公司项目部应履行哪些程序？
3. 事件三中，A 公司对 B 公司的安全管理存在哪些缺失？A 公司在总分包管理体系中应对建设单位承担什么责任？
4. 简述调整工作关系方法在本工程的具体应用。

参考答案

1. 分析事件一中施工队不当施工可能产生的后果，并写出正确做法。

参考答案：

（1）可能产生的后果：造成回填时管道侧移（偏离设计位置）和变形；推入土层过厚；回填土压实度不合格。

（2）正确做法：应由人工从沟槽两侧对称、分层回填压实；控制每层回填土的厚度和管道两侧高差不超过设计要求。

> 解析：在本案例中，施工单位采用推土机从一侧推土回填，这种方式存在以下问题：首先，无法确保每层回填土的厚度，也无法保证土方的压实度；其次，一次性推入大量土方会导致管道发生侧移现象，如果大量土方直接压在管道上，还可能导致管道变形。
>
> 本题要求写出"事件一中施工队不当施工可能产生的后果"，这些并不是教材或规范中所提及的内容。施工与验收规范通常规定了施工过程的操作方法，但很少解释为什么需要这样操作。然而，在二建市政考试中，这种考题经常出现，用来考核考生的分析能力。

2. 事件二中，机械顶管改为人工顶管时，A公司项目部应履行哪些程序？

参考答案：

（1）向建设单位提出变更申请。

（2）依据设计变更编制人工顶管安全专项施工方案，并对专项施工方案进行重新论证。

（3）遵照有关规定，应向道路权属部门重新办理下穿道路手续。

> 解析：本小问是一道综合管理类题目。对于将原计划采用的机械顶管方法改为人工顶管方法，项目部需要执行以下程序：首先，进行设计变更；其次，由于机械顶管变更为人工顶管，属于专项方案的重大变更，需要编制适用于人工顶管的专项方案，并组织专家进行论证；最后，由于人工顶管与机械顶管对道路的影响存在差异，因此在实施前还需要在道路权属部门重新办理下穿道路的手续。

3. 事件三中，A公司对B公司的安全管理存在哪些缺失？A公司在总分包管理体系中应对建设单位承担什么责任？

参考答案：

（1）安全管理缺失：A公司未对进场电气设备安全验收、施工过程未进行安全检查，以罚代管。

（2）A公司应承担的责任：A公司应向建设单位承担分包安全管理连带责任。

> 解析："以罚代管"是当前施工中总、分包普遍存在的不合理做法。本题中A公司对B公司的安全管理缺失中，一个重要问题就是采用了"以罚代管"的方式。此外，在质量安全监督部门进行例行检查时，发现顶管坑内电缆破损较多，这证明A公司在施工前没有对进场电气设备进行安全验收，并且在施工过程中也未进行安全检查。
>
> "A公司在总分包管理体系中应对建设单位承担什么责任"，这是二建市政专业考试中经常出现的问题。在考试中，只要写出连带责任，就可以获得该题目的分数。

4. 简述调整工作关系方法在本工程的具体应用。

参考答案：

（1）缩短施工段，并将不受拆迁影响的施工段先施工。

（2）受拆迁影响位置的管道在挖沟槽前进行焊接与焊缝检查，待沟槽开挖完成后将管道整体吊放入沟槽内，即可进行下道工序施工。

> 解析：本小题要求简述调整工作关系方法在本工程的具体应用。在正常的焊接钢管施工中，通常包括挖沟槽、下管、对口焊接、焊口检查、功能性试验、焊口防腐和回填等工序。沟槽开挖是后续工作的前提条件，若无法按计划开挖沟槽，后续工作将受到影响。然而，在实际施工中可能遇到拆迁等情况，导致无法按计划开挖沟槽。想要解决这个问题，可以考虑通过调整工作关系的方法来进行改进。
>
> 具体而言，可以先将计划在沟槽中进行焊接作业的管线提前在地面上焊接完成，然后进行焊口的检查拍片、功能性试验和焊口防腐等工作。待拆迁工作完成后，开挖沟槽，并利用多台吊车将已焊接完成的管道整体放置于沟槽中，然后进行后续工作。这样可以将受沟槽开挖影响的施工工序全部提前到沟槽开挖前进行，从而大大节省时间。
>
> 这种调整工作关系的方法在机电教材中有所介绍，下面是摘自机电教材关于"长输管道施工程序"的相关内容。
>
> 长输管道施工程序：
>
> 长输管道一般采用埋地弹性敷设方式，弹性敷设是指管道在外力或自重作用下产生弹性弯曲变形，利用这种变形进行管道敷设的一种方式。按照一般地段施工的方法，其主要施工程序是：线路交桩→测量放线→施工作业带清理及施工便道修筑→管道运输→布管＋清理管口＋组装焊接→焊接质量检查与返修→补口检漏补伤→管沟开挖→吊管下沟→管沟回填→三桩埋设→阴极保护→通球试压测径→管线吹扫、干燥＋连头（碰死口）→地貌恢复→水工保护→竣工验收。

第三部分 经典案例模拟题

案 例 1

背景资料

某公司承建的市政桥梁工程中,桥梁引道与现有城市次干道呈T形平面交叉,次干道路堤采用植草防护;引道位于种植滩地,线位上距离拟建桥台15m现存池塘一处(长15m,宽12m,深1.5m);引道两侧边坡采用挡土墙支护;桥台采用重力式桥台,基础为直径120cm混凝土钻孔灌注桩。引道纵断面如图1所示,挡土墙横截面如图2所示。

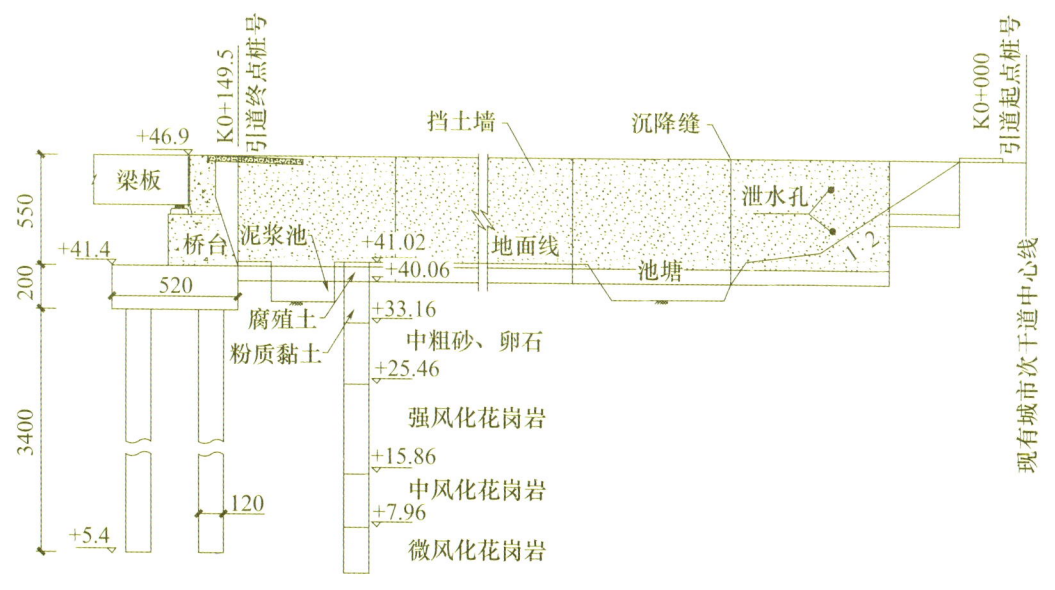

图1 引道纵断面示意图

项目部编制的引道路堤及桥台施工方案有如下内容:

(1)桩基泥浆池设置于台后引道滩地上(图1),公司现有如下桩基施工机械可供选用:正循环回转钻,反循环回转钻,潜水钻,冲击钻,长螺旋钻机,静力压桩机。项目部准备采用反循环钻机进行成孔。

(2)引道路堤在挡土墙及桥台施工完成后进行施工,路基用合格的土方从现有城市次干道直接倾倒入路基后,用推土机运输后摊铺碾压。施工工艺流程图见图3。

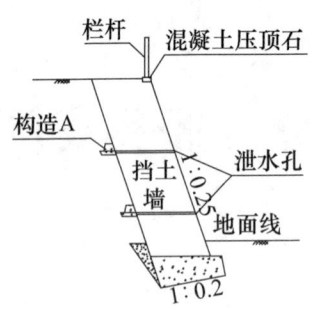

图2 挡土墙横断面示意图

（标高单位：m；尺寸单位：cm）

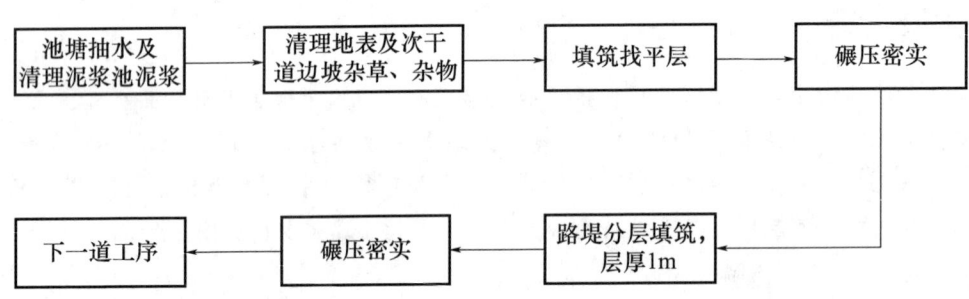

图3 引道路堤施工工艺流程图

监理工程师在审查施工方案时指出：施工方案（2）中施工组织存在不妥之处；施工工艺流程图存在较多缺漏和错误，要求项目部改正。

在桩基施工期间，发生一起行人滑入泥浆池事故，但未造成伤害。

问题

1. 施工方案（1）中，项目部做法有何不妥？说明理由。

2. 指出施工方案（2）中引道路堤填土施工组织存在的不妥之处，并改正。

3. 结合图1，补充并改正施工方案（2）中施工工艺流程的缺漏和错误之处。（用文字叙述）

4. 图2所示挡土墙属于哪种结构形式（类型）？写出图2中构造A的名称，简述其功用。

5. 针对"行人滑入泥浆池"的安全事故，指出桩基施工现场应采取哪些安全措施。

参考答案

1. 施工方案（1）中，项目部做法有何不妥？说明理由。

参考答案：

（1）采用反循环回转钻机成孔不妥。

理由：由图可见，桩基础部分穿过中风化岩，进入微风化岩，应采用冲击钻机成孔。

（2）单独开挖泥浆池不妥。

理由：应利用现有的池塘作为泥浆池，减少施工作业量，降低施工成本。

> **解析**：市政专业经常考核根据现场条件选择施工方法或施工机械。本题第一小问要求根据图形判断所需的桩基施工机械。从施工图可以得知，强风化岩与中风化岩的分界点为 15.86m，中风化岩与微风化岩的分界点为 7.96m，桩底标高为 5.4m。因此，桩身有逾 10m 的位置位于中风化岩和微风化岩之间。针对坚硬的岩层，应选择冲击钻进行成孔。本题第二小问涉及合理利用现场设施的问题。背景中指出距离桩基 15m 处有一个池塘，在施工过程中应对该池塘进行处理，将其作为桩基泥浆池，以减少开挖和回填的工作量。这种根据施工现场条件出题的形式是市政专业考试的主要趋势之一，对此类型的题目应进行深入研究。

2. 指出施工方案（2）中引道路堤填土施工组织存在的不妥之处，并改正。

参考答案：

（1）从现有城市次干道直接将土倒入路基不妥。

正确做法：土方运至不影响现况交通的滩地倾倒。

（2）用推土机运输后摊铺碾压不妥。

正确做法：土方应按里程桩号分开堆放，用推土机摊平。

> **解析**：在案例背景中，施工单位选择在现有城市次干道上倾倒填筑路基的土方，并使用推土机进行运输和摊铺。然而，这种做法存在一些问题。首先，直接从城市次干道倾倒土方会对社会交通造成一定的影响；其次，集中倾倒土方导致后续错误的推土机运输。需要明确的是，推土机的主要优势并非在于运输，而是用于将土方摊平的工作。因此，施工单位应该按照里程桩号将土方分开堆放，然后使用推土机进行摊铺。这样做可以避免对交通造成不必要的干扰，并更有效地利用推土机的功能。

3. 结合图 1，补充并改正施工方案（2）中施工工艺流程的缺漏和错误之处。（用文字叙述）

参考答案：

（1）错误之处：路堤填土层厚 1m。

正确做法：机械填筑碾压路堤时，层厚不超过 300mm。

（2）施工工艺流程的缺漏：

①池塘和泥浆池基底处理；②施工前做试验段；③次干路 1:2 的边坡修成台阶状；④桥台台背路基填土加筋；⑤压实度和弯沉值检测。

> **解析**：本题是一个综合题目，需要进行错误修改和补充工作。首先，需要指出回填

土的层厚1m太厚，根据施工常识，每层厚度不应超过300mm。此外，根据案例背景，本工程在填土路堤的施工中，还应包括以下施工工序：在修筑道路时，除了抽水和清理泥浆池和池塘外，还需要对其基底进行处理；次干道边坡的坡度为1∶2，因此需要修筑台阶；图纸显示，桥台后填土高度超过6m，所以在台背填土过程中需要台背加筋；本工程引道的长度为149.5m，在施工前应做一个试验段来确定施工参数；为确保填土的碾压质量符合要求，每层填土后都需要进行压实度检测；最后，还需要测定路床的弯沉值。

4. 图2所示挡土墙属于哪种结构形式（类型）？写出图2中构造A的名称，简述其功用。

参考答案：

（1）图2所示挡土墙属于重力式挡土墙。

（2）图2中构造A的名称是反滤层；作用为滤土排水。

解析： 又是一道一、二建高频考点题目，即说出图中某构造名称，简述其功用。这一类题目很难在教材中找到出处（本题例外），属于典型的能力考核题目，当然如果有一定的识图基本功和施工常识，这一类题目也不属于难题。

挡土墙泄水孔与反滤层

5. 针对"行人滑入泥浆池"的安全事故，指出桩基施工现场应采取哪些安全措施。

参考答案：

应采取以下安全措施：

（1）泥浆池周围设置防护栏杆并挂密目安全网，底部设置踢脚板，悬挂警示标志，夜间有警示红灯，有专人巡视。

（2）施工现场设置连续封闭的施工围挡，大门口安排门卫值守。

解析： 注意本题是"行人"掉进泥浆池。很多人在作答本题时，着眼点全部放在"掉进泥浆池"而忽略了主体"谁"掉进去，结果围绕着泥浆池的维护写的围栏、警示灯、警示标志等展开，而对行人不应该进入施工现场未展开描述。所以说，本题"行人"算是这个小问的题眼所在。

泥浆池防护

案 例 2

背景资料

某公司承建一城市道路工程，道路全长3000m，穿过部分农田和水塘，需要借土回填和抛石挤淤。工程采用工程量清单计价，合同约定分部分项工程量增加（减少）幅度在15%以内时执行原有综合单价；工程量增幅大于15%时，超出部分按原综合单价的9/10计算；工程量减幅大于15%时，减少后剩余部分按原综合单价的1.1倍计算。

项目部在路基正式压实前选取了200m作为试验段，通过试验确定了合适吨位的压路机和压实方式。工程施工中发生如下事件：

事件一：项目技术负责人现场检查时发现压路机碾压时先高后低、先快后慢、先静后振、由路基中心向边缘碾压。技术负责人当即要求操作人员停止作业，并指出其错误要求改正。

事件二：路基施工期间，有块办理过征地手续的农田因补偿问题发生纠纷，导致施工无法进行，为此延误工期20d，施工单位提出工期和费用索赔。

事件三：工程竣工结算时，借土回填和抛石挤淤工程量变化情况见下表。

工程量变化情况表

分部分项工程	综合单价（元/m³）	清单工程量（m³）	实际工程量（m³）
借土回填	21	25000	30000
抛石挤淤	76	16000	12800

问题

1. 除确定合适吨位的压路机和压实方式外，试验段还应确定哪些技术参数？

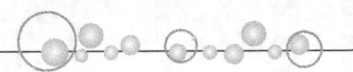

2. 分别指出事件一中压实作业的错误之处并写出正确做法。

3. 事件二中，施工单位的索赔是否成立？说明理由。

4. 分别计算事件三借土回填和抛石挤淤的费用。

参考答案

1. 除确定合适吨位的压路机和压实方式外，试验段还应确定哪些技术参数？

参考答案：

试验段还应确定以下参数：

（1）确定路基预沉量值。

（2）按压实度要求，确定压实遍数。

（3）确定路基宽度内每层虚铺厚度。

> **解析：** 本考点包含教材中的原文内容。在未来的考试中，注意不仅在路基施工中需要进行试验段试验，而且在基层、面层施工及打桩、开挖沟槽、安装管线等方面也都应该进行试验段试验。通过试验段试验可以确定施工参数。在备考的后期阶段，建议将教材中不同工法的施工试验段内容进行整理，以应对可能出现的考题。

2. 分别指出事件一中压实作业的错误之处并写出正确做法。

参考答案：

（1）错误之处：碾压时先高后低、先快后慢、由路基中心向边缘碾压。

（2）正确做法：碾压时应先低后高、先慢后快、由路基边缘向中心碾压。

> **解析：** 本题属于最简单的改错题，即使对教材中的这个知识点不清楚，也可以根据案例背景描述的施工做法进行逆向描述，从而得到本题的分数。对于道路路基施工的碾压，可以总结为"四先四后一重叠"原则，即先轻后重、先静后振、先低后高、先慢后快，并确保轮迹重叠。这个碾压原则同样适用于基层和沥青混凝土面层的施工。

3. 事件二中，施工单位的索赔是否成立？说明理由。

参考答案：

施工单位的索赔成立。

理由：征地补偿问题发生纠纷，造成工期延误，依据相关标准规范规定，不属于施工单位应承担的责任（属于建设单位应承担的责任）。

> **解析：** 本题属于索赔题型中较为简单的一种。回答这类题目时，可以按照以下几步组织答案：第1步是背景描述，清晰地叙述导致索赔事件发生的原因。第2步是描述由此带来的损失，包括三种情况，即单独的工期延误、单独的费用增加，以及工期延误和

费用增加同时发生的情况。第3步是找出依据,一般直接回答相关标准规范作为索赔的依据。第4步是区分责任,如果是不能索赔的情况,通常是由施工单位自己承担责任或风险,如果是可以索赔的情况,责任通常应由建设单位承担。

4. 分别计算事件三借土回填和抛石挤淤的费用。

参考答案:

(1) 借土回填费用:

$25000 \times 1.15 = 28750 m^3$

$30000 - 28750 = 1250 m^3$

$28750 \times 21 = 603750$ 元

$1250 \times 21 \times 0.9 = 23625$ 元

$603750 + 23625 = 627375$ 元

(2) 抛石挤淤费用:

$16000 \times (1 - 0.15) = 13600 m^3$

因为 $12800 m^3 < 13600 m^3$,费用为 $12800 \times 76 \times 1.1 = 1070080$ 元。

解析: 本知识点并非来自实务教材,而是来自施工管理教材。它涉及量变调价款,是清单计价规范中最核心的内容之一。在市政专业考核中,这个知识点的出现频率并不高,但在其他专业中考核频率非常高。这类题目的难度较低。

抛石挤淤是处理软弱地基的一种方法,该方法是在路基底部从中间向两侧抛投一定数量的碎石,将淤泥挤出路基范围,以提高路基的强度。所用碎石宜采用不易风化的大石块,尺寸一般不小于0.15m。抛石挤淤法施工简单、迅速、方便。抛石挤淤法适用于以下情况:①常年积水的洼地,排水困难,泥炭呈流动状态,厚度较薄且表层无硬壳,片石能沉达底部的泥沼或厚度为3~4m的软土;②地面特别软弱,无法使用机械进入施工,或表面存在大量积水无法排出的情况;③石料丰富,运距较短的情况。

抛石挤淤施工图片

案 例 3

背景资料

某公司承建一座市政桥梁工程,桥梁上部结构为9孔30m后张法预应力混凝土T梁,桥宽横断面布置T梁12片,T梁支座中心线距梁端600mm,T梁横截面如图1所示。

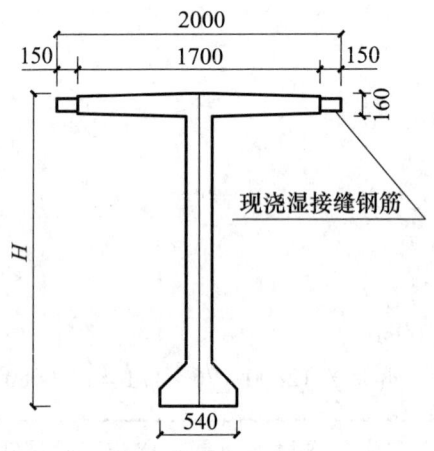

图1 T梁横截面示意图

(单位:mm)

项目部进场后,拟在桥位线路上现有城市次干道旁租地建设T梁预制场,平面布置如图2所示,同时编制了预制场的建设方案:(1)混凝土采用商品混凝土;(2)预制台座数量按预制工期120d、每片梁预制占用台座时间为10d配置;(3)在T梁预制施工时,现浇湿接缝钢筋不弯折,两个相邻预制台座间要求具有宽度2m的支模及作业空间;(4)露天钢材堆场经整平碾压后表面铺砂厚50mm;(5)由于该次干道位于城市郊区,预制场用地范围采用高1.5m的松木桩挂网围护。

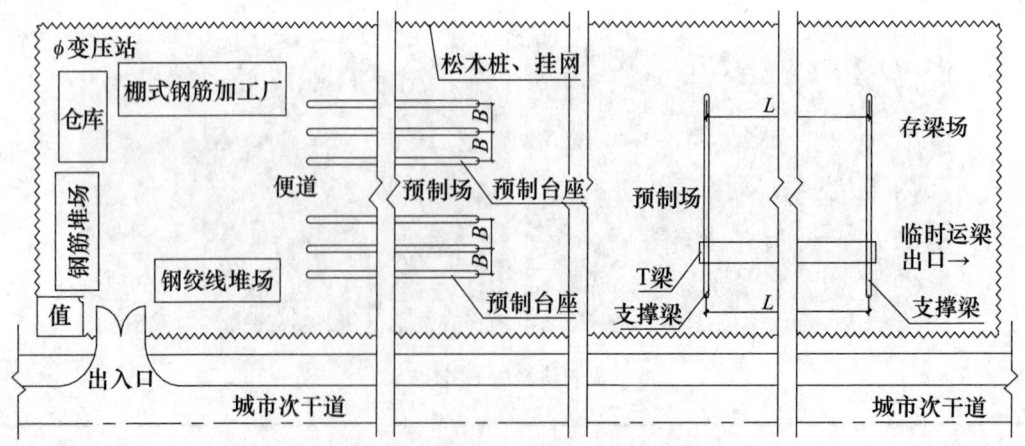

图2 T梁预制场平面布置示意图

监理审批预制场建设方案时，指出预制场围护不符合规定。在施工过程中发生了如下事件：

事件一：雨期导致现场堆放的钢绞线外包装腐烂破损，钢绞线堆场处于潮湿状态。

事件二：T梁钢筋绑扎、钢绞线安装、支模等工作完成并检验合格后，项目部开始浇筑T梁混凝土，混凝土浇筑采用从一端向另一端全断面一次性浇筑完成。

问题

1. 全桥共有T梁多少片？为完成T梁预制任务最少应设置多少个预制台座？均需列式计算。
2. 列式计算图2中预制台座的间距 B 和支撑梁的间距 L。（单位以 m 表示）
3. 给出预制场围护的正确做法。
4. 事件一中的钢绞线应如何存放？
5. 事件二中，T梁混凝土应如何正确浇筑？

参考答案

1. 全桥共有T梁多少片？为完成T梁预制任务最少应设置多少个预制台座？均需列式计算。

参考答案：

预制T梁数量：$12 \times 9 = 108$ 片。

预制次数：$120 \div 10 = 12$ 次。

预制台座数量：$108 \div 12 = 9$ 个。

> **解析**：桥梁结构中的一孔也被称为一跨。在本题中桥梁有9孔，即9跨。每一孔横断面布置了12片T梁。因此，整个工程需要的T梁总数为 $12 \times 9 = 108$ 片。然而，这个计算并不是命题人想要重点考核的内容，而只是整个计算过程中的一个中间部分。
>
> 真正要考核的内容是后面一小问，即本工程需要多少个台座。计算预制台座数量属于资源周转量的计算题。这类题目的计算通常围绕着总工期、每次预制时间（每片梁预制周期）、预制梁的总量和预制场台座数量等要素展开。
>
> 计算式如下：总工期 ÷ 每次梁预制时间 = 预制次数；预制梁总量 ÷ 预制次数 = 台座数量。只需将本题中的信息代入计算即可得出答案。
>
>
>
> 多孔（跨）桥

2. 列式计算图 2 中预制台座的间距 B 和支撑梁的间距 L。（单位以 m 表示）

参考答案：

$B = (2000/1000) \div 2 \times 2 + 2 = 4\text{m}$

$L = 30 - 0.6 \times 2 = 28.8\text{m}$

解析：根据图示，B 表示 T 梁台座中心线之间的距离。根据背景信息中提供的"现浇湿接缝钢筋不弯折，两个相邻预制台座间要求具有宽度 2m 的支模及作业空间"，我们可以得出以下结论：在浇筑混凝土 T 梁时，要求两片梁之间保留 2m 的作业间距，同时湿接缝钢筋不弯折。根据图 1 计算可得，每片 T 梁的中心线到湿接缝钢筋边缘的距离为 1m。

基于以上信息，可以得出相邻台座之间的距离 B 等于每片 T 梁中心线至湿接缝钢筋之间的宽度 1m 加上作业间距 2m，即 $1 + 1 + 2 = 4\text{m}$。

T 梁预制台座

3. 给出预制场围护的正确做法。

参考答案：

（1）沿预制场四周连续设置围挡（墙），除大门出入口外不得留有缺口。

（2）围挡（墙）高于 1.8m，应为金属或砌体等硬质材料，并保证坚固、稳定、整洁、美观。

解析：二级建造师考试经常考核围挡的相关知识，考试通常会侧重围挡的高度和材质进行考核，并且改错题在这方面的考核中较为常见。

4. 事件一中的钢绞线应如何存放？

参考答案：

应存放在专门的仓库，仓库应干燥、防潮、通风良好、无腐蚀气体和介质；如存放在室外，不得直接堆放在地面上，必须垫高、覆盖、防腐蚀、防雨露，存放时间不宜超过 6 个月。

> **解析：** 本题涉及材料存放的通用知识点。除了金属材料的存放，备考时还应该总结其他常见材料的存放要求。例如，橡胶类材料（如密封橡胶圈、橡胶止水带等）的存放要求包括避免暴晒、避免存放在超低温环境下，存放仓库不能有腐蚀性材料等；水泥材料的存放要求包括防潮、不与其他材料混存等。
>
> 因此，在备考过程中，我们应该将这些通用的材料存放知识点进行总结归纳，并举一反三，全面了解各种材料的存放要求，提高备考的综合能力。

5. 事件二中，T梁混凝土应如何正确浇筑？

参考答案：

正确浇筑顺序：从梁的一端向另一端，水平分层浇筑，下部捣实后浇筑腹板、翼板。

> **解析：** 本题目在教材上找不到原文，不过背景中"混凝土浇筑采用从一端向另一端全断面一次性浇筑完成"这句话从考试角度上讲，一定是错误的，即便不知该如何回答正确做法，最起码也可以把肯定错误的这句话向着相反的方向回答。

预制梁混凝土浇筑

案 例 4

背景资料

某公司承建一快速路工程，道路中央隔离带宽2.5m，采用A路缘石，路缘石外露0.15m，要求在通车前栽植树木，主路边采用B路缘石，下图为道路工程K2+350m断面图，两侧排水沟为钢筋混凝土预制U形槽，U形槽内部净高1m，现场安装。护坡采用六角护坡砖砌筑。

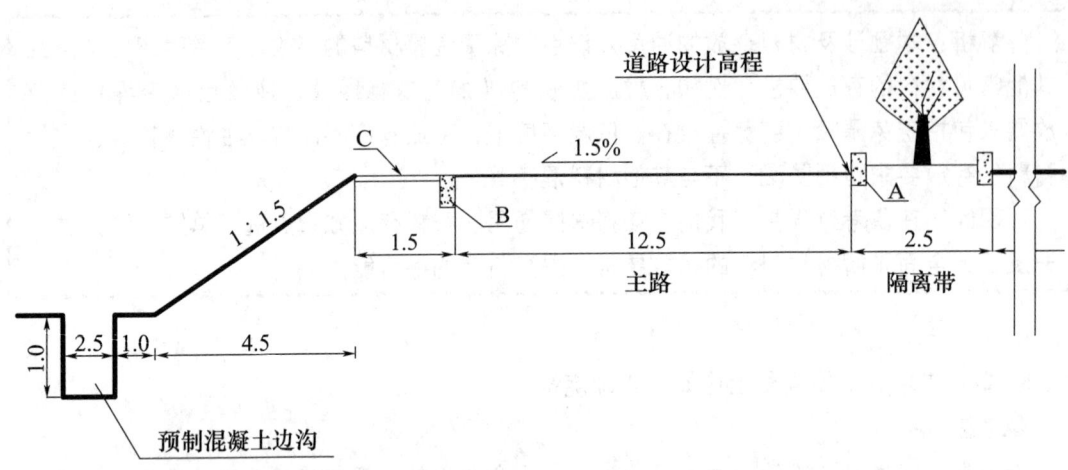

道路 K2+350m 断面图

说明：
1. 道路 K2+350 位置路面设计高程为 70.87m。
2. 本图中单位为 m。

问题

1. 列式计算道路桩号 K2+350m 位置边沟内底设计高程（主路及 C 部位坡度均为 1.5%，保留两位小数）。

2. 本工程中道路附属构筑物中的分项工程有哪些？

3. 上图中 C 的名称是什么？在道路中设置 C 的作用是什么？C 属于哪一个分部工程中的分项工程？

4. 本工程 A、B 为哪一种路缘石？根据这两种路缘石的特点，说明本工程为什么采用这两种路缘石。

5. 简述两侧排水 U 形槽施工工序。

参考答案

1. 列式计算道路桩号 K2+350m 位置边沟内底设计高程（主路及 C 部位坡度均为 1.5%，保留两位小数）。

参考答案：

70.87 − (12.5 + 1.5) × 1.5% − 4.5 ÷ 1.5 − 1 = 66.66m

> **解析：** 根据题目要求，需要计算边沟内底的设计高程。在案例背景中已提供了道路的设计高程，我们需要根据道路的设计高程、横坡、边坡，以及对应的宽度来计算相应的高差，最后减去边沟的深度。
>
> 在图中，道路的设计高程为 70.87m，横坡坡度为 1.5%，道路宽度加 C 的宽度为

12.5 + 1.5 = 14m。那么道路边坡的上坡脚高程为 70.87 − 14 × 1.5% = 70.66m。

道路边坡的坡度为 1∶1.5,并且从上坡脚到下坡脚的水平距离为 4.5m。因此,下坡脚的设计高程为 70.66 − 4.5 ÷ 1.5 = 67.66m。

根据设计,边沟的深度为 1m。因此,边沟内底的设计高程为 67.66 − 1 = 66.66m。

2. 本工程中道路附属构筑物中的分项工程有哪些?

参考答案:

附属构筑物中的分项工程有路缘石、排水沟、护坡。

解析: 道路常识是当前经常考核的考点之一,其中包括《城镇道路工程施工与质量验收规范》CJJ 1—2008 中的道路分部分项检验批划分表格。尽管教材尚未收录这类表格,但在实际施工中,分部分项工程的划分非常重要,在后续考试中很可能还会继续考核。因此,在备考过程中,建议尽量熟悉道路、桥梁和给排水管线等方面的分部分项检验批划分表格,以增加备考的全面性。

此外,即使不熟悉规范的具体规定,也可以通过分析案例背景来得出答案。在案例背景中提到了 A、B 路缘石、边沟、护坡及图中的 C。由于后面的问题涉及"C 属于哪一个分部工程中的分项工程",因此 C 不可能是道路的附属构筑物。综上所述,可以将剩下的三项作为本小问的参考答案。

分部工程	子分部工程	分项工程	检验批
附属构筑物	—	路缘石	每条路或路段
		雨水支管与雨水口	每条路或路段
		排(截)水沟	每条路或路段
		倒虹管及涵洞	每座结构
		护坡	每条路或路段
		隔离墩	每条路或路段
		隔离栅	每条路或路段
		护栏	每条路或路段
		声屏障(砌体、金属)	每处声屏障墙
		防眩板	每条路或路段

3. 上图中 C 的名称是什么？在道路中设置 C 的作用是什么？C 属于哪一个分部工程中的分项工程？

参考答案：

（1）C 的名称为路肩。

（2）设置路肩的作用：

① 保护行车道结构稳定，防止水对路基侵蚀。

② 供行人、自行车通行，以及作为机动车的紧急停车带。

③ 提供侧向余宽和视距，有利于安全，增加舒适感。

④ 作为地下、地上设施的位置及养护操作场地。

（3）C 属于路基分部工程中的分项工程。

> **解析：** 教材中提及路肩这个术语，但未对其功能、施工要求等进行详细介绍。路基是路基分部工程中的一个分项工程，而路肩又可分为土路肩和硬路肩两类。土路肩通常设置在国道两侧，而城市道路或高速公路通常设置硬路肩。
>
>
>
> 　　　　硬路肩　　　　　　　　　　　　　土路肩

4. 本工程 A、B 为哪一种路缘石？根据这两种路缘石的特点，说明本工程为什么采用这两种路缘石。

参考答案：

A 属于立缘石（立侧石）；B 属于平缘石（平侧石）。

理由：中央绿化隔离带有绿化树木，需要经常浇水，利用立缘石可以挡水。

因为快速路一般需要路面排水，平缘石排水效果较好。

> **解析：** 路缘石又称路侧石，可以分为立缘石（立侧石）和平缘石（平侧石）。路缘石一般是在基层施工后、面层施工前进行安装。另外需要注意一个常识："平缘石"并非"平石"，平石一般是立缘石旁边砌筑的石材或混凝土砌块。

立缘石（立侧石）

平缘石（平侧石）

平石

5. 简述两侧排水 U 形槽施工工序。

参考答案：

测量放线、沟槽开挖、基础处理、垫层施工、铺筑结合层、U 形槽安装、调整（高程、轴线）、U 形槽勾缝、外侧回填土。

解析：本题目属于施工常识，需要平时多观察。U 形槽一般设置在高速公路填方段两侧的排水沟，在城市道路中应用并不多见。考生可以通过案例背景和题目中的"两侧排水"判断出 U 形槽主要用于排水，可以将其视为一个管道，而管道的施工工序相对而言容易描述。因此可以按照管道的施工工序描述 U 形槽施工工序，这样也可以得到绝大部分分数。

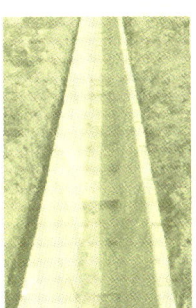
U 形槽施工

案 例 5

背景资料

甲公司中标跨河桥梁工程，工程规划桥梁建成后河道保持通航，要求桥下净空高度不低于10m。桥梁下部结构采用桩接柱的形式，下图为桥梁下部结构横断面示意图。

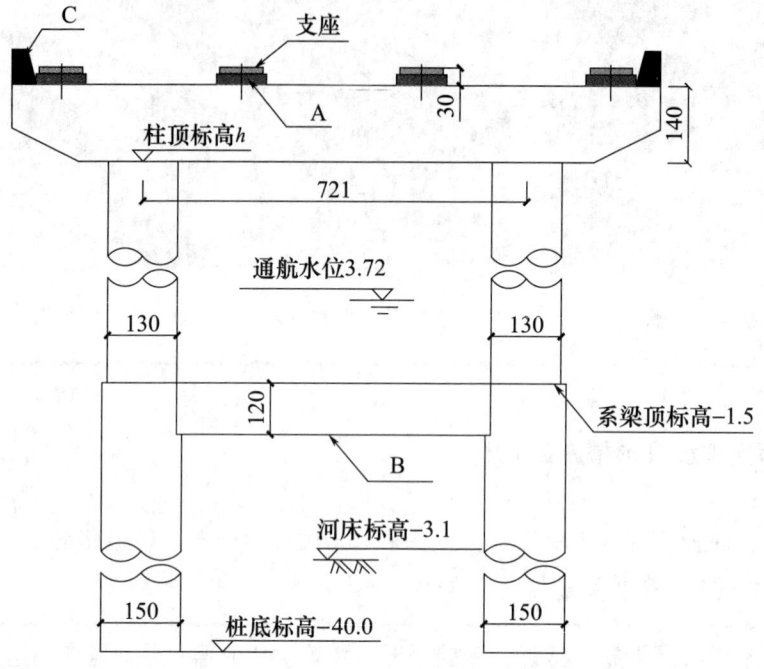

桥梁下部结构横断面示意图

说明：
1. 本图标注单位除高程为 m 外均为 cm。
2. 工程河道通航水位即为施工水位。

工程施工方案有如下要求：

（1）因桥梁的特殊情况，方案决定桥梁下部结构采取筑岛围堰形式，即桩基施工时采用河道筑岛，待桩基础完成再开挖进行下部结构后续施工。

（2）桥梁桩基采用钻孔灌注桩，施工前项目部对钻孔灌注桩制定了如下工艺流程：场地平整→桩位放线→开挖浆池、浆沟→护筒埋设→钻机就位、孔位校正→成孔→……→成桩。

（3）根据本工程实际情况，项目部施工方案中对盖梁拟采用双抱箍桁架的工艺施工，上部结构T形梁自重35t，项目部采用穿巷架桥机方式进行桥梁的架设工作。

问题

1. 将背景资料中钻孔灌注桩省略部分施工工艺流程补充完整。
2. 示意图中 A、B、C 的名称是什么？简述其作用。
3. 计算本工程的桩长，并简要叙述 B 的常规施工流程。
4. 如果不考虑预拱度与道路坡度，本工程柱顶标高 h 最小应为多少米？
5. 依据中华人民共和国住房和城乡建设部令第 37 号和建办质〔2018〕31 号文件，本工程有哪些分部分项工程需要组织专家论证，并说明理由。

参考答案

1. 将背景资料中钻孔灌注桩省略部分施工工艺流程补充完整。

参考答案：

一次清孔→终孔验收→下钢筋笼→下导管→二次清孔→浇筑水下混凝土→拔出护筒。

> **解析：** 钻孔灌注桩施工工艺流程中最主要的内容如下：场地平整→桩位放线→开挖泥浆池、浆沟→护筒埋设→钻机就位、孔位校正→成孔→一次清孔→终孔验收→下钢筋笼→下导管→二次清孔→浇筑水下混凝土→拔出护筒→成桩。当前建造师市政专业考核最多的就是流程类题目，任何一个工序都有可能以流程补充的形式出题，所以在后期备考中，遇到施工工序要多练习。

2. 示意图中A、B、C的名称是什么？简述其作用。

参考答案：

A的名称是垫石。作用：调整高程、坡度；保证上部结构与盖梁净空；平稳传递荷载；便于后期更换支座。

B的名称是系梁。作用：把两个桩或墩连成整体受力，增加横向稳定性。

C的名称是防震挡块。作用：防止主梁在横桥向发生落梁现象。

> **解析：** 桥梁的上部结构与下部结构之间的分界点是桥梁的支座，支座顶面的高程是决定上部结构的主要控制点。然而，在桥墩、盖梁和桥台台帽的施工中，高程可能存在一定的误差，并且盖梁的施工还涉及预应力张拉过程。为了解决这些问题，可以在下部结构（墩顶、盖梁、桥台台帽）与支座之间进行二次浇筑混凝土垫石。垫石的作用是调整高程和坡度，可以在一定程度上弥补施工中的误差，并为后期更换支座提供一定的操作空间。
>
> 系梁是用于增加桥梁横向稳定性的结构元素。当在桥梁横断面方向上，两个或多个墩柱顶部有盖梁相连且墩柱高度较高时，会设计系梁。系梁与上部盖梁和墩柱形成一个整体，以增加桥梁的横向稳定性。
>
> 防震挡块的设置也不是完全一样。有些桥梁只在盖梁的两端设置防震挡块，而有些桥梁会在每一片T梁两侧都设置防震挡块。

挡块

系梁

垫石

3. 计算本工程的桩长，并简要叙述 B 的常规施工流程。

参考答案：

（1）桩长：$-1.5-1.2-(-40.0)=37.3m$。

（2）B（系梁）施工流程：系梁底模（或垫层）→绑扎桩接柱钢筋→系梁钢筋→支模板→浇筑混凝土→养护→拆模。

> 解析：从案例背景图中可知，桩顶与系梁的高度部分是重合的，因此在施工过程中，这部分混凝土可以与系梁同时浇筑，工程量需计入系梁中。尽管在灌注桩施工时，这部分混凝土也会被灌注，但它实际上是属于桩基本身应超灌的部分，即使没有设置系梁，为保证桩顶混凝土的质量，也应超灌。
>
> 系梁的设置方式有两种：一种是在桩顶设置，另一种是在较高的墩柱中间半空中设置。这两种方式在施工工序上略有不同。在桩顶设置系梁时，只需在地面上设置垫层，然后进行系梁钢筋、侧模和混凝土的施工。而如果是在墩柱中间半空中设置系梁，就必须先使用抱箍桁架或满堂支架来支撑系梁底模板，然后进行系梁钢筋、侧模板和混凝土的施工。

4. 如果不考虑预拱度与道路坡度，本工程柱顶标高 h 最小应为多少米？

参考答案：

桥跨最下缘要求设计高程：$3.72+10=13.72m$。

墩柱顶设计高程：$13.72-1.4-0.3=12.02m$。

> 解析：如题图所示，通航要求是指通航水位至桥跨结构最下缘之间的距离，而桥跨结构的下缘也就是支座的顶面标高的距离（不考虑预拱度与道路横坡），那么支座顶标高即为通航水位加桥下净空（10m），即为13.72m，而墩柱顶标高等于支座顶部标高减去0.3m（支座与垫石的高度），再减去盖梁的高度（1.4m），可以得出墩柱顶标高为12.02m。依据桥梁定义计算题目以前考核得还相对较少，不过以后这类简单的计算题目很有可能逐步出现在考试中。

5. 依据中华人民共和国住房和城乡建设部令第 37 号和建办质〔2018〕31 号文件，本工程有哪些分部分项工程需要组织专家论证，并说明理由。

参考答案：

需要组织专家论证的分部分项工程有系梁基坑土方开挖、支护、降水工程，穿巷架桥机安装和拆卸工程。

理由：本工程T形梁自重超过30t，穿巷架桥机自身的安装和拆卸必须组织专家论证。本工程通航水位标高3.72m，桩顶标高-1.5m，系梁基坑从筑岛顶部开挖，深度超过5m，需要组织专家论证。

解析:"两专"是当前建造师市政专业分值最高的考点,但是前面相关的内容已经考核过多次,所以后期再进行考核,很有可能开始考核说明理由,对于说明理由这类题目,需要对中华人民共和国住房和城乡建设部令第 37 号和建办质〔2018〕31 号文件高度熟悉。

案 例 6

背景资料

某公司中标新建水厂大清水池工程,现浇清水池内部尺寸 80m×17.5m×6.8m(长×宽×高),设计水深 5.4m,内部平均设置 3 道内隔墙。清水池底板厚 0.8m,顶板厚 0.35m,侧墙 0.4m,隔墙厚度均为 0.25m。水池顶板采用满堂支架法。水池采用自防水混凝土,强度等级 C40,抗渗等级 P8,水池顶板与侧墙单独浇筑,采用盘扣式支架支撑。

地质资料显示,本工程土质为粉土和粉质黏土地层,地下水位埋深 8.5m,施工时无须考虑降水。依据开挖方案,在清水池基坑的北侧部分边坡采用土钉墙支护,土钉墙整体长度 50m,土钉墙剖面如示意图所示。

土钉墙边坡面层混凝土喷射分两次进行,为保证两次喷射混凝土衔接紧密,项目部要求在下层混凝土初凝前将上层混凝土喷射完毕,且要求喷射混凝土顺序为自上而下进行。

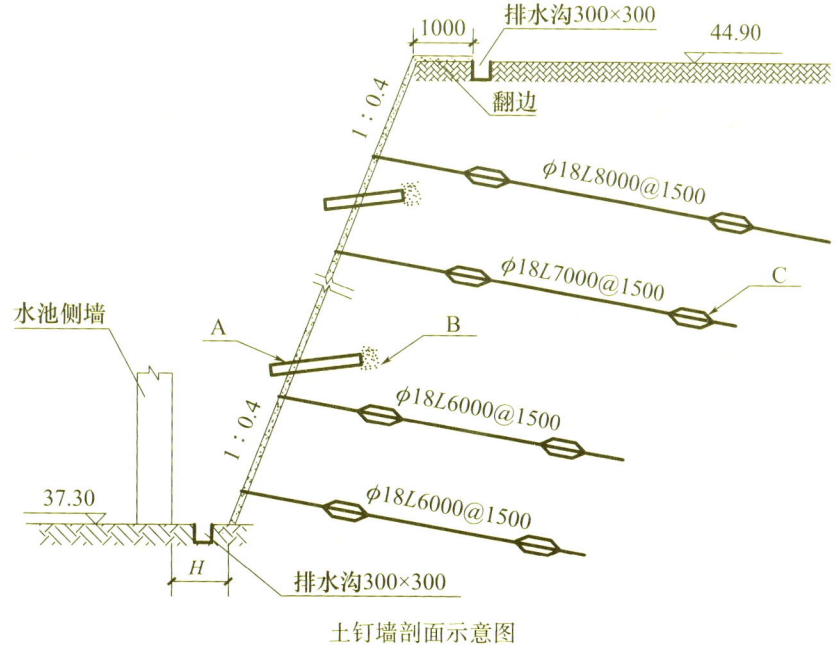

土钉墙剖面示意图

说明:

1. 本工程高程单位为 m,其余标注均为 mm。
2. 基坑采用土钉墙支护,土钉孔安放土钉后进行注浆,土钉墙面层喷射 100mm 厚 C20 混凝土。
3. 基坑顶部、底部均设置 300×300 排水明沟。

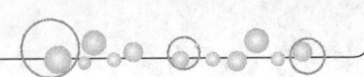

问题

1. 本工程中施工单位需要对哪些分部分项工程组织专家论证？说明理由。
2. 指出示意图中 A、B、C 的名称，简述其作用。
3. 示意图中土钉"$\phi18L8000@1500$"表达的意思是什么？
4. 图中 H 的最小距离应该是多少米？本工程需要喷射 C20 混凝土多少立方米？
5. 混凝土喷射的方法是否有不妥之处？如有不妥之处，请改正。简述喷射混凝土时对环境的要求。
6. 上图中基坑顶部除了坡顶硬化与排水沟，还缺少哪些必要的设施？

参考答案

1. 本工程中施工单位需对哪些分部分项工程组织专家论证？说明理由。

参考答案：

（1）需专家论证工程：基坑土方开挖工程，土钉墙围护工程，水池顶板模板支撑工程。

（2）理由：由图计算，基坑开挖深度为 7.6m，超过 5m；本工程水池内总长 80m，平均设 3 道隔墙，每段跨度 20m，跨度大于 18m。

> 解析：根据建办质〔2018〕31 号文件的规定，开挖深度超过 5m（含 5m）的基坑土方开挖、支护、降水工程需要进行专家论证。然而，在本题中，尽管基坑的开挖深度为 7.6m，超过 5m 的限制，但是考虑到地下水埋深为 8.5m，因此降水工程并不需要考虑。所以，在本题中，基坑土方开挖和支护工程需要进行专家论证。
>
> 另外，根据文件规定，混凝土模板支撑工程搭设的跨度超过 18m 时需要专家论证，通过计算，本题中混凝土模板支撑的跨度 20m，因此也需要进行专家论证。

2. 指出示意图中 A、B、C 的名称，简述其作用。

参考答案：

A 为排水管（泄水孔）；作用是排除土钉墙后面土体中的积水，减小土钉墙后的土压力。

B 为反滤层，作用是滤土排水。

C 为对中支架，作用是确保土钉在孔道内居中，使水泥浆对土钉达到充分包裹，与土体紧密结合。

> 解析：实际施工中，不管是挡土墙、土钉墙还是隧道的一次衬砌，都需要将结构后背土体中的水排出，所以都有排水孔（泄水孔），且需要在排水孔后面土体中放置碎石（反滤层）来防止泥砂流失。土钉墙施工是在修整的边坡打孔后安放土钉，打孔孔径比

土钉直径大一些,以方便安装,安装后的土钉需要固定,所以要对孔与土钉之间的间隙进行注浆。为防止土钉在孔道中偏移中心位置,造成浆液不能对土钉充分包裹,还需要在土钉周围设置对中支架。

土钉墙泄水孔

3. 示意图中土钉"$\phi 18 L 8000@1500$"表达的意思是什么?

参考答案:

$\phi 18 L 8000@1500$ 表示土钉的钢筋直径18mm,土钉长度为8m,土钉横向间距为1.5m。

解析: 当前考试图形越来越重要,后期备考需要注意图形中的基本常识内容。

4. 图中 H 的最小距离应该是多少米?本工程需要喷射 C20 混凝土多少立方米?

参考答案:

(1) 图中 H 的最小距离应该是1m。

(2) 本工程需要喷射混凝土用量:

$$\sqrt{(44.9-37.3)^2+[(44.9-37.3)\times 0.4]^2}=8.19m$$

$(8.19+1)\times 50\times 0.1=45.95m^3$

所以本工程需要喷射 C20 混凝土 $45.95m^3$。

解析: 第一小问中,因为排水沟布置需要在建筑基础边 0.4m 以外,沟边缘距离边坡坡脚应不小于 0.3m,图中排水沟本身 0.3m,三个数字相加,所以 H 不应小于 1m。

在第二小问中,需要计算喷射混凝土的用量。根据背景信息和图纸说明可知,土钉墙的长度为 50m,喷射混凝土的厚度为 0.1m。此外,边坡的斜长可以通过基坑高差并应用勾股定理计算得出。需要注意的是,在计算喷射混凝土用量时,还需考虑到喷射混凝土上坡脚的翻边,因此在计算中需要将这 1m 也纳入考虑范围。

5. 混凝土喷射的方法是否有不妥之处？如有不妥之处，请改正。简述喷射混凝土对环境的要求。

参考答案：

（1）不妥一：下层混凝土初凝前将上层混凝土喷射完毕。

正确做法：分层喷射混凝土时，应在前一层混凝土终凝后进行后一层混凝土的喷射。

不妥二：混凝土喷射顺序自上而下。

正确做法：喷射混凝土应由下而上进行。

（2）喷射混凝土对环境要求：现场湿度和环境温度必须满足规范要求，当有六级（含）以上大风、降雨、冰冻时，不得进行喷浆施工。

> **解析：** 本考点在教材中未进行详细介绍，改正错误可以按照该类型题目的规律作答，与案例背景中描述的做法反向操作即可。对于环境要求，应该是绝大多数施工的通用要求。

6. 上图中基坑顶部除了坡顶硬化与排水沟，还缺少哪些必要的设施？

参考答案：

缺少安全防护设施（防护围栏、密目安全网、安全警示标志、夜间警示灯）、防淹墙（挡水围堰）。

> **解析：** 基坑考试中有两个高频考点：基坑安全防护和雨期施工。基坑安全防护包括防护栏杆、密目安全网、安全警示标志和夜间警示红灯等措施；雨期施工主要涉及基坑顶部的防淹墙或挡水围堰、地面硬化、排水沟，以及基坑坡面的硬化或覆盖，另外还包括基坑底部的排水沟、集水坑和抽水设备等。本案例考核的焦点是基坑顶部，其中安全防护设施是主要评分点。此外，由于基坑顶部已经完成了硬化和排水沟的建设，所以只需要补充防淹墙或挡水围堰即可。

基坑顶部防淹墙、防护栏、排水沟

案 例 7

背景资料

A公司承接了3.5km城市主干道工程施工,道路结构、横断面如下图所示:

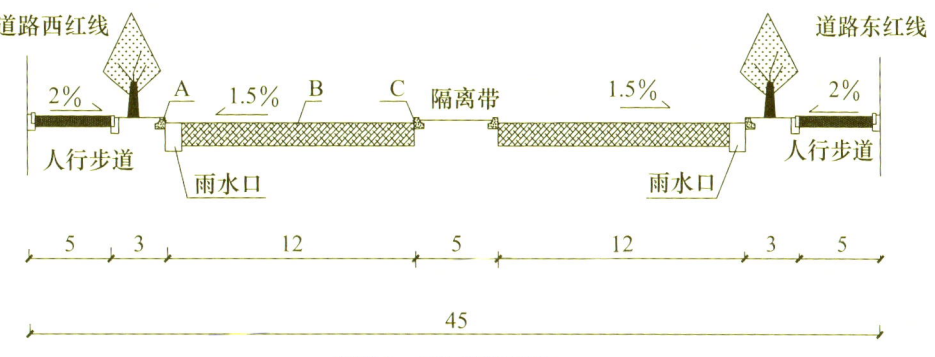

道路0+050横断面图

说明:0+050道路设计高程45.245

单位:m

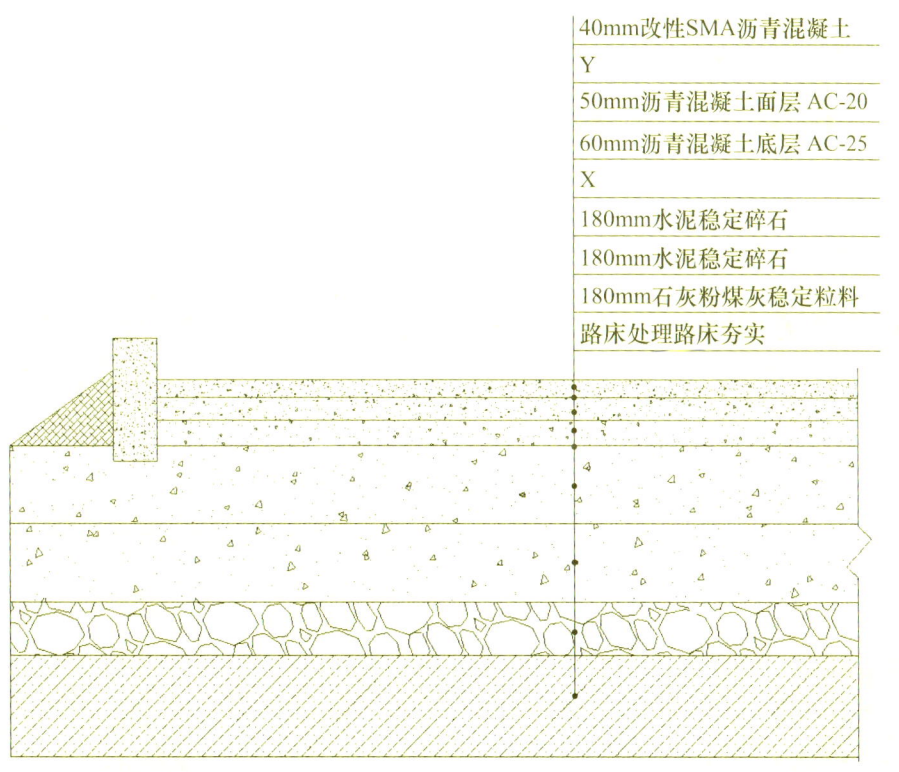

道路结构图

西侧道路路中位置有雨水管线，路基和基层施工中将雨水检查井和雨水口周围的施工作为本次施工的重点，要求采取可靠的措施保证压实度。

路面施工过程中，施工单位对上面层的压实十分重视，确定了质量控制关键点，并就压实工序做出如下书面要求：①初压采用双钢轮振动压路机静压1~2遍，初压开始温度不低于140℃；②复压采用双钢轮振动压路机，碾压采取低频率、高振幅的方式快速碾压，为保证密实度，要求振动压路机碾压4遍；③终压采用轮胎压路机静压1~2遍，终压结束温度不低于80℃；④为保证搭接位置路面质量，要求相邻碾压带重叠宽度应大于30cm；⑤为保证沥青混合料碾压过程中不粘轮，应采用洒水车及时向混合料喷雾状水。

因改性SMA面层不能当天完成，需在面层上留设横向冷接缝。第二天摊铺时施工单位对接缝位置按照相关规范进行了处理。

问题

1. 道路横断面图中，道路高程是指A、B、C中哪一个具体位置？在实际中，路宽是否包括路缘石的宽度？
2. 道路结构图中，X、Y代表什么？说明其施工注意事项。
3. 在施工过程中，雨水检查井和雨水口周围应如何处理才能有效保证其压实度？
4. 施工单位对上面层碾压的规定有不合理的地方，请改正。
5. SMA冷接缝如何处理才可以保证其质量。

参考答案

1. 道路横断面图中，道路高程是指A、B、C中哪一个具体位置？在实际中，路宽是否包括路缘石的宽度？

参考答案：

C点的高程为道路设计高程，道路设计宽度不包括路缘石宽度。

> 解析：本题考核内容并非教材知识点，而是施工中的常识。在试卷中，道路设计高程通常会进行标记，如果案例背景中未进行标记，则需要观察道路是否有中分带（中央隔离带）。若没有中分带，道路的设计高程即为表面层中心线的位置；若存在中分带，道路的设计高程则为表面层与中分带路缘石接触的位置。此外，道路宽度指的是净宽度，即不包括路缘石在内的实际道路宽度。

2. 道路结构图中，X、Y代表什么？说明其施工注意事项。

参考答案：

（1）X为沥青乳液透层油，Y为粘层油。

（2）施工注意事项：

①下承层干燥、清洁，附属构筑物外露面覆盖。

② 透层油提前 1d 喷洒，粘层油当天洒布。
③ 试洒确定用量，洒布均匀。
④ 不能在雨、雪或大风环境下洒布。

> **解析**：透层和粘层都属于沥青混凝土面层子分部工程的分项工程。透层油是在非沥青基层上准备摊铺底层沥青时进行喷洒的。而粘层油是在沥青混凝土面层之间或水泥混凝土面层上加铺沥青混凝土时喷洒的。透层油需要在摊铺面层前 1d 进行喷洒，以确保乳化沥青能够渗透到基层一部分，而粘层油则是在当天喷洒。本题施工注意事项的相关内容并非完全来自教材，其中一部分要求是施工中的常识。

3. 在施工过程中，雨水检查井和雨水口周围应如何处理才能有效保证其压实度？
参考答案：
在施工过程中，雨水口和雨水检查井周围因场地狭小，应采用小型夯实机具夯实；回填材料应采用石灰土或石灰粉煤灰砂砾回填。

> **解析**：挖土路基教材上有相应的介绍，这种考点即便在考场上不记得教材中是如何描述的，也可以从机具和材料两个方向进行回答。机具方面，因为检查井和雨水口范围较小，很难用大型的机具施工，所以一定采用较小的施工机具进行施工。同样，小范围的回填夯实有困难，那么施工材料应尽量采用后期能够进行板结硬化的石灰粉煤灰砂砾或石灰土。

4. 施工单位对上面层碾压的规定有不合理的地方，请改正。
参考答案：
（1）改性沥青初压温度应不低于 150℃。
（2）应采取高频率、低振幅的方式慢速碾压，碾压遍数要根据试验确定。
（3）改性沥青不得采用轮胎压路机，碾压终了温度应不低于 90~120℃。
（4）相邻碾压带重叠宽度应为 100~200mm。
（5）不粘轮措施应为对压路机钢轮刷隔离剂或防粘结剂，或向碾压轮上喷淋添加少量表面活性剂的雾状水。

> **解析**：改错题，真正的沥青混凝土考核还没有进行过如此细致的考核，这里考核得比较具体。当然真正的案例真题不会将如此多的考点都放在一起集中考核。

5. SMA 冷接缝如何处理才可以保证其质量。
参考答案：
（1）垂直切割已摊铺 SMA 面层，与中面层接缝错开 1m 以上。

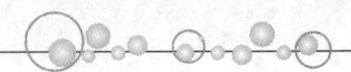

(2) 压路机从切割完成的接缝位置通过时，需垫木板或方木。
(3) 铺新料前将接槎处涂刷粘层油，并对其加热软化。
(4) 摊铺新料后先沿接缝处横向骑缝碾压，再进行纵向碾压。

> **解析**：本题目是关于如何处理 SMA 冷接缝以确保其质量的问题。在处理 SMA 冷接缝时，最重要的是确保不同时间段摊铺的沥青混凝土能够紧密结合，使新老沥青之间过渡平稳，形成一个整体。为了实现这个目标，需要注意以下几点：首先，上下层接缝的位置应该错开，以避免应力集中；其次，在施工过程中要保护接缝位置，避免破损；再次，采取有效的措施确保新老沥青之间的衔接；最后，为了确保平整度，必须优先控制接缝位置的高程。通过遵循这些要点，可以提高 SMA 冷接缝的质量，使道路表面更加平整耐久，实现新老沥青的紧密结合和平稳过渡。

案 例 8

背景资料

A 单位承建一项污水泵站工程，主体结构采用沉井，埋深 15m，现场地层主要为粉砂土，地下水埋深为 4m，采用排水下沉。沉井下沉的安全专项施工方案经过专家论证。泵站的水泵、起重机等设备安装项目分包给 B 公司。

为了避免沉井下沉过程中因受力不均匀而导致井壁出现裂缝，泵站采用了圆形结构，并在井筒设计中引入了带有内隔墙的形式（图1），以增强结构的稳定性。沉井各部位的名称如图 2 所示。考虑到泵站处于地下水位较高的环境中长期运营，制作井筒时采用了图 3 所示的螺栓形式，用于固定沉井井筒模板。

沉井的起沉点自地面向下挖深 3.5m，对地基处理后施作沉井垫层，该垫层由 350mm 粗砂和 150mm 素混凝土构成。基础验收合格后进行刃脚和井筒施工。采用分次制作分次下沉的形式。

随着沉井入土深度增加，井壁侧面摩擦阻力不断加大，沉井下沉受阻。项目部决定采用触变泥浆减阻措施，使沉井继续下沉。沉井下沉到位后施工单位将底板以下超挖部分分层回填砂石并夯实，浇筑底板混凝土垫层、绑扎底板钢筋、浇筑底板混凝土。

B 单位进场施工后，由于没有安全员，A 单位要求 B 单位安排专人进行安全管理，但 B 单位一直未予安排，在吊装水泵时发生安全事故，造成一人重伤。

问题

1. 本工程沉井砂垫层与素混凝土垫层的施工要求有哪些？
2. 补充图 2 中 C、D、E 的名称，并简述其作用。
3. 补充图 3 中 F、G 的名称，并简述其作用。

4. 项目部在干封底中有缺失的工艺，把缺失的工艺补充完整。
5. 除项目部采取的触变泥浆减阻措施外，本工程还可以采取哪些助沉措施？
6. 一人重伤属于什么等级安全事故？A 单位与 B 单位分别承担什么责任？

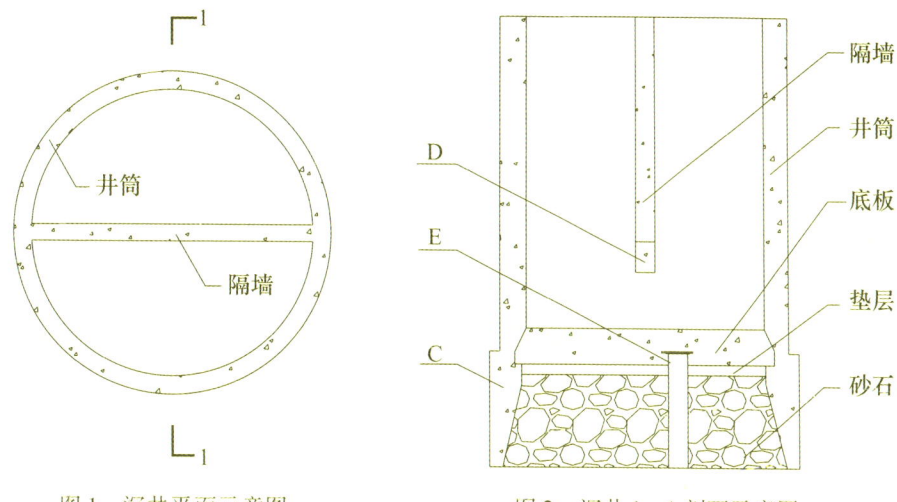

图 1　沉井平面示意图　　　　图 2　沉井 1—1 剖面示意图

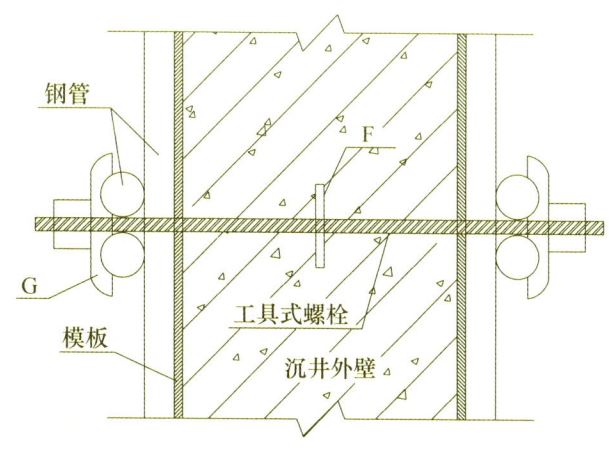

图 3　模板对拉螺栓细部结构图

参考答案

1. 本工程沉井砂垫层与素混凝土垫层的施工要求有哪些？

参考答案：

（1）垫层厚度和宽度满足结构荷载和施工要求。

（2）砂垫层为中粗砂，并分层铺设、分层夯实。

（3）素混凝土垫层表面平整，强度符合设计要求，并于下沉前凿除。

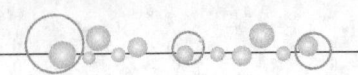

> 解析：沉井知识点内容在新大纲中做了弱化处理，删除了原教材的细节，但是依然可以进行案例考核，只不过考核的内容是结合案例背景及施工常识进行考核。不管是砂垫层还是素混凝土垫层，施工要求无外乎是支撑下沉前的沉井，所以采分点基本上是围绕着几何尺寸、强度、承载力、方便后期施工的角度进行回答。

2. 补充图2中C、D、E的名称，并简述其作用。

参考答案：

C：刃脚，作用是减少井筒下沉时井壁下端切土阻力，便于操作人员挖掘靠近沉井刃脚外壁的土体。

D：梁，作用是承载隔墙重力，增加井壁刚度，防止井筒在施工过程中的突然下沉。

E：泄水井，作用是排除施工和封底过程中的积水，防止地下水上升对沉井底板的破坏，避免沉井结构整体上浮。

> 解析：沉井结构非常适合通过结合图形进行考核。在市政图形题目中，最常考核的是识别图形中某一部位的具体名称和功能。在后期备考阶段，建议多找一些施工剖面图、节点图和大样图，以增强对图形的识别能力和题感，以便能够更好地应对与图形相关的考试题目。

3. 补充图3中F、G的名称，并简述其作用。

参考答案：

F：止水片（止水板），作用是延长渗水路径、增加渗水阻力。

G：山形卡，作用是固定模板，防止其移动和倾斜，确保结构稳定和安全。

> 解析：本题考核内容涉及较多的图形，除了沉井特有的结构名称外，还考核了井筒混凝土施工的通用知识。沉井井筒施工与其他地下结构的侧墙施工相似，属于结构施工通用的知识点。

4. 项目部在干封底中有缺失的工艺，把缺失的工艺补充完整。

参考答案：

（1）设置泄水井，保持地下水位距坑底不小于0.5m。

（2）用大石块将刃脚下垫实。

（3）将触变泥浆置换。

（4）新、老混凝土接触部位凿毛处理。

（5）底板达到强度且满足抗浮要求时，封填泄水井。

解析：新教材中保留了沉井最后的封底工序，但是封底的具体做法已经删除，市政专业经常出现这种删除的工法再次出现在考试中的情况，所以备考沉井知识点时，需对该考点进行适度的拓展。

排水下沉的沉井封底工序包括以下步骤：继续降水以保持地下水位；使用大石块将刃脚下面垫实；如果采用触变泥浆减阻，将泥浆进行置换；对于超挖部分，回填砂石至规定标高；设置垫层并绑扎底板钢筋；对新、老混凝土接触部位进行凿毛和清理；在封底之前设置泄水井；浇筑底板混凝土；当底板达到所需强度并满足抗浮要求时，封填泄水井。本题案例背景中提及的工序有回填、垫层、底板钢筋和浇筑底板混凝土。其他未提及的工序可以根据需要进行补充。

5. 除项目部采取的触变泥浆减阻措施外，本工程还可以采取哪些助沉措施？

参考答案：

还可采取沉井外壁阶梯形灌黄砂减阻、接高井筒或顶部压配重等措施。

解析：沉井在达到一定深度后，井壁与土体之间的摩擦力增大，导致下沉困难。为了解决这个问题，需要采取措施辅助下沉。不管是背景中采用的触变泥浆，还是答案中将沉井外壁做成阶梯状灌黄砂，或者接高压配重，都是为了减少井壁与周围土体的摩擦力。

6. 一人重伤属于什么等级安全事故？A 单位与 B 单位分别承担什么责任？

参考答案：

1 人重伤属于一般事故。A 单位承担连带责任，B 单位承担主要责任。

解析：本考点属于法规的内容，在相关真题中也有涉及，总分包责任划分见本书第二部分"案例 7　2022 年二建案例真题三"解析。

案　例　9

背景资料

A、B、C、D、E 五家公司投标某新建道路工程，工程包括 3.3km 道路，2.8km 给水管线，1.6km 燃气管线，以及三个横穿道路的钢筋混凝土拱形涵洞。招标人 3 月 2 日（周三）发布招标公告，招标公告要求投标截止日期为 3 月 21 日。3 月 10 日，B 投标人提出图纸存在缺失问题；3 月 12 日，招标人向 B 投标人提供了补充图纸；3 月 14 日，招标人又向其余各家投标人提供了补充图纸；3月21日开标工作如期进行。

燃气管线工程为直径400mm螺旋焊接钢管，设计压力1.2MPa，除穿越一条宽度为50m的不通航河道采用水平定向钻法施工外，其余均采用开槽明挖施工。

本工程钢筋混凝土拱涵的底板、涵身为素混凝土，拱券为钢筋混凝土，拱涵验收合格后，在外侧粘贴两层SBS卷材防水。钢筋混凝土拱涵各部位如图1~图4所示。在钢筋混凝土拱涵施工前，项目部拱涵施工顺序做了如下安排：

测量放样→基坑开挖、排水及换填→浇筑垫层→B→拱涵涵身、台座立模→浇筑涵身台座混凝土→C→安装拱券内模→绑扎拱券钢筋→D→对称灌注拱券混凝土→养护拱券混凝土强度达85%设计值→E→施作防水层→涵洞对称填土夯实→出入口、八字墙等附属工程施工。

涵洞回填土前，施工技术人员进行了技术交底，交底要求回填土压实度需要满足规范要求，回填土的含水量控制在最佳含水量以内。

问题

1. 本工程招标人在招标过程中存在哪些问题？写出正确做法。
2. 本工程管道功能性试验如何进行？
3. 写出拱涵施工顺序中缺失的B、C、D、E几个工序名称。
4. 本工程回填技术交底不全，请补充。
5. 写出图4中A的名称，简述其作用。

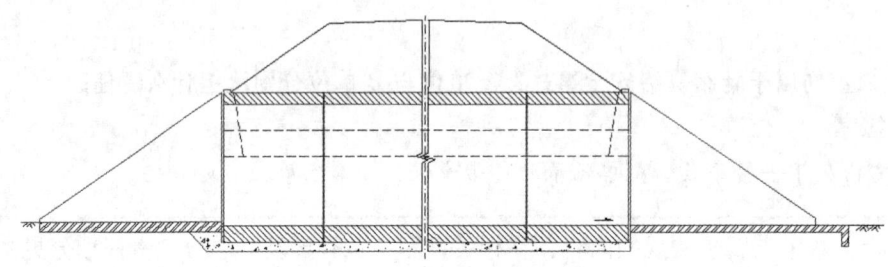

图1 钢筋混凝土拱涵立面图

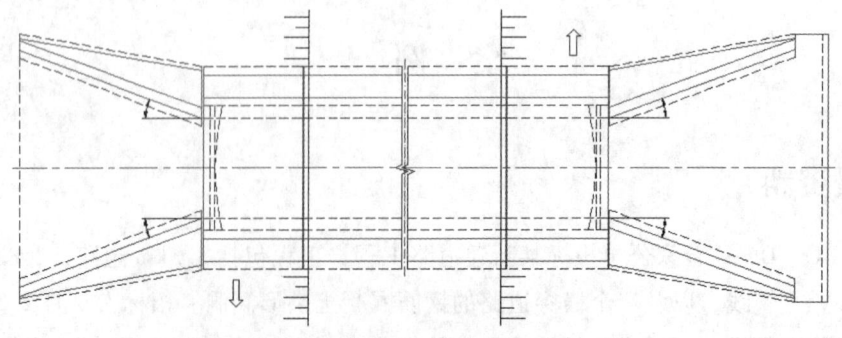

图2 钢筋混凝土拱涵平面图

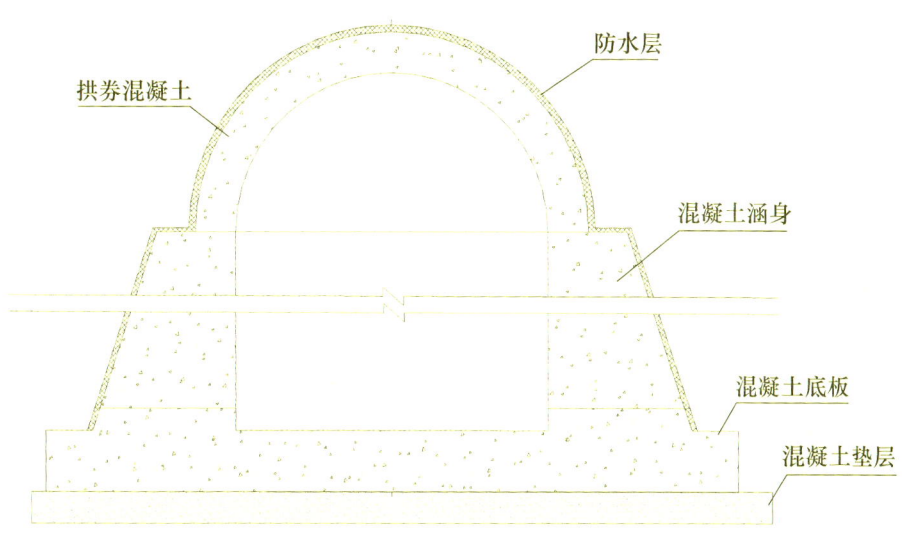

图 3　钢筋混凝土拱涵断面图

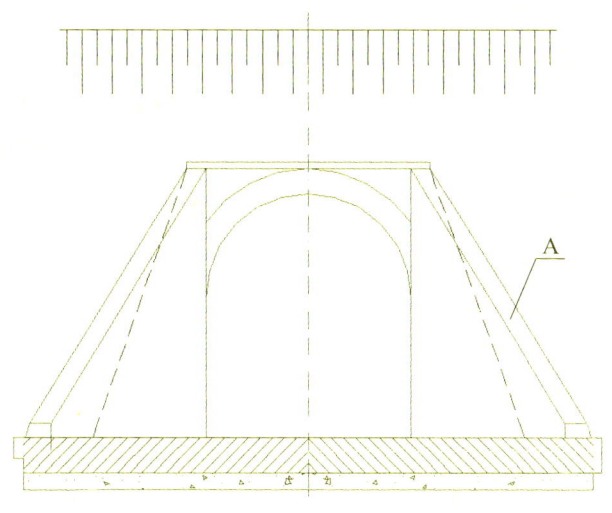

图 4　钢筋混凝土拱涵出水口立面图

参考答案

1. 本工程招标人在招标过程中存在哪些问题？写出正确做法。

参考答案：

（1）招标人单独向 B 投标人提供补充图纸错误。

正确做法：招标人应该在同一时间向所有的潜在投标人提供补充图纸。

（2）投标在 3 月 21 日如期进行错误。

正确做法：本工程投标截止日期应为 3 月 29 日。

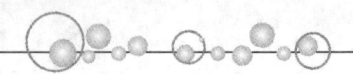

解析：本小题是招标投标内容，考核管理中的知识点，内容并非全部在教材中，题目难度系数不高，市政专业后期考试中很可能将这种招投标常识内容以改错题的形式进行考核。备考中需要牢记招标投标的几个重要时间节点。

2. 本工程管道功能性试验如何进行？

参考答案：

（1）采用清管球分段吹扫试验管道。

（2）回填土至管上方0.5m（留出焊接口）以后进行强度试验，试验压力不低于1.5倍设计压力（1.8MPa），介质为清洁水。

（3）强度试验合格、管线全线回填后，进行严密性试验，试验压力为1.15倍设计压力（1.38MPa），介质为空气。

（4）穿越段不开槽施工试验按相关要求单独进行。

解析：本工程的燃气管道为直径400mm的钢管，按规定，在管道吹扫时必须使用清管球进行清扫。管道的设计压力为1.2MPa，大于0.8MPa，因此在进行强度试验时，需要采用水压试验，试验压力为1.5倍的设计压力，具体数值为$1.2 \times 1.5 = 1.8(MPa)$。此外，在试验之前，应将管道回填至管顶以上0.5m的高度，以便留出焊接接口。对于严密性试验，试验介质为空气，试验压力应为设计压力的1.15倍。具体数值为$1.2 \times 1.15 = 1.38(MPa)$。本工程采用开槽埋管施工与定向钻施工两种方式，需要特别注意的是，在不开槽施工的穿越段需要进行单独的试验。

3. 写出拱涵施工顺序中缺失的B、C、D、E几个工序名称。

参考答案：

B—混凝土底板施工；C—支立拱架；

D—安装拱券外模；E—对称拆除拱架、拱模。

解析：本小问也是当前考试主流题型。考试中需要将背景资料中的工序与图形相结合进行作答。图中的结构有混凝土垫层、混凝土底板、混凝土涵身、拱券混凝土和防水层，而在B工序之前是浇筑垫层，在B工序之后是拱涵涵身、台座立模并浇筑混凝土，明显少了混凝土底板施工这一重要环节，所以依据图形不难分析出来B工序为混凝土底板施工。拱涵的拱券结构介于板和墙之间，所以在施工中既需要支架也需要支设内外模板，这几个工序依次为：先支立拱架再安装拱券内模，在拱券钢筋绑扎完成后，浇筑混凝土之前安装拱券外模。混凝土养护之后、拱涵防水之前需要做的工作很明显是拆除拱券的模板和支架。

4. 本工程回填技术交底不全,请补充。

参考答案:

(1) 拱涵外防水及保护层施工完毕且均已验收合格。

(2) 对回填土进行液限、塑限、标准击实和 CBR 试验。

(3) 回填土前沟槽保证无积水,地下水要低于槽底 0.5m。

(4) 回填前做试验段确定施工参数,并依据参数进行回填。

(5) 涵洞两侧同步对称回填,高差不大于 300mm。

(6) 如涉及分段回填,需将接槎部位留台阶。

> **解析:** 很多考生遇到交底的补充题不会作答,对于这类教材中未介绍的知识点必须紧密结合案例背景资料,并且从多个方位和角度作答。在本题背景资料中提到了对回填土的压实度和含水量两个关键因素的控制,那么作为回填土应该还有其他因素的控制,这里可以结合教材里填土路基中的土需要做液限、塑限、标准击实、CBR 试验,以及填土施工要做试验段,已施工的成品保护、现场地下水控制、分步回填留台阶等知识作答。在回答这类案例题时,一定要将涉及回填土的基坑知识、管线知识和路基知识高度结合。

5. 写出图 4 中 A 的名称,简述其作用。

参考答案:

(1) A 的名称:翼墙(又称八字墙)。

(2) 翼墙位于入口和出口两侧,起挡土和导流作用,同时还可以保护路堤边坡不受水流冲刷。

> **解析:** 图形局部名称及其作用是当前考试主流题型。拱涵各部位名称可参照后面所附立体图,其中端墙和雉墙位于入口和出口处,跟翼墙一起,起到挡土和导流作用,并保护路堤边坡不受水流冲刷。

现浇拱涵出水口八字墙、雉墙

案 例 10

背景资料

甲公司中标一综合管线工程，包括给水管线、热力管线、雨水管线和污水管线，给水管线1800m，管材为DN400mm球墨铸铁管，密封橡胶圈接口，热力管线供回水为DN600mm焊接钢管，雨水管线采用人工顶管法施工，管径DN3500mm，污水管线采用DN600mmHDPE双壁波纹管。

因工程较为复杂，甲公司要求项目部完善项目管理制度，项目管理制度主要包括：项目管理组织机构及职责、技术管理制度、质量管理制度、成本管理制度、进度管理制度、安全管理制度、材料机械管理制度、工程资料管理制度、培训制度等。其中，材料机械管理制度包括物资计划管理，各种大、中、小型机械的安全操作规程等。

给水管线的功能性试验如下图所示。

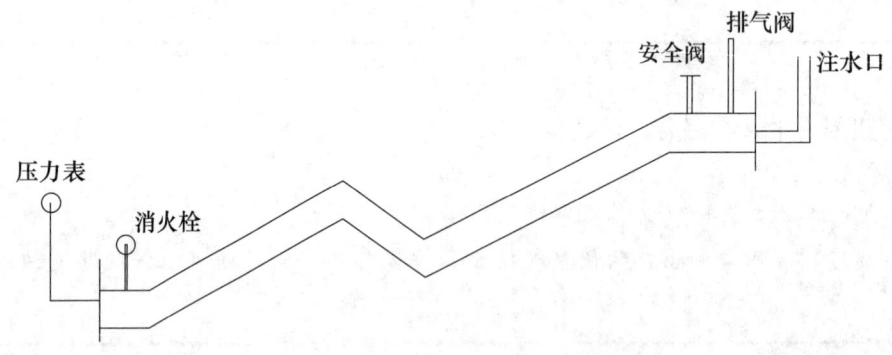

图1　给水管线的功能性试验

热力管线安装前，项目部质检人员除对管材进行常规性检验以外，还对信号线进行了测试，并要求在管道安装时，信号线在管道的侧方。

雨水管线的顶管坑采用DN800钢筋混凝土灌注桩围护结构，外拉锚加固，采用龙门吊下管，项目部编制了顶管施工方案，其中在始发井内的主要内容包括龙门吊安装、顶管后背施工等。

污水管线在检查井砌筑后，回填土至管顶500mm，并且留出管口部位，之后进行闭水试验，施工员在技术交底中注明回填土管道两侧高差不能大于500mm，与其他管线同沟敷设时，先回填无压管线再回填有压管线。

问题

1. 材料机械管理制度还应包括哪些内容？
2. 改正上图中给水管线功能性试验的错误之处。

3. 在热力管线安装前还应测试信号线哪些内容？信号线位置是否正确？
4. 将顶管施工方案中始发井内的工序补充完整。
5. 改正施工单位在污水管线施工中的不妥之处。

参考答案

1. 材料机械管理制度还应包括哪些内容？

参考答案：

材料机械管理制度还应包括：物资采购供应管理、现场物资管理、物资检查与考核。

> 解析：本考点属于教材新增内容，比较适合以案例补充题的形式进行考核。

2. 改正上图中给水管线功能性试验的错误之处。

参考答案：

①压力表应设在两端。②消火栓与安全阀不应安装。③在管道中间高点也要安装排气阀。④注水位置应该在低点进行。⑤在最低端应设泄水管。

> 解析：图形题是未来发展趋势，所以平时就要适应这种考试模式，将文字内容用图的形式表达出来。一般情况下，只要图上标注出来的都要仔细分析。

3. 在热力管线安装前还应测试信号线哪些内容？信号线位置是否正确？

参考答案：

（1）还应测试信号线的通断情况和电阻值。

（2）信号线位置不正确，应安装在管道的上方。

> 解析：本题属于教材原文内容，信号线在热力施工中比较重要，只是这个知识点在教材中不太引起注意。这种在实际中重要，但在教材上轻描淡写的内容很可能进入命题人"法眼"，教材上那些传统的"白马"考点当然是备考的重点，但也不能忽视"黑马"考点，纵观近些年的案例考试，每一年都会有一些意想不到的考点以案例的形式出现。

4. 将顶管施工方案中始发井内的工序补充完整。

参考答案：

应补充：铺设导轨、顶进设备（千斤顶）就位并安装、安装顶铁、洞口拆除、试顶进。

> 解析：本题考核人工顶管中顶管坑内的主要工序，教材未包含此内容。备考时建议拓展知识，阅读相关施工手册、分析工程案例、熟悉技术规范、参考研究论文和行业资

讯。这样可以增加对更多施工工序的了解，提高应对考试问题的能力。

5. 改正施工单位在污水管线施工中的不妥之处。

参考答案：

（1）闭水试验合格后对管道进行回填。

（2）管道两侧压实面的高差不应超过 300mm。

（3）同沟敷设管线回填应先深后浅。

解析： 本题的考核内容是纠正施工单位的错误做法，并没有要求说明理由。所以直接改正即可。对于压力管道而言，要求在进行强度试验之前将管道回填到管顶以上 0.5m，并留出管道接口。而污水管线属于无压管线，要求在功能性试验（闭水试验）合格后进行回填操作。后面两个纠错的难度较低，属于常识性内容。

案 例 11

背景资料

某施工单位中标承建过街地下通道工程，周边地下管线较复杂，设计采用明挖顺作法施工。通道基坑总长 80m，宽 12m，开挖深度 10m；基坑围护结构采用 SMW 工法桩，基坑沿深度方向设有 2 道支撑，其中第一道支撑为钢筋混凝土支撑，第二道支撑为 $\phi 609 \times 16mm$ 钢管支撑，见下图。基坑场地地层自上而下依次为 2m 厚素填土、6m 厚黏质粉土、10m 厚砂质粉土，地下水埋深约 1.5m，在基坑内布置了 5 口管井降水。

项目部选用坑内小挖机与坑外长臂挖机相结合的土方开挖方案，在挖土过程中发现围护结构有两处出现渗漏现象，渗漏水为清水，项目部立即采取堵漏措施予以处理。堵漏处理造成直接经济损失 20 万元，工期拖延 10d。项目部为此向业主提出索赔。

问题

1. 给出示意图中 A、B 构（部）件名称，并分别简述其功用。
2. 根据两类支撑的特点分析围护结构设置不同类型支撑的理由。
3. 本项目基坑内管井属于什么类型？起什么作用？
4. 给出项目部堵漏措施的具体步骤。
5. 项目部提出的索赔是否成立？说明理由。
6. 列出基坑围护结构施工的大型工程机械设备。

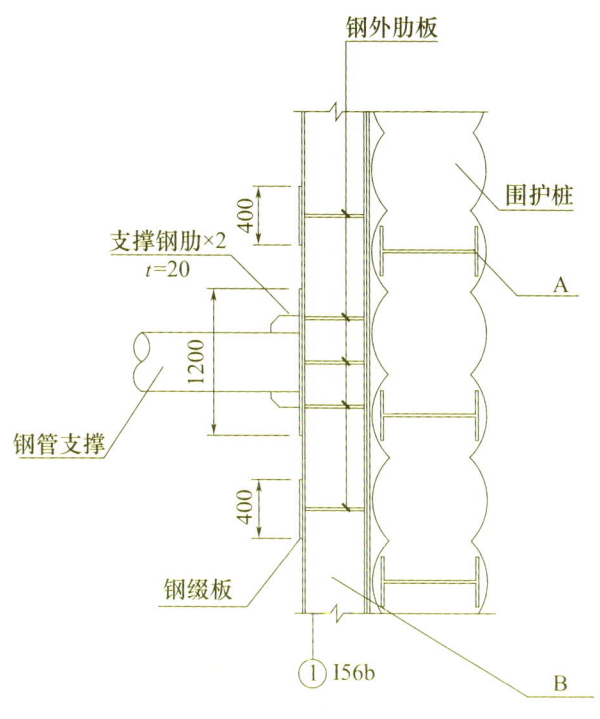

第二道支撑节点平面示意图

参考答案

1. 给出示意图中 A、B 构（部）件名称，并分别简述其功用。

参考答案：

A 是 H 型钢（工字钢）。功用：在围护结构（水泥土搅拌桩）中起到骨架作用，提高围护结构强度（抗剪能力）。

B 是围檩（腰梁、圈梁）。功用：整体受力（均匀受力），将挡土墙的力传递给支撑。

> **解析：** 关于本题中 A 的名称，教材中写的是 H 型钢，但实际施工中也可以使用工字钢。因此，在考试中如果将其写作工字钢也是可以得分的。图中的 B 位于第二道支撑，通常被称为围檩或腰梁、圈梁，但不要将其误写成冠梁，因为冠梁是指位于围护结构顶部与围护桩的竖向投影面重合的部分。
>
> 水泥土搅拌桩这类围护结构的特点是具有较大的刚度，但在基坑外侧土压力较大时，由于其抗剪切能力较差且强度较低，可能导致围护结构破坏、基坑坍塌。为了提升围护结构的抗剪切能力和强度，可以在水泥土搅拌桩的某些单元中插入 H 型钢，从而进行升级。这种升级后的型钢水泥土挡土墙被称为 SMW 工法桩。
>
> 腰梁的主要功能是将围护结构连接成一个整体，使其受力均匀，避免力量集中。此外，围檩还承担将挡土墙所承受的荷载传递给支撑的作用。

2. 根据两类支撑的特点分析围护结构设置不同类型支撑的理由。

参考答案：

（1）第一道采用钢筋混凝土支撑的理由：

① 混凝土支撑刚度大（变形小）；

② 可承受拉应力，整体性强；

③ 施工方便。

（2）第二道采用钢管支撑的理由：

① 安装、拆除方便，速度快；

② 可周转使用（或经济性好）；

③ 可施加预应力控制墙体变形。

> 解析：钢筋混凝土支撑的特点是刚度大、变形小、可靠性强。然而，施工工期较长且拆除较为麻烦。在本工程中，顶部选择采用钢筋混凝土支撑的原因是基坑土质差且地下水位较高，容易导致基坑围护结构顶部发生较大变形。采用混凝土支撑可以有效控制基坑的变形。此外，顶部施工混凝土支撑的开挖深度较小，可以在 SMW 围护结构养护周期内进行施工，并且可以选择在过街地下通道顶板施工后进行拆除或保留。
>
> 钢管支撑的特点是施工速度快、装拆方便、可重复利用且可施加预应力，但其刚度较低且稳定性较差。在本工程中，选择采用钢管支撑的原因是基坑深度达到 10m，并且下部土体的侧压力相对较小。为了减少暴露时间、加快工程进度并降低成本，因此选择了钢管支撑。此外，本工程采用的围护结构是 SMW 工法桩，属于柔性围护结构。当基坑开挖到第二道支撑的位置时，围护结构中间可能出现向基坑内侧变形的情况。如果仍然采用混凝土支撑，在混凝土支撑未达到强度之前，存在混凝土被挤压破碎的风险。

3. 本项目基坑内管井属于什么类型？起什么作用？

参考答案：

（1）本项目基坑内管井属于疏干井。

（2）作用：降低基坑内水位，便于土方开挖；保证基坑坑底稳定。

> 解析：本案例中基坑采用的围护结构是 SMW 工法桩，这种围护结构具备止水帷幕的功能。因此，在基坑内部的管井主要有两种作用：一是作为疏干井；二是在前期减压后期进行疏干。根据案例背景所描述的地下水情况，基坑的开挖深度为 10m，地下水埋深约为 1.5m。另外，考虑到承压含水层只存在于少数地层，而本工程案例中并未提及施工范围内存在承压含水层，因此这里的地下水属于普通的浅层滞水。
>
> 对于具备止水帷幕而无承压含水层的基坑来说，基坑内的管井起到的只是疏干井的作用，即降低基坑内水位，以便于土方开挖。

4. 给出项目部堵漏措施的具体步骤。

参考答案：

在缺陷处插入引流管引流，然后采用双快水泥封堵缺陷处，等封堵水泥形成一定强度后关闭导流管；如渗漏严重，可采取内填土外注浆的措施。

> **解析：** 围护结构渗漏是基坑施工中常见的多发事故，一般都是围护结构或止水帷幕存在缺陷。根据渗漏水的性质可分为两种情况：若渗漏水为清水，表明渗漏情况较轻，可采用引流管等方式进行处理；若渗漏水中夹带泥砂，表明渗漏较为严重，需采取基坑渗漏位置填土封堵水流，并在基坑外相应位置进行注浆加固的措施。在本案例中，背景介绍的渗漏水为清水，因此可按照在缺陷处插引流管的方式进行处理。然而，背景中又提到"堵漏处理造成直接经济损失 20 万元，工期拖延 10d"，这似乎意味着基坑渗漏并不那么简单。因此，在回答问题时，可以在引流管处理之后，简单地提及一下内部填土、外部注浆的封堵措施。

5. 项目部提出的索赔是否成立？说明理由。

参考答案：

索赔不成立。施工单位自己施工的 SMW 工法桩出现漏水现象，造成了工期延误和费用增加，依据相应标准规范要求，属于施工单位自己应承担的责任。

> **解析：** 本题涉及索赔考点中最常见的一种情况，即根据背景描述的事件，判断施工单位是否可以提出索赔，并解释理由。回答这类问题的关键在于四个方面：背景描述、带来的损失、找出依据、区分责任。而区分责任是回答问题的关键。
>
> 背景中工期延误和费用增加的原因是围护结构在开挖过程中发生漏水，并进行了堵漏处理。围护结构是由施工单位自行施工的，因此漏水问题属于施工单位的工艺质量问题，责任应由施工单位承担。

6. 列出基坑围护结构施工的大型工程机械设备。

参考答案：

三轴搅拌桩机；起重机（吊车、吊机）；振动锤或挖掘机；混凝土泵车、罐车；工法桩拔桩机。

> **解析：** 在案例背景中，给出了某一施工工法，要求考生回答在该施工过程中应使用的机械设备名称。这类问题的核心在于考核考生对该工法的了解程度。
>
> 本案例要求写出 SMW 工法桩施工过程中所使用的机械设备名称。为了理解这个工法的大致流程，请确保清楚以下步骤：首先，采用三轴搅拌机将土体与水泥浆浆液就地搅拌，然后将 H 型钢插入这些搅拌单元中。SMW 工法桩和其他围护结构类似，需要在

桩顶设置钢筋混凝土冠梁。在基坑内主体结构完成后进行回填，而回填之后可以回收和再利用 H 型钢。

据 SMW 工法桩施工步骤，相应的施工机械设备如下：首先，在成桩环节需要使用三轴搅拌机；进行型钢吊装时需要使用起重机（吊车、吊机）进行配合；压入（插入）型钢需要使用挖掘机或振动锤进行施工；冠梁浇筑混凝土时需要使用混凝土泵车和罐车进行施工；而在基坑回填后，需要使用拔桩机将 SMW 工法桩中的型钢拔出并回收。

另外，本题明确提到"大型工程机械设备"，暗示了小型机械设备如钢筋切断机、钢筋弯钩机、振捣棒、振捣器等不需要列举。

三轴搅拌桩机与起重机

冠梁浇筑混凝土（泵车、罐车）　　　　　　　拔桩设备

案 例 12

背景资料

某公司承建城市主干道的地下隧道工程，长 520m，为单箱双室箱形钢筋混凝土结构，采用明挖顺作法施工。隧道基坑深 10m，侧壁安全等级为一级，基坑支护与结构设计断面如

示意图所示。围护桩为钻孔灌注桩，止水帷幕为双排水泥土搅拌桩，两道内支撑中间设立柱支撑，基坑侧壁与隧道侧墙的净距为1m。

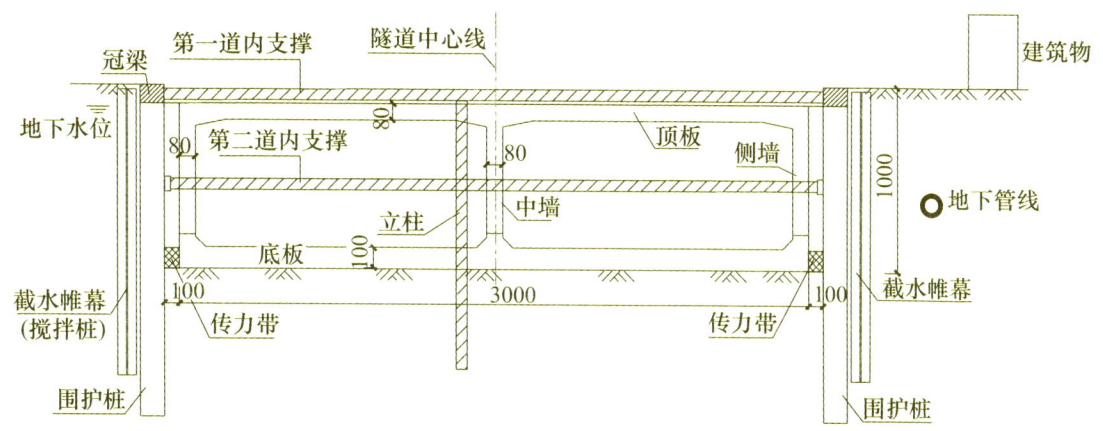

基坑支护与主体结构设计断面示意图

（单位：cm）

项目部编制了专项施工方案，确定了基坑施工和主体结构施工方案，对结构施工与拆撑、换撑进行了详细安排。

施工过程发生如下事件：

事件一：进场踏勘发现有一条横跨隧道的架空高压线无法改移，鉴于水泥土搅拌桩机设备高，与高压线距离处于危险范围，导致高压线两侧计20m范围内水泥土搅拌桩无法施工。项目部建议变更此范围内的止水帷幕桩设计，建设单位同意设计变更。

事件二：项目部编制的专项施工方案，隧道主体结构与拆撑、换撑施工流程为①底板垫层施工→②→③传力带施工→④→⑤隧道中墙施工→⑥隧道侧墙和顶板施工→⑦基坑侧壁与隧道侧墙间隙回填→⑧。

事件三：某日上午监理人员在巡视工地时，发现以下问题，要求立即整改。

① 在开挖工作面位置，第二道支撑未安装的情况下，已开挖至基坑底部。

② 为方便挖土作业，挖掘机司机擅自拆除支撑立柱的个别水平联系梁，当日下午，项目部接到基坑监测单位关于围护结构变形超过允许值的报警。

③ 已开挖至基底的基坑侧壁局部位置出现漏水，水中夹带少量泥砂。

问题

1. 本工程还有哪些专项方案需要专家论证？简述本工程专项方案应编制的内容。
2. 本工程止水帷幕桩应变更成什么形式？理由是什么。
3. 指出施工流程中缺少的②、④、⑧工序的名称。
4. 本工程基坑监测应测的项目有哪些？
5. 对监理在巡视过程中发现的问题，项目部应如何采取措施？项目部接到基坑报警的通知后，该如何处理？

参考答案

1. 本工程还有哪些专项方案需要专家论证？简述本工程专项方案应编制的内容。

参考答案：

（1）需要专家论证专项方案：深基坑土方开挖、支护、降水施工方案；顶板混凝土模板支撑（支架）施工方案。

（2）专项方案应编制的内容：工程概况、编制依据、施工计划、施工工艺技术、施工安全保证措施、施工管理及作业人员配备和分工、验收要求、应急处置措施、计算书及相关施工图纸。

> **解析：** 本题考核的内容是安全专项施工方案与专家论证，简称为"两专"考点。在一级和二级建造师市政专业考核中，这是考核频率最高的知识点之一。本案例考核涉及两个内容。难度系数都不高，第一小问是一个常见的重复考点，而第二小问则涉及教材原文知识。
>
> 本题第一小问是"本工程还有哪些专项方案需要专家论证"。根据案例背景，基坑的开挖深度为10m，存在支护结构，并且显示地下水位较高，需要进行降水处理。此外，根据图示，本工程的结构顶板厚度为80cm，混凝土自重荷载已超过15kN/m²。根据中华人民共和国住房和城乡建设部令第37号和建办质〔2018〕31号文件的规定，基坑的土方开挖、支护和降水工程，以及结构顶板混凝土支撑工程必须编制安全专项施工方案，并进行专家论证。
>
> 本题第二小问考核的是"简述本工程专项方案应编制的内容"，属于教材原文内容，总共包括9条。在后续考试中，可能会以案例补充题的形式出现。

2. 本工程止水帷幕桩应变更成什么形式？理由是什么。

参考答案：

本工程截水帷幕桩应变更成"高压旋喷桩"或"咬合桩"形式。

采用高压旋喷桩理由：设备高度低，可以满足高压线下施工的安全距离。

采用咬合桩理由：本工程中高压线未对钻孔灌注桩设备造成影响，且咬合桩围护结构可以兼作止水帷幕。

> **解析：** 本小题应该考核的是教材中关于围护结构中的下面这段话："钻孔灌注桩围护结构经常与止水帷幕联合使用，止水帷幕一般采用深层搅拌桩。如果基坑上部受环境条件限制，也可采用高压旋喷桩止水帷幕，但要保证高压旋喷桩止水帷幕施工质量。近年来，素混凝土桩与钢筋混凝土桩间隔布置的钻孔咬合桩也有较多应用，此类结构可直接作为止水帷幕。"

高压线影响到水泥土搅拌桩，那么直接换用几乎不受高度限制的高压旋喷桩是解决问题的一种办法。当然，如果从另一个角度考虑，题干中"围护桩为钻孔灌注桩，止水帷幕为双排水泥土搅拌桩"和"进场踏勘发现有一条横跨隧道的架空高压线无法改移"可以得出，围护桩和止水帷幕都在被高压线影响的范围内。咬合桩即先施工素混凝土桩，再在两根素混凝土桩之间施工钻孔灌注桩。既然在高压线下面的围护桩为钻孔灌注桩，施工可以不受高压线高度的限制，那么咬合桩的施工高度当然也不会受到高压线高度的限制。这可以看作是解决问题的另一个办法。

3. 指出施工流程中缺少的②、④、⑧工序的名称。

参考答案：
②为底板施工；④为第二道支撑拆除；⑧为第一道支撑及立柱拆除。

解析：本题案例背景展示了两个重要的信息，第一个信息是隧道采用明挖顺作法；第二个信息是"隧道主体结构与拆撑、换撑施工流程为①底板垫层施工→②→③传力带施工→④→⑤隧道中墙施工→⑥隧道侧墙和顶板施工→⑦基坑侧壁与隧道侧墙间隙回填→⑧"。

明挖顺作法是一种施工方法，按照自上而下的顺序进行基坑的先撑后挖施工，隧道的主体结构施工则从下到上逐步完成，同时适时拆除支撑。在拆除支撑时，必须按照特定顺序进行操作，首先拆除下部的第二道支撑，然后拆除第一道支撑及其支撑立柱。此外，在拆除支撑之前必须有替代品来保证基坑在支撑拆除时不会发生变形。这样的替代品能够维持基坑的稳定状态，确保施工的顺利进行。

本题案例背景中提到现浇隧道的中墙施工、侧墙和顶板施工两个工序，但未提及底板施工的工序。根据逻辑推断，在中墙和侧墙之前应该存在底板施工的工序，可能是工序②或④之一。由于拆除支撑时需要有替代品，而第二道支撑的替代品必然是现浇隧道的底板。因此，底板施工必须在拆除第二道支撑之前进行，即工序②是底板施工，工序④是拆除第二道支撑。待全部隧道结构施工完成并进行回填后，可以拆除基坑剩余的支撑，因此工序⑧是拆除第一道支撑和立柱。

4. 本工程基坑监测应测的项目有哪些？

参考答案：
支护桩（墙）顶部水平位移、支护桩（墙）顶部竖向位移，支护桩（墙）体水平位移、立柱结构水平位移、立柱结构竖向位移，支撑轴力，地表沉降，竖井井壁支护结构净空收敛，以及地下水位。

解析：案例背景明确本工程为一级基坑。依据《城市轨道交通工程监测技术规范》GB 50911—2013，一级基坑的应测项目包括10项，即支护桩（墙）、边坡顶部水平位移,支护桩(墙)、边坡顶部竖向位移,支护桩(墙)体水平位移,立柱结构竖向位移,立柱结构水平位移,支撑轴力,锚杆拉力,地表沉降,竖井井壁支护结构净空收敛,以及地下水位。根据图形和案例背景,工程中没有提及打锚杆的情况,因此不需要回答锚杆拉力这一项。而其他9项都需要回答。在后续考试中,类似的题目可能会以案例补充题的形式出现。

5. 对监理在巡视过程中发现的问题,项目部应如何采取措施?项目部接到基坑报警的通知后,该如何处理?

参考答案:

对发现的问题,应采取以下措施:

(1) 停止开挖,立即安装第二道支撑,并加强监测。

(2) 立即安装被拆除的立柱水平联系梁,如有变形,进行加固。

(3) 立即采取插引流管、双快水泥封堵、坑外相应位置注浆等措施,并做好坑内排水。

项目部接到基坑报警的通知,应该进行如下处理:

(1) 停止施工、人员撤离,并继续监测。

(2) 启动应急预案,并分析(查清)原因。

(3) 采取有效措施后,确认安全情况下方能继续施工。

解析: 本题属于教材上找不到原文内容的题型,很多人对这类题的感觉是大概知道怎么做,但是真正下笔又不能按部就班、严谨地描述,总是有所疏漏,不能把分数拿满,其实这是因为语言组织能力有所欠缺,需要平时对考试进行深入的理解,尤其是市政专业不是试图通过背背书就可以拿下考试那么简单,很多知识点在教材上并没有全面、系统的描述,却是实际施工中的常识,考生需要做的就是把这些常识内容用书面语言串接组织起来。

案 例 13

背景资料

某公司承建一座城市桥梁工程。该桥上部结构为16m×20m预应力混凝土空心板,每跨布置空心板30片。

进场后,项目部编制了实施性总体施工组织设计,内容包括:

(1) 根据现场条件和设计图纸要求,建设空心板预制场。预制台座采用槽式长线台座,横向连续设置8条预制台座,每条台座1次可预制空心板4片,预制台座纵断面如图1所示。

(2) 将空心板的预制工作分解成如下12道施工工序:①清理模板、台座;②涂刷隔离

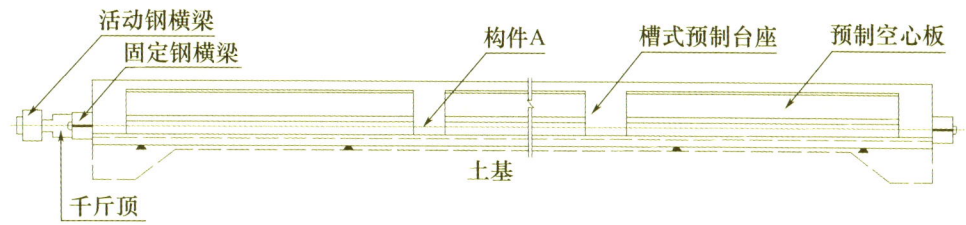

图1 预制台座纵断面示意图

剂;③钢筋、钢绞线安装;④切除多余钢绞线;⑤隔离套管封堵;⑥整体放张;⑦整体张拉;⑧拆除模板;⑨安装模板;⑩浇筑混凝土;⑪养护;⑫吊运存放。同时确定了施工工艺流程,如图2所示。(注:①~⑫为各道施工工序代号)。

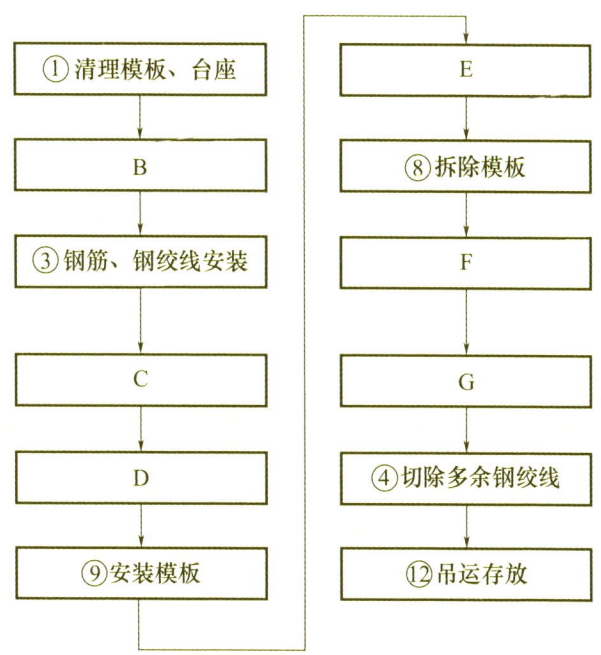

图2 空心板预制施工工艺流程框图

(3) 计划每条预制台座的生产(周转)效率平均为10d,即考虑各条台座在正常流水作业节拍的情况下,每10d每条预制台座均可生产4片空心板。

(4) 依据总体进度计划空心板预制80d后,开始进行吊装作业。吊装进度为平均每天吊装8片空心板。

问题

1. 根据图1预制台座的结构形式,指出该空心板的预应力体系属于哪种形式?写出结构A的名称。

2. 写出图2中空心板施工工艺流程框图中施工工序B、C、D、E、F、G的名称。(选用

背景资料给出的施工工序的①~⑫的代号或名称作答）

3. 列式计算完成空心板预制所需天数。

4. 空心板预制进度能否满足吊装进度的需要？说明原因。

参考答案

1. 根据图1预制台座的结构形式，指出该空心板的预应力体系属于哪种形式？写出结构A的名称。

参考答案：

（1）空心板的预应力体系属于预应力先张法体系。

（2）构件A的名称：钢绞线（或预应力筋）。

> 解析：根据题目中提供的信息，本题的第一小问涉及预应力空心板的预应力体系类型。在桥梁预制梁板的预应力体系中，存在先张法和后张法两种形式。根据题中给出的信息，预制空心板的长度为20m，预应力钢绞线（预应力筋）呈直线型，并且图中没有显示预应力孔道。此外，在工序描述中也没有提到后张法特有的压浆、封锚等工序。综合上述信息，可以得出结论：本工程中的预应力空心板属于先张法预应力体系。
>
> 本题第二小问是图中关于构件A的名称。根据工程描述，空心板的预制采用槽式长线台座，每个台座一次可以完成4片空心板的制作。从图中可以观察到构件A贯穿了4片空心板。因此，最合理的推断是构件A代表钢绞线（或预应力筋）。

槽式长线台座

2. 写出图2中空心板施工工艺流程框图中施工工序B、C、D、E、F、G的名称。（选用背景资料给出的施工工序的①~⑫的代号或名称作答）

参考答案：

| B—②涂刷隔离剂 | C—⑦整体张拉 | D—⑤隔离套管封堵 |
| E—⑩浇筑混凝土 | F—⑪养护 | G—⑥整体放张 |

或

| B—②涂刷隔离剂 | C—⑤隔离套管封堵 | D—⑦整体张拉 |
| E—⑩浇筑混凝土 | F—⑪养护 | G—⑥整体放张 |

解析：首先了解一下先张法隔离套管的作用。一般而言，先张法预应力施工往往需要在梁板的两端设置失效段，失效段需要用隔离套管与混凝土隔开，以防止端部出现过大的拉应力。当然，并不是整条预应力筋全部被隔离套管包裹，也不是所有预应力筋都设置隔离套管，一般设置的方式是跳开一两条预应力筋就有一条预应力筋设置端头隔离套管。

本小题中，一共是6项工序，只有C和D两个选项有争议。在实际施工中，既有先将隔离套管端头部位封堵完成（用胶泥），再进行后续的部分钢筋和模板施工的情况，又有在空心板（梁体）预应力施加以后进行隔离套管端部封堵（砂浆）的情况。实际施工中采用哪一种情况，依据梁体的几何尺寸、隔离套管长度、空心板（或梁）内模形式等确定。本题属于对号入座题目，每选对一个选项就可以拿到一分，所以即便C和D两个选项写反了，也不会影响其他选对的选项分值。

3. 列式计算完成空心板预制所需天数。

参考答案：

全桥空心板的数量：16×30＝480片。

每10d预制板数量：4×8＝32片。

空心板预制所需天数：480÷32×10＝150d。

解析：作答本题的关键在于理解案例背景中提到的两个施工常识。首先，案例背景中指出该桥的上部结构是由16跨（孔）预应力混凝土空心板组成，每一跨的长度为20m，横断面上布置了30片空心板。根据这个信息，可以计算出该桥需要的空心板数量为16×30＝480片。其次，案例背景中提到预制台座采用槽式长线台座，横向连续设置了8条预制台座，每条台座一次可以预制4片空心板。因此，每次预制可以完成的空心板数量为4×8＝32片。

理解了这些信息，就可以自然而然地计算出本题中预制梁板的工期。

纵向桥梁 a 跨

横断面布置空心板 b 片

4. 空心板预制进度能否满足吊装进度的需要？说明原因。

参考答案：

空心板预制进度不能满足吊装进度的需要。

原因：因为80d后开始吊装空心板时，剩余空心板还需要70d才能预制完成；而全桥空心板吊装只需要60d（480÷8=60d）；60d<70d，所以预制进度不能满足吊装进度要求。

> **解析**：属于第三小问的延续，可以采用不同的计算方法，只要结论是不满足吊装进度要求，本题基本上就可以拿到满分。当前每年都会有一些计算类的题目出现，但是相对而言，真题的计算都比较简单，主要还是考核对概念的理解。

案 例 14

📖 背景资料

某公司承建一座城市桥梁工程。该桥跨越山区季节性流水沟谷，上部结构为三跨式钢筋混凝土结构，重力式U形桥台，基础均采用扩大基础；桥面铺装自下而上为厚8cm钢筋混凝土整平层+防水层+粘层+厚7cm沥青混凝土面层；桥面设计高程为99.630m。桥梁立面布置如下图所示。

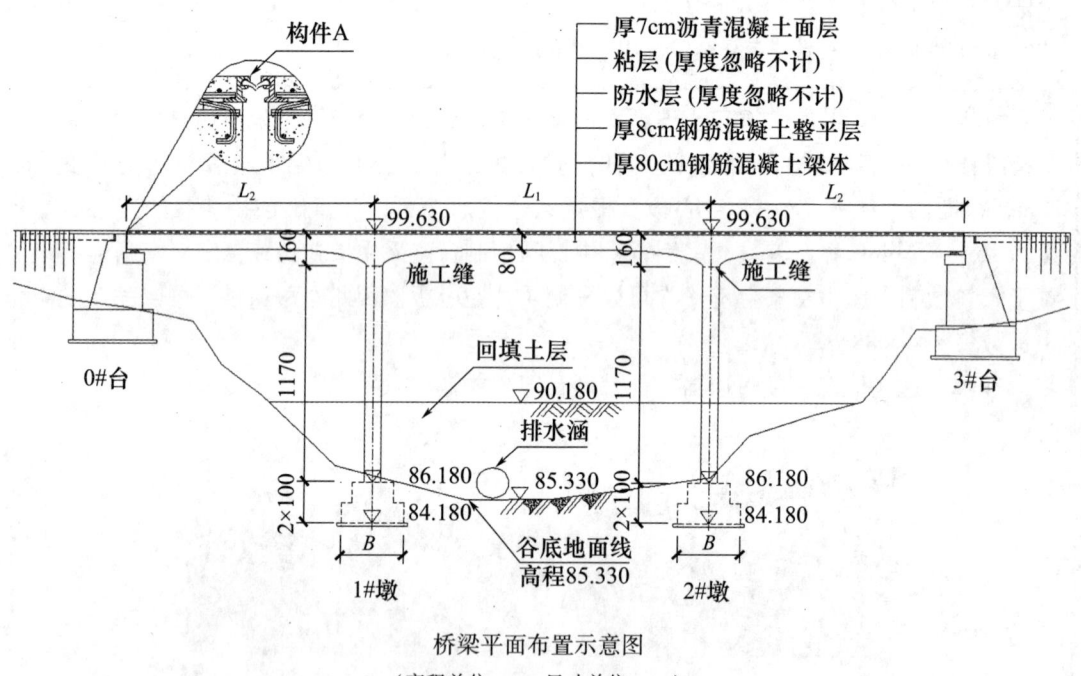

桥梁平面布置示意图
（高程单位：m；尺寸单位：cm）

项目部编制的施工方案有如下内容：

（1）根据该桥结构特点，施工时，在墩柱与上部结构衔接处（梁底曲面变弯处）设置施工缝。

（2）上部结构采用碗扣式钢管满堂支架施工方案。根据现场地形特点及施工便道布置情况，采用杂土对沟谷进行一次性回填，回填后经整平碾压，场地高程为90.180m，并在其上进行支架搭设施工,支架立柱放置于20cm×20cm棱木上。支架搭设完成后采用土袋进行堆载预压。

支架搭设完成后,项目部立即按施工方案要求的预压荷载对支架采用土袋进行堆载预压,其间遇较长时间大雨,场地积水。项目部对支架顶压情况进行连续监测,数据显示各点的沉降量均超过规范规定,导致预压失败。此后,项目部采取了相应整改措施,并严格按规范规定重新开展支架施工与预压工作。

问题

1. 写出示意图中构件A的名称及作用。
2. 根据上图判断,按桥梁结构特点,该桥梁属于哪种类型?简述该类型桥梁的主要受力特点。
3. 施工方案(1)中,在浇筑桥梁上部结构时,施工缝应如何处理?
4. 根据施工方案(2),列式计算桥梁上部结构施工时应搭设满堂支架的最大高度;根据计算结果,该支架施工方案是否需要组织专家论证?说明理由。
5. 试分析项目部支架预压失败的可能原因?
6. 项目部应采取哪些措施才能顺利地使支架预压成功?

参考答案

1. 写出示意图中构件A的名称及作用。

参考答案:

(1) 构件A的名称是伸缩装置(伸缩缝)。

(2) 作用:调节由车辆荷载和桥梁建筑材料所引起的上部结构之间的位移和连接。

> **解析:** 伸缩装置又称伸缩缝,通常设置在两梁端之间、梁端与桥台之间或桥梁的铰接位置。桥面伸缩装置必须满足梁端自由伸缩、转角变形,以及确保车辆平稳通过的要求。根据案例背景中提供的图形,可以清晰地看出构件A位于梁与桥台之间的位置,因此很容易得出本题的答案。
>
>
>
> 伸缩装置(伸缩缝)

2. 根据上图判断，按桥梁结构特点，该桥梁属于哪种类型？简述该类型桥梁的主要受力特点。

参考答案：

本桥为刚架桥（刚构桥）。

受力特点是：梁或板和立柱或竖墙整体结合在一起的刚架结构，梁和柱的连接处具有很大的刚性，在竖向荷载作用下，梁部主要受弯，而在柱脚处也具有水平反力，其受力状态介于梁桥和拱桥之间。

> 解析：本题属于少数几道考核教材原文内容的题目之一。从图中可以观察到该桥梁没有支座，梁与墩柱之间为刚性连接，因此可以确定为刚架桥（刚构桥）。刚架桥通常采用悬臂浇筑方式进行施工，有时也会采用支架方式。作答这道案例题时，请务必注意避免错别字的出现，尤其不要将"刚架桥"误写为"钢架桥"，这种错误会影响考试得分。因为"钢"和"刚"的意思完全不同。

刚架桥（刚构桥）

3. 施工方案（1）中，在浇筑桥梁上部结构时，施工缝应如何处理？

参考答案：

（1）将混凝土表面的浮浆凿除。

（2）混凝土结合面应凿毛处理，并冲洗干净，表面湿润但不得有积水。

（3）在浇筑梁板混凝土前，应铺同配比（同强度等级）的水泥砂浆（厚10~20mm）。

> 解析：施工缝是市政工程专业经常考核的超高频考点，尽管大多数情况下会在给排水构筑物中进行考核，在桥梁领域中很少涉及这个知识点。然而，施工缝的处理方法是通用的，完全可以借鉴给排水构筑物结构中的施工缝处理方法来作答本题。

4. 根据施工方案（2），列式计算桥梁上部结构施工时应搭设满堂支架的最大高度；根据计算结果，该支架施工方案是否需要组织专家论证？说明理由。

参考答案：

$99.630 - 0.07 - 0.08 - 0.800 - 90.180 = 8.5\text{m}$

根据计算结果，该支架需要组织专家论证。

理由：依据中华人民共和国住房和城乡建设部令第37号和建办质〔2018〕31号文件规定：搭设高度8m及以上的混凝土模板支撑工程必须组织专家论证。

> **解析：** 本题有三个小问题，第一个小问题是计算，这里需要有一定的看图知识，专家论证和理由还比较容易，但略有争议的是支架高度（$20\text{cm} \times 20\text{cm}$ 的垫木是否进行计算）。首先分析一下支架的搭设，是在可调底座下面设置垫木（或棱木），但同时在可调顶托（可调U形顶托）与模板之间也需要设置方木，如果可调底托下面垫木在支架高度计算中扣除，那么同理可调顶托上面的方木和模板也需要在计算中扣除，而题目中未给出可调顶托以上方木的厚度，所以按照这个思路，命题人拟考核的计算是包含底托以下的垫木的。

5. 试分析项目部支架预压失败的可能原因？

参考答案：

项目部支架预压失败的原因：

（1）采用杂土回填5m，但未分层碾压密实，造成基础承载力不足。

（2）场地未设置排水沟设施和地面未进行硬化，造成基础承载力下降。

（3）未按规范要求进行支架基础预压。

（4）未进行分级预压，或预压土袋防水效果差，造成预压荷载超重。

> **解析：** 题目问"支架预压失败的可能原因"，与第6小问"应采取哪些措施才能顺利地使支架预压成功"是有关联的问题，只不过本小问的采分点在"试分析"，分析需要有一个过程。这种类型题目的特点是需要在答案中写出"因"和"果"，所以先要给题目进行分类，最后按照分类情况的类别格式作答。

6. 项目部应采取哪些措施才能顺利地使支架预压成功？

参考答案：

（1）支架基础用合格土方换填，分层压实。

（2）排水涵两侧用中粗砂回填。

（3）将陡于1:5的边坡修台阶。

（4）对夯实的支架基础预压，合格后硬化。

（5）支架基础四周设置排水沟。

(6) 支架基础迎水面做防渗处理。

(7) 采用防水型砂袋分级预压。

> **解析：**本题目属于支架的常识内容，但考核形式发展成为利用背景中给出的图形和文字相结合的形式。对于这类新型题目，在作答前一定要仔细阅读案例背景，并认真分析图形中给出的每一个条件，避免遗漏考核点。例如，图形中标记了排水的管涵，那么就需要联想到回填土时，管涵两侧需要采用中粗砂人工对称分层回填夯实；管涵既然为沟谷内排水设施，就需要考虑遇到大雨时，要对管涵迎水面进行硬化处理；图形中标记回填土位置断面有坡度，那么需要考虑填土时留台阶；图中给出回填前沟谷谷底的标高，也标记回填土最终搭设支架基础的标高，那么标高之差即为回填土的厚度，作答时需要考虑土方回填要按照设计要求分层进行；案例背景提及遇到大雨地面积水，那么一定要考虑地面硬化和设置排水设施；背景中还交代土袋预压，那么一定要考虑预压逐步加载，并且在雨期施工时，考虑采用防水型砂袋进行预压。
>
> 本题完全可以换一个问法，即在浇筑混凝土过程中支架出现倾倒的原因，回答问题的角度也是从以上案例背景中的条件展开。所以说，对于当前这种在施工过程中发现了问题，考核问题产生的原因，如何预防或者如何进行处理的题目，最主要的就是找准问题的切入点，知道从哪一个方向展开。这类综合题目是过去、现在和未来考试的最主要题型之一，所以一定要熟悉和习惯这种题目。

案 例 15

背景资料

某公司承建一座跨河城市桥梁。基础均采用 $\phi1500mm$ 钢筋混凝土钻孔灌注桩，设计为端承桩，桩底嵌入中风化岩层 $2D$（D 为桩基直径），桩顶采用盖梁连接，盖梁高度为 $1200mm$，顶面标高为 $20.000m$。河床地层揭示依次为淤泥、淤泥质黏土、黏土、泥岩、强风化岩、中风化岩。

项目部编制的桩基施工方案明确如下内容：

（1）下部结构施工采用水上作业平台施工方案。水上作业平台结构为 $\phi600mm$ 钢管桩＋型钢＋人字钢板搭设。水上作业平台如示意图所示。

（2）根据桩基设计类型及桥位水文、地质等情况，设备选用"2000型"正循环回转钻机施工（另配牙轮钻头等），成桩方式未定。

（3）图中构件 A 名称和使用的相关规定。

（4）由于设计对孔底沉渣厚度未做具体要求，灌注水下混凝土前，进行二次清孔，当孔底沉渣厚度满足规范要求后，开始灌注水下混凝土。

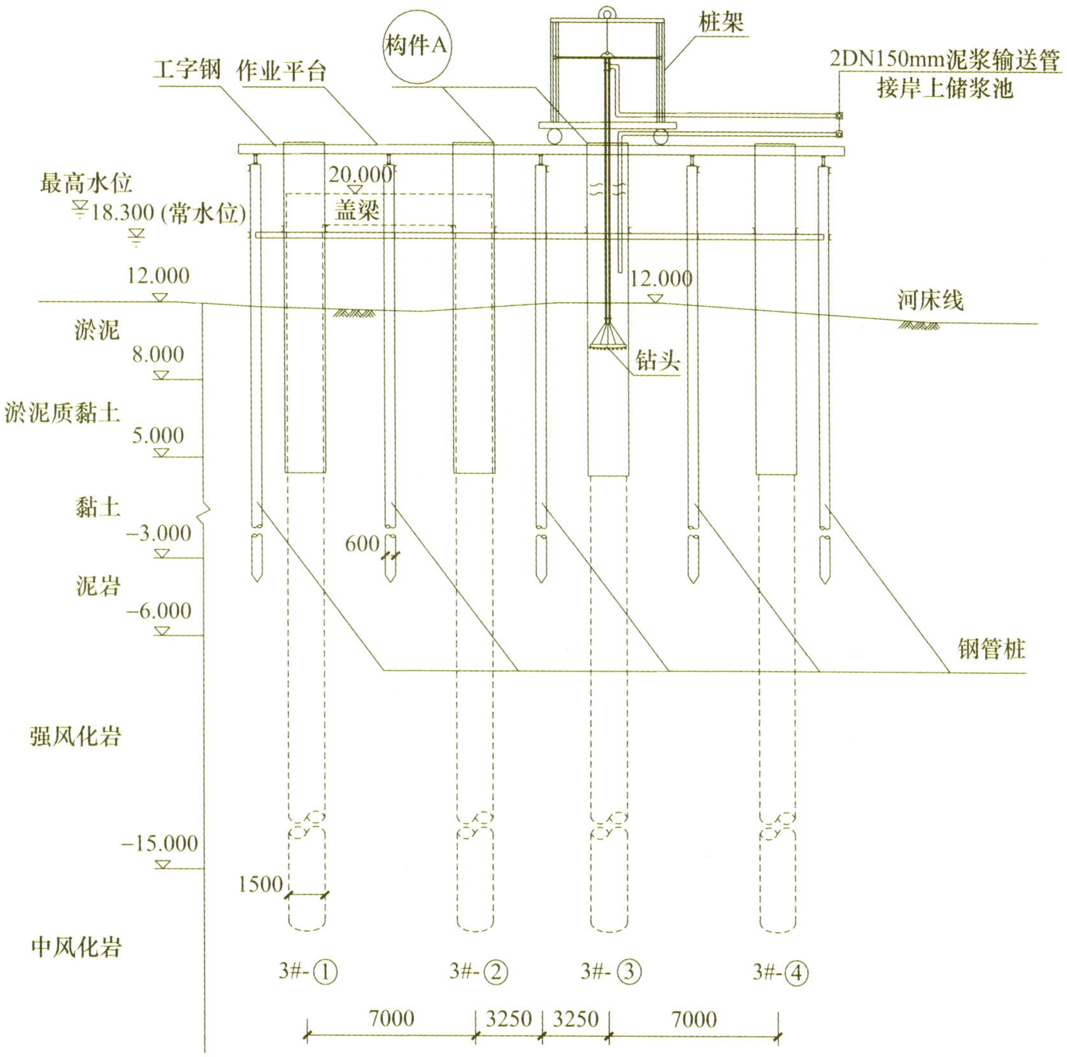

3#墩水上作业平台及桩基施工横断面布置示意图
（标高单位：m；尺寸单位：mm）

问题

1. 结合背景资料及上图，指出水上作业平台应设置哪些安全设施？
2. 施工方案（2）中，指出项目部选择钻机类型的理由及成桩方式。
3. 施工方案（3）中，所指构件A的名称是什么？构件A施工时需使用哪些机械配合？构件A应高出施工水位多少米？
4. 结合背景资料及示意图，列式计算3#-①桩的桩长。
5. 在施工方案（4）中，指出孔底沉渣厚度的最大允许值。

参考答案

1. 结合背景资料及上图,指出水上作业平台应设置哪些安全设施?

参考答案:

水上作业平台上应设置:周边护栏及防撞设施;警示标志、警示灯及照明设施;防触电设施;台面防滑设施;护筒孔口加盖;救生衣及救生圈等。

> **解析:** 安全防护的题目考核频率很高,命题人曾在门洞支架、基坑和沟槽边考核过,本题放在了水上作业平台进行考核。作答这类题目时,除了一些通用的考点以外,还有一些采分点需要结合背景资料具体解答。例如,作业平台设置护栏、警示标志、警示灯、照明设施、防撞设施等属于常见的安全防护设施,但是本题中的钢制水上作业平台在施工中会涉及用电,所以需要考虑到防触电设施;背景资料中交代了平台面采用人字钢板,那么在施工中需要考虑到平台的防滑设施(铺橡胶垫);图形中有护筒,而且护筒直径一定大于桩基直径(1500mm),施工中需要有防止坠落到孔内的设施,所以参考答案中一定会有护筒孔口加盖的采分点;另外,水上作业平台施工中还需要考虑到救生衣和救生圈的设施等。
>
> 解答本题需要注意,安全设施和安全措施有一定区别。如果本题设问的是"安全措施",答案还可以增加"专人巡视检查,定期维护"等采分点。

2. 施工方案(2)中,指出项目部选择钻机类型的理由及成桩方式。

参考答案:

(1)选择钻机类型的理由:由图可知持力层为中风化岩层,牙轮钻头可以在岩层中钻进;上部结构为淤泥、淤泥质黏土、黏土、泥岩,正循环回转钻机能满足现场地质钻进要求且保证护壁效果。

(2)成桩方式为泥浆护壁成孔桩。

> **解析:** 背景资料给出本工程的施工机械设备(或机械设备组合),要求简述其理由。这种题目在教材上找不到原文,考核的是应试者对某一工法设备的熟悉度及其与背景资料的有机结合,对考生语言组织能力也有一定的要求。作答这类题目时需要学会将背景资料条件进行拆分,例如本题中提到的牙轮钻头,它的作用是针对持力层的中风化岩的,而上部的土质相对较软,正循环钻机可以满足这些地质条件,并且正循环成孔护壁效果相对而言更好。

3. 施工方案（3）中，所指构件 A 的名称是什么？构件 A 施工时需使用哪些机械配合？构件 A 应高出施工水位多少米？

参考答案：

（1）构件 A 的名称：钢护筒。

（2）构件 A 埋设需使用的机械设备：吊机、振动锤（或冲击锤）、泥浆泵或小型抓斗机。

（3）构件 A 应高出施工水位 2m。

> **解析：** 从图中可知，本工程桩基直径 1500mm，护筒直径一定大于桩直径，而护筒长度需要在 15m 以上，所以在埋设过程中，一定需要有吊机配合；另外护筒埋到河床底以下 7~8m，施工时需要用振动锤进行振动下压，当护筒进入河床底部以后，护筒中的土体需要采用泥浆泵或者小型抓斗机进行出土。

4. 结合背景资料及示意图，列式计算 3#－①桩的桩长。

参考答案：

3#－①桩的桩长：20.000－1.200－(－15.000－2×1.500)＝18.800＋18.000＝36.800m。

> **解析：** 通过图纸中的相应数字进行计算，是这些年来市政的主流考点，本题是竖向计算，需要留意的是计算所需数据没有全部在图形中体现出来。例如，图上给出了盖梁顶的高程，而盖梁的厚度是在背景资料中介绍的，所以做这类题目一定要注意图形和背景资料的结合。

5. 在施工方案（4）中，指出孔底沉渣厚度的最大允许值。

参考答案：

孔底沉渣厚度不应大于 50mm。

> **解析：** 因为桩端要进入中风化岩 3m，属于端承型桩，所以孔底沉渣厚度不应大于 50mm。
>
> 摩擦型桩和端承型桩的区别如下：
>
> （1）摩擦型桩又分为摩擦桩和端承摩擦桩。摩擦桩在承载能力极限状态下，桩顶竖向荷载由桩侧阻力承受，桩端阻力小到可忽略不计；而端承摩擦桩在承载能力极限状态下，桩顶竖向荷载主要由桩侧阻力承受，而桩端阻力也分担部分荷载。
>
> （2）端承型桩又分为端承桩和摩擦端承桩。端承桩在承载能力极限状态下，桩顶竖向荷载由桩端阻力承受，桩侧阻力小到可忽略不计；摩擦端承桩在承载能力极限状态下，桩顶竖向荷载主要由桩端阻力承受，而桩侧阻力也分担部分荷载。

案 例 16

背景资料

某公司承建一项城市污水管道工程,管道全长1.5km,采用DN1200mm的钢筋混凝土管,管道平均覆土深度约6m。

考虑现场地质水文条件,项目部准备采用"拉森钢板桩+钢围檩+钢管支撑"的支护方式,沟槽支护情况如下图所示。

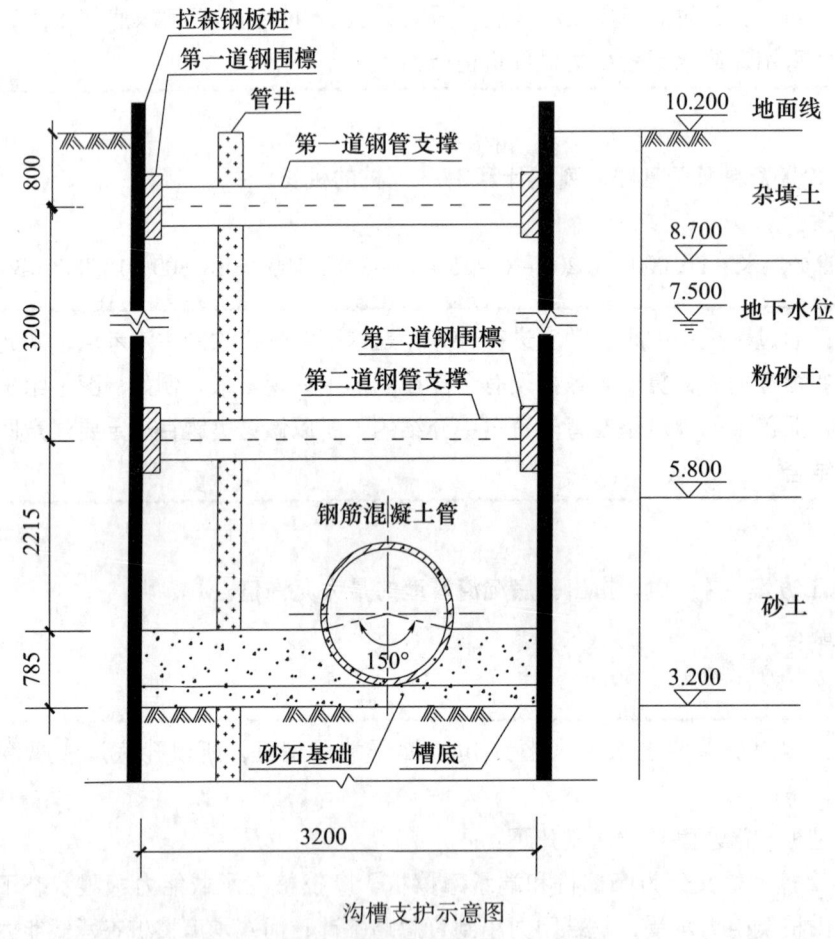

沟槽支护示意图
(标高单位:m;尺寸单位:mm)

项目部编制了"沟槽支护、土方开挖"专项施工方案,经专家论证,因缺少降水专项方案被判定为"修改后通过"。项目部经计算补充了管井降水措施,方案获"通过",项目进入施工阶段。在洗井后应安装水泵进行单井试抽,抽水时做了相应的记录。

在沟槽开挖到槽底后进行了分项工程质量验收,槽底无水浸、扰动,槽底高程、中线、宽度符合设计要求。项目部认为沟槽开挖验收合格,拟开始后续垫层施工。

在完成下游 3 个井段管道安装及检查井砌筑后,抽取其中 1 个井段进行了闭水试验,实测渗水量为 0.0285L/(min·m)。[规范规定 DN1200mm 钢筋混凝土管合格渗水量不大于 43.30m³/(24h·km)]

为加快施工进度,项目部拟增加现场作业人员。

问题

1. 写出钢板桩围护方式的优点。
2. 单井试抽水时,应做好哪些相应的记录?
3. 写出项目部"沟槽开挖"分项工程质量验收中缺失的项目。
4. 列式计算该井段闭水试验渗水量结果是否合格?
5. 写出新进场工人上岗前应具备的条件。

参考答案

1. 写出钢板桩围护方式的优点。

参考答案:

优点:钢板桩强度高、桩与桩之间连接紧密、隔水效果好(止水性能好)、施工方便(或施工灵活)、可重复(反复)使用。

> 解析:市政专业考核中有一个频繁出现的题型:要求考生回答案例背景中展示的某种工法的优点。这种题型涉及一些在考试用书中没有相应介绍的工法,那么如何在考试中回答出这些工法的优点呢?
>
> 在回答题目时,可以从以下角度作答:
> (1)质量方面:强调该工法所采用的材料具有出色的强度、刚度和耐久性;施工方法能提高工程质量,如增加结构的稳定性和耐久性等。
> (2)进度方面:指出该工法可快速施工,能够减少工期延误,提高工程效率等。
> (3)成本方面:说明该工法的材料选用、施工工艺或运行方面的优势,可降低成本。
> (4)安全方面:强调该工法在施工过程中能够保护工人的安全,减小事故风险。
> (5)效果方面:指出该工法具有的施工效果,如精度高、止水性能好等。
> (6)施工方面:强调该工法在施工过程中操作简便,工序清晰,能够提高施工效率,并减少人力、时间和资源的浪费。
> (7)现场方面:说明该工法适应不同的现场条件,如地下水、复杂管线、差异土质等情况,能够应对各种挑战。
>
> 通过从以上角度展开回答,即使遇到平时不熟悉的工法,也可以全面回答出该工法的优点,在考试中获得大部分分数。

2. 单井试抽水时，应做好哪些相应的记录？

参考答案：

应做好工作压力、水位、抽水量的记录。

> **解析：** 新教材增加的一些规范规定，很可能是未来几年内简答题的考核重点。

3. 写出项目部"沟槽开挖"分项工程质量验收中缺失的项目。

参考答案：

缺失的项目有地基承载力应符合设计要求。

> **解析：** 本题考核内容为《给水排水管道工程施工及验收规范》GB 50268—2008 中的沟槽开挖与地基处理要求。根据规范 4.6.1 的规定，沟槽开挖与地基处理的相关要求包括：
> （1）原状地基土不得扰动、受水浸泡或受冻。
> （2）地基承载力应满足设计要求。
> （3）进行地基处理时，压实度、厚度满足设计要求。
> （4）沟槽开挖允许偏差符合规定，包括槽底高程、槽底中线每侧偏差、沟槽边坡。
> 结合案例背景中的信息，我们知道沟槽是有支护开挖的，因此不涉及沟槽边坡。另外，槽底没有水浸和扰动，这意味着不需要进行地基处理。因此，回答时只需要提及地基承载力即可。如果对规范内容不太熟悉，可能将槽底的土质、平整度、槽底坡度等内容也回答出来，但只要答案中提及地基承载力这一项，就能获得此问题的分数。

4. 列式计算该井段闭水试验渗水量结果是否合格？

参考答案：

实际渗水量可换算为：

$0.0285 \text{L}/(\text{min} \cdot \text{m}) = 24 \times 60 \times 0.0285 \text{m}^3/(24\text{h} \cdot \text{km}) = 41.04 \text{m}^3/(24\text{h} \cdot \text{km})$

$41.04 \text{m}^3/(24\text{h} \cdot \text{km}) < 43.30 \text{m}^3/(24\text{h} \cdot \text{km})$

实际渗水量小于规范规定的渗水量，所以该井段闭水试验渗水量合格。

或

合格渗水量：

$43.30 \text{m}^3/(24\text{h} \cdot \text{km}) = 43.30 \div (24 \times 60) \text{L}/(\text{min} \cdot \text{m}) = 0.030 \text{L}/(\text{min} \cdot \text{m})$

$0.0285 \text{L}/(\text{min} \cdot \text{m}) < 0.030 \text{L}/(\text{min} \cdot \text{m})$

实测渗水量小于合格渗水量，所以该井段闭水试验渗水量合格。

解析：案例背景中，实测渗水量为 0.0285L/（min·m），规范规定的合格渗水量为 43.30m³/（24h·km）。为了判断闭水试验渗水量是否合格，可以将实测渗水量的单位换算成规范的渗水量单位，也可以将规范规定的渗水量单位换算成实测渗水量的单位，只要统一单位后进行对比即可。一般情况下，将实测渗水量换算成规范的渗水量更为合理，因为规范规定的数值作为定值更具参考意义。

题目中实测渗水量的分母单位是 min·m，分子的单位是 L，规范规定渗水量的分母单位是 24h·km，而分子单位是 m³。为了进行计算，我们将实测渗水量的分子和分母同时扩大 1000 倍，分子的 L 相当于变成了 m³，分母中的 m 变成了 km，但数值保持不变。将实测渗水量的分母 min 换成 24h 相当于将其扩大了 60×24 倍，相应地，分子的数值也需要扩大 60×24 倍。

5. 写出新进场工人上岗前应具备的条件。

参考答案：
（1）与企业签订劳动合同。
（2）进行实名制平台登记，一线作业人员不超过 50 周岁。
（3）进行了公司、项目、班组的三级岗前教育培训并经考核合格。
（4）特殊工种需持证上岗。
（5）进行了安全技术交底。

解析：本题考核内容属于现场管理中的实名制管理。这是一道相对综合的考题，涉及实名制的多个方面。在回答这类综合性题目时，需要有一个应对策略，即用简洁明了的语言尽可能全面展示实名制的各个方面。对于这道题目，我们可以从劳动合同、实名制、教育培训、持证上岗、考试合格，以及安全技术交底等方面来全面涵盖评分点。

案 例 17

背景资料

某单位承建城镇主干道大修工程，道路全长 2km，红线宽 50m，路幅分配情况如图 1 所示。现状路面结构为 40mmAC-13 细粒式沥青混凝土上面层，60mmAC-20 中粒式沥青混凝土中面层，80mmAC-25 粗粒式沥青混凝土下面层。工程主要内容为：①对道路破损部位进行翻挖补强；②铣刨 40mm 旧沥青混凝土上面层后，加铺 40mmSMA-13 沥青混凝土上面层。

接到任务后，项目部对现状道路进行综合调查，编制了施工组织设计和交通导行方案，并报监理单位及交通管理部门审批。因办理占道、挖掘等相关手续，实际开工日期比计划日期滞后 2 个月。

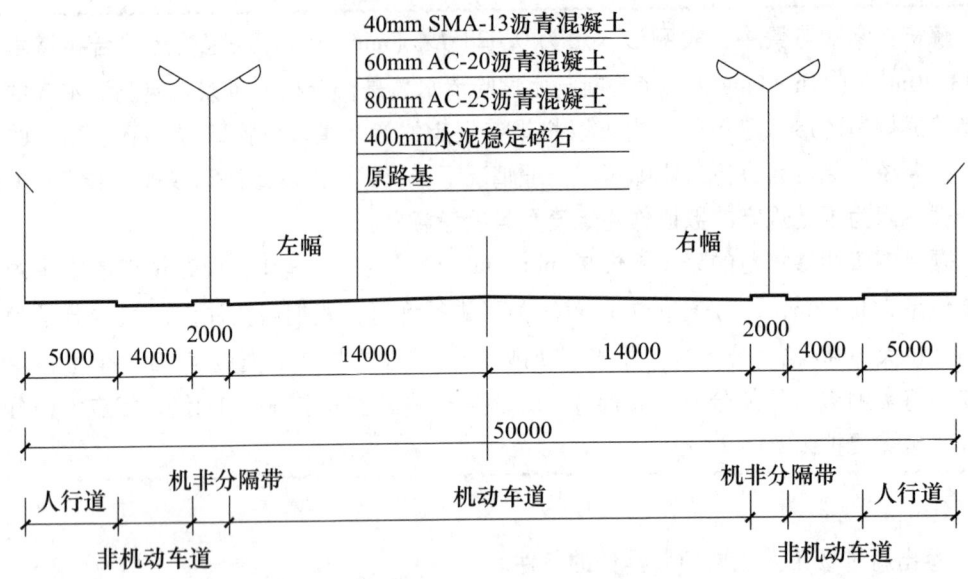

三幅路横断面图（单位：mm）

道路封闭施工过程中，发生如下事件：

事件一：项目部进场后对沉陷、坑槽等部位进行了翻挖探查，发现左幅基层存在大面积弹软现象，立即通知相关单位现场确定处理方案，拟采用 400mm 厚水泥稳定碎石分两层换填，并签字确认。

事件二：为保证工期，项目部集中力量迅速完成了水泥稳定碎石基层施工，监理单位组织验收结果为合格。项目部完成 AC-25 下面层施工后对纵向接缝进行简单清扫便开始摊铺 AC-20 中面层，最后转换交通进行右幅施工。由于右幅道路基层没有破损现象，考虑到工期紧，在沥青摊铺前对既有路面铣刨、修补后，项目部申请全路封闭施工，报告批准后开始进行上面层摊铺工作。

问题

1. 交通导行方案还需要报哪个部门审批？
2. 事件一中，确定基层处理方案需要哪些单位参加？
3. 事件二中，水泥稳定碎石基层检验与验收的主控项目有哪些？
4. 请指出沥青摊铺工作的不当之处，并给出正确做法。

参考答案

1. 交通导行方案还需要报哪个部门审批？

参考答案：

还应报道路管理部门和市政工程行政主管部门审批。

解析：交通导行办理手续除了需要到交通管理部门进行审批以外，还应到道路管理部门进行审批，同时，交通导行需要占用城市道路，作答时尽量将占用道路的审批单位（市政工程行政主管部门）也写在答案中。

2. 事件一中，确定基层处理方案需要哪些单位参加？

参考答案：

需要建设单位、监理单位、设计单位、勘察单位参加。

解析：在案例背景中，拟改建的道路基层出现了大面积弹软现象，处理这种情况肯定需要设计单位的参与，因为其需要根据实际情况计算换填厚度并提出相应的处理方案。此外，换填可能导致设计变更，因此监理单位也需要参与并确认相关变更。在考场上，如果不确定是否要涉及建设单位和勘察单位，可以将它们一并回答出来，这样有助于提高得分率。

3. 事件二中，水泥稳定碎石基层检验与验收的主控项目有哪些？

参考答案：

原材料；基层的压实度；7d 无侧限抗压强度。

解析：道路中的路基、基层和沥青面层要进行碾压，所以压实度都是一个主控项目，而对于基层和面层的材料也都是施工的关键，也是主控项目。

4. 请指出沥青摊铺工作的不当之处，并给出正确做法。

参考答案：

不妥之处：接缝未进行处理。

正确做法：左幅施工采用冷接缝时，将右幅的沥青混凝土毛槎切齐，接缝处涂刷粘层油并对接槎软化再铺新料，上面层摊铺前纵向接缝处铺设土工格栅或土工布、玻纤网等土工织物，上下层接槎位置错开 300~400mm。

解析：对于这类改错题，需要针对背景资料作答，背景中描述"对纵向接缝进行简单清扫便开始摊铺 AC-20 中面层"，那么接缝处理就是本题的采分点。对于沥青混凝土的冷接缝处理措施有切割整齐、涂刷粘层油、软化接槎、接缝铺设土工布、上下层接缝位置错开等采分点。

案 例 18

背景资料

某区养护管理单位在雨期到来之前，例行开展城市道路与管道巡视检查，在 K1+120 和 K1+160 步行街路段沥青路面发现多处裂纹及路面严重变形。CCTV 影像显示，两井之间的钢筋混凝土平接口抹带脱落，形成管口漏水。

养护单位经研究决定，对两井之间的雨水管采取开挖换管施工，如示意图所示。管材仍采用钢筋混凝土平口管。开工前，养护单位用砖砌封堵上下游管口，做好临时导水措施。

养护单位接到巡视检查结果处置通知后，将该路段采取 1.5m 低围挡封闭施工，方便行人通行，设置安全护栏将施工区域隔离，设置不同的安全警示标志、道路安全警告牌、夜间挂闪烁灯示警，并派养护工人维护现场行人交通。

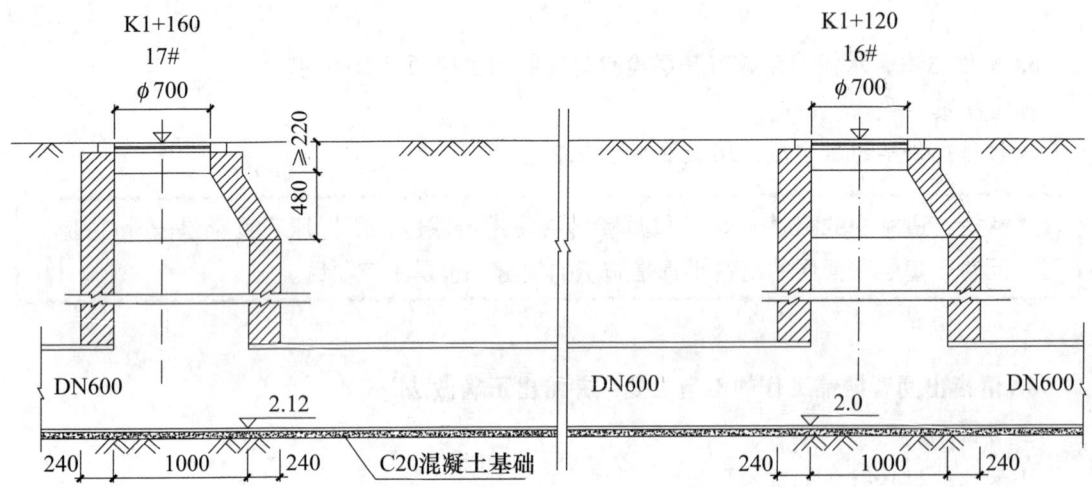

更换钢筋混凝土平口管纵断面示意图
（标高单位：m；尺寸单位：mm）

问题

1. 地下管线管口漏水会对路面产生哪些危害？
2. 两井之间实铺管长为多少？铺管应从哪个井开始？
3. 用砖砌封堵管口是否正确？最早什么时候拆除封堵？
4. 项目部在对施工现场安全管理采取的措施中，有几处描述不正确，请改正。

参考答案

1. 地下管线管口漏水会对路面产生哪些危害?

参考答案:

管线漏水会冲刷管口周边土体导致路面变形、开裂及轻微塌陷,影响行人安全。

> 解析:地下管线管口漏水的后果是管口周边土体会被软化形成泥浆,顺着管道缝隙进入管道内部,造成管道周边渐渐产生较大的空隙,进而会造成道路结构层的变形、裂缝和轻微塌陷等问题。这也从另一个侧面说明,在湿陷土、膨胀土、流砂等地区的雨水管线需要进行功能性试验的原因。
>
> 当前市政考试很多题目的特点是明明知道方向但是表达不清晰,本小问是这种题目的代表,在备考中需要提升文字功底。

2. 两井之间实铺管长为多少?铺管应从哪个井开始?

参考答案:

(1)实铺管长为:

$0.7 \div 2 = 0.35m$

$1 - 0.35 = 0.65m$

$1160 - 1120 - 0.35 - 0.65 = 39m$

(2)铺管应从16#井开始。

> 解析:本题考核内容需要根据案例背景中的图形信息进行计算,重点在于对施工图纸的熟悉程度。案例背景中提到,16#检查井和17#检查井之间的里程桩号差值为40m。然而,问题要求的是实际铺管长度,需要考虑井室中没有敷管的长度。根据图中的信息,井筒直径为700mm(0.7m),井筒中心线到垂直井壁之间的距离为0.35m。由于检查井的直径为1m,因此井筒中心线到井壁的另一侧距离为0.65m。因此,本工程的铺管长度相当于40m - 0.35m - 0.65m = 39m。
>
> 本小问也有人按照两个井室管内底高差,从而计算了管道的斜长,这种思路不妥,因为即使对斜长进行计算,长度的增加也不足0.2mm。因此,这绝对不是命题人想要考核的内容。

3. 用砖砌封堵管口是否正确?最早什么时候拆除封堵?

参考答案:

(1)用砖砌封堵管口正确。

(2)最早拆除时间:换管后管口抹带达到设计强度且功能性试验(闭水试验)合格。

解析：管道暂不接通支线或分段施工的管线，通常都需要对分界点进行管道封堵，一般封堵采用两种形式，管道直径 600mm 以下采用充气橡胶气囊进行封堵，而管道直径 $D_0 \geq 600$mm，采用砖砌封堵，本工程为直径 600mm 的管道，所以采用砖砌封堵方式正确。本工程是雨水管线且未说明土质情况，但背景资料中管口漏水已对上方道路造成影响，所以新建管线必须进行功能性试验，而管堵自然也需要管道功能性试验合格后拆除。当然为保证不漏水，砌筑管堵必须用水泥砂浆，那么拆除管堵时，会有冲击振动，所以拆除管堵时必须保证管口抹带强度达到设计要求。

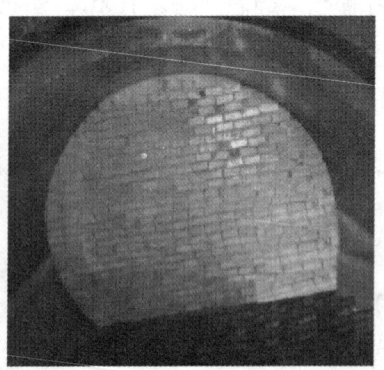

管道砖砌封堵

4. 项目部对施工现场安全管理采取的措施中，有几处描述不正确，请改正。

参考答案：
（1）改正：采用高围挡，高度不低于 2.5m。
（2）改正：设置道路安全指示牌。
（3）改正：夜间设红灯示警，并增设照明设施、反光标志（反光锥筒）。
（4）改正：设专职交通疏导员（安全员）。

解析：本题为改错题，属于传统案例考点。一般改错题需要就背景中描述的实质性内容进行修改，例如题干中是低围挡，那么修改项就应该有高围挡。题干中围挡高度 1.5m，结合背景资料为城市步行街，则需要修改为不低于 2.5m。因为道路部分路段施工，所以在道路上设置的不应该是警告牌，而应该是指示牌，将施工区域隔离，明示通行区域。夜间施工闪烁灯也不严谨，按照规矩应该设置红灯示警，并且应该有照明设施和反光标志。养护人员维护交通也不合理，应该是专职交通疏导员或者安全员疏导交通。

案 例 19

背景资料

某公司承建一项市政管沟工程,其中穿越城镇既有道路的长度75m,采用φ2000mm泥水平衡机械顶管施工。道路两侧设顶管工作井、接收井各一座,结构尺寸如下图所示,两座井均采用沉井法施工,开挖前采用管井降水。设计要求沉井分节制作、分次下沉,每节高度不超过6m。

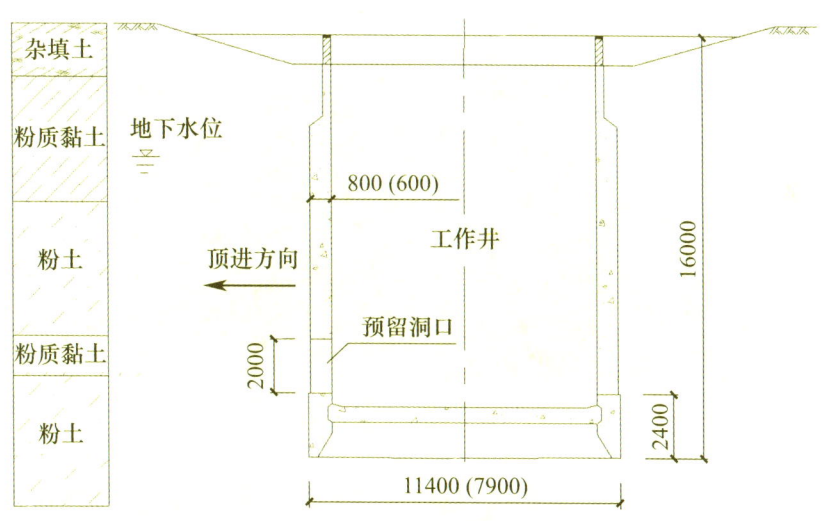

沉井剖面示意图(单位:mm)

(注:括号内数字为接收井尺寸)

项目部编制的沉井施工方案如下:

(1)测量定位后,在刃脚部位铺设砂垫层,铺垫木后进行刃脚部位钢筋绑扎、模板安装、浇筑混凝土。

(2)刃脚部位施工完成后,每节沉井按照 满堂支架 → 钢筋制安 → A → B → C → 内外支架加固 → 浇筑混凝土 的工艺流程进行施工。

(3)每节沉井混凝土强度达到设计要求后,拆除模板,挖土下沉。沉井分次下沉至设计标高后进行干封底作业。

问题

1. 沉井分几次制作(含刃脚部分)?写出施工方案(2)中A、B、C代表的工序名称。
2. 写出沉井混凝土浇筑原则及应该重点振捣的部位。
3. 施工方案(3)中,封底前对刃脚部位如何处理?底板浇筑完成后,混凝土强度应满足什么条件方可封堵泄水井？

4. 写出支架搭设需配备的工程机械名称。支架搭设人员应具备什么条件方可作业？

参考答案

1. 沉井分几次制作（含刃脚部分）？写出施工方案（2）中 A、B、C 代表的工序名称。

参考答案：

沉井分 4 次制作。

A 的名称：内模安装。

B 的名称：穿对拉螺栓。

C 的名称：外模安装。

搭设支架（脚手架）

钢筋制作安装

内模安装

穿对拉螺栓

外模安装

解析： 背景中强调刃脚完成后进行沉井施工，并且图中也显示刃脚与沉井之间设有施工缝，沉井包括刃脚高度共16m，刃脚高度是2.4m，那么沉井井筒为13.6m，按照每次浇筑不超过6m，需要预制3次，加上之前的刃脚施工，整个沉井预制需要4次。

本小题需要补充三个连续的工序，难度系数比较高。背景资料描述为"刃脚部位施工完成后，每节沉井按照 满堂支架 → 钢筋制安 → A → B → C → 内外支架加固 → 浇筑混凝土 的工艺流程进行施工"。此流程中已经将沉井侧墙施工中的支架、钢筋、混凝土全部列出，而唯独没有模板的工序，考虑到沉井井壁较厚，所以内、外模板应该单独施工，常规的模板施工顺序一般是先内模后外模，而案例背景中需要补充的是三个工序，那么在内、外模中间还应加一个穿对拉螺栓的工序，因为内模安装完成以后，需要将对拉螺栓穿过内模和钢筋，在安装外模时，将外模套在对拉螺栓上再进行紧固。另外，本工程在图上的首节沉井标识有预留洞口，但是背景资料描述"刃脚部位施工完成后，每节沉井按照 满堂支架 → 钢筋制安 →……的工艺流程进行施工"，注意这里强调了"每节"，所以补充工序应排除预留洞口的施工，因为只有首节沉井设有预留洞口，而上面两节沉井并没有设置。

2. 写出沉井混凝土浇筑原则及应该重点振捣的部位。

参考答案：

（1）浇筑原则：混凝土应对称、均匀、水平连续、分层浇筑。

（2）重点振捣部位：施工缝、预留洞口、预埋件及钢筋密集部位。

> 解析：在一、二建市政专业考试中，施工原则是经常被考核的内容。施工原则通常是一些简明扼要的施工要求，具有朗朗上口的特点。例如，管道施工原则包括先地下后地上、先深后浅、先主体后附属；基坑开挖支护原则包括先撑后挖，分层、分步、分段开挖，由上而下；混凝土浇筑中的原则包括对称、均匀、水平连续、分层等；混凝土振捣的原则包括既不漏振，也不过振，重点部位还需要进行二次振捣。
>
> 在本工程中，需要重点振捣的部位也是通用的知识点。无论是哪种混凝土结构的浇筑，需要重点振捣的部位大多包括施工缝位置、预留洞口周围、预埋件和钢筋密集部位。

3. 施工方案（3）中，封底前对刃脚部位如何处理？底板浇筑完成后，混凝土强度应满足什么条件方可封堵泄水井？

参考答案：

（1）封底前刃脚部位处理：清理、检查，用大石块垫实。

（2）底板混凝土达到设计强度等级，方可封堵泄水井。

> 解析：在本题中涉及排水下沉的干封底内容。在实际施工中，一旦下沉到设计高程后，需要对刃脚进行清理，并检查是否有破损现象，确认刃脚无破损后，进行大石块的垫实工序。
>
> 在干封底的过程中，需要持续进行降水操作。因此，在底板上需要预留一个泄水井以便于排水。然而，封填泄水井的前提条件是封底底板混凝土达到设计强度，这样即使停止抽水，地下水位上升也不会对托举沉井结构的底板造成破坏。这一点非常重要，可以确保施工的安全性和稳定性。

4. 写出支架搭设需配备的工程机械名称。支架搭设人员应具备什么条件方可作业？

参考答案：

（1）工程机械名称：汽车吊机（起重机、吊车）、水泵、小型夯压机。

（2）搭设人员条件：持特殊工种操作证（持证上岗），经专业培训、考试、体检，进行安全技术交底，佩戴劳动保护用品（安全帽、安全带、防滑鞋）。

> 解析：沉井施工涉及内、外支架（脚手架）的安装和拆除。外支架通常只搭设一次，并且需要与沉井的井壁分离。本工程采用分节制作和分次下沉的方式进行沉井施工，在沉井下沉的过程中，需要多次搭建和拆除内支架，并且竖向运输支架杆件需要使

用吊车（吊机）。在每次搭设支架之前，必须对支架地基进行夯实处理，因此，会使用小型夯实机械。如果担心施工过程中支架基础受水浸泡，还应考虑使用水泵等排水设施。

在考试中，对于涉及施工现场操作人员条件或要求的题目，考生常常不知道从哪个角度和方向进行回答。我们可以思考一下命题者考核这类题目的目的，是否为了评估施工操作人员有无从事该工作的能力，并且这些能力应该如何得以体现呢？通常，我们可以从证书、培训、考试、交底等几个方面展开回答。当然，考虑到操作人员的健康和安全防护同样重要，我们在考试中还应该强调体检和劳动保护方面的内容。

案 例 20

背景资料

A公司中标承建某污水处理厂扩建工程，新建构筑物包括沉淀池、曝气池及进水泵房，其中沉淀池采用预制装配式预应力混凝土结构，池体直径为40m，池壁高6m，设计水深4.5m。

鉴于运行管理因素，在沉淀池施工前，建设单位将预制装配式预应力混凝土结构变更为现浇无粘结预应力结构，并与施工单位签订了变更协议。

项目部重新编制了施工方案，列出池壁施工主要工序：①安装模板；②绑扎钢筋；③浇筑混凝土；④安装预应力筋；⑤张拉预应力。同时，明确了各工序的施工技术措施，方案中还包括满水试验。

项目部造价管理部门重新校对工程量清单，并对底板、池壁、无粘结预应力三个项目的综合单价及主要的措施费进行调整后报建设单位。

为了防止施工缝出现漏水现象，施工单位依据地下水位设置了止水钢板，如右图所示。

施工过程中发生如下事件：预应力张拉作业时平台突然失稳，一名张拉作业人员从平台上坠落到地面摔成重伤；项目部及时上报A公司并参与事故调查，查清事故原因后，继续进行张拉施工。

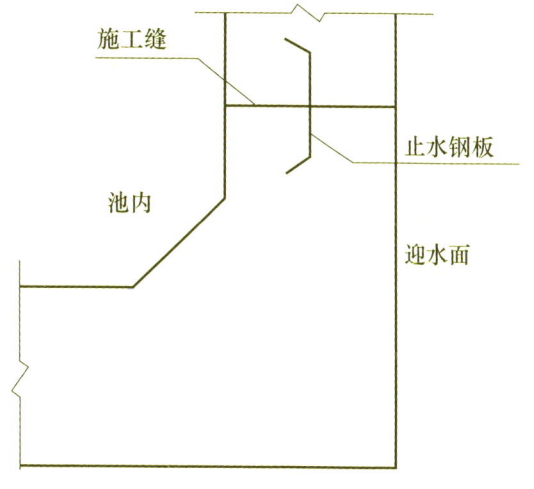

止水钢板安装大样图

问题

1. 将背景资料中工序按常规流程进行排序（用序号排列）。
2. 沉淀池满水试验的浸湿面积由哪些部分组成？（不需计算）

3. 根据《建设工程工程量清单计价规范》，变更后的沉淀池底板、池壁、预应力的综合单价分别应如何确定？沉淀池施工的措施费项目应如何调整？

4. 依据止水钢板安装大样图，写出地下水位与沉淀池运行水位关系，并说明理由。

5. 写出可与止水钢板组合应用的提高施工缝防水质量的止水措施。

6. 根据有关事故处理原则，继续张拉施工前还应做好哪些工作？

参考答案

1. 将背景资料中工序按常规流程进行排序（用序号排列）。

参考答案：

②→④→①→③→⑤

> 解析：考点为水池的池壁施工主要工序，为工程实践型考题。这类问题无法在教材中直接找到答案，需要依据教材内容或教材所引用规范，结合一定的工程施工经验方可给出正确答案。
>
> 由背景资料可知，水池施工由预制装配式预应力混凝土结构变更为现浇无粘结预应力结构，施工工序有：①安装模板；②绑扎钢筋；③浇筑混凝土；④安装预应力筋；⑤张拉预应力。考题要求将施工工序按照常规流程进行排序。
>
> 题目中的③和⑤两个顺序排在最后没有任何争议，关键是题目中的模板和钢筋（包括预应力筋）到底谁排在前。在案例背景中，模板只进行一次安装，并非按照教材中介绍的内外模分开安装。换句话说，有两种可能的情况：要么是在完成钢筋系列（包括预应力筋）的施工后进行支模板的安装，要么是在支模板之后，在较为狭小的空间内进行钢筋工程的施工。显而易见的是，后一种情况是完全不可能的。

2. 沉淀池满水试验的浸湿面积由哪些部分组成？（不需计算）

参考答案：

沉淀池浸湿面积由两部分组成：直径40m的水池底板（池内底）面积；设计水位（4.5m）以下的池壁面积。

> 解析：本题考察的是沉淀池满水试验中浸湿面积的组成。许多考生错误地认为命题人在考核满水试验标准中的水池渗水量计算，结果回答成教材中的"按池壁（不含内隔墙）和池底的浸湿面积"组成。然而，这样的回答存在逻辑错误。
>
> 教材中介绍的是渗水量计算的基础，即池壁（不含内隔墙）和池底的浸湿面积。而本题所问的是满水试验时，哪些地方被水浸湿了。由于水池的高度为6m，设计水深为4.5m，满水试验时注水至设计水深后观察渗水量。因此，只有4.5m以下的池壁才会被水浸湿。

· 252 ·

3. 根据《建设工程工程量清单计价规范》，变更后的沉淀池底板、池壁、预应力的综合单价分别应如何确定？沉淀池施工的措施费项目应如何调整？

参考答案：

（1）综合单价确定：

① 沉淀池底板的综合单价，按原有综合单价确定。

② 池壁的综合单价，参照本项目的曝气池或进水泵房的综合单价确定。

③ 预应力的综合单价由项目部重新提出，经建设单位确认后执行。

（2）措施费调整：

① 增加侧墙施工的模板、支架、脚手架和"梯子筋"等措施费。

② 核减预制壁板的吊装措施费。

> **解析：** 本题属于造价类题目，很多考生遇到造价题目直接按照清单计价规范原文作答，看到综合单价调整，直接按照"合同中已有适用的综合单价，按合同中已有的综合单价确定；合同中有类似的综合单价，参照类似的综合单价确定；合同中没有适用或类似的综合单价，由承包人提出综合单价，经发包人确认后执行"作答。而看到措施费的调整，直接按照"原措施费中已有的措施项目，按原有措施费的组价方法调整；原措施费中没有的措施项目，由承包人根据措施项目变更情况，提出适当的措施费变更，经发包人确认后调整"进行作答，而没有结合着案例背景进行作答。
>
> 本题第 1 小问是关于变更后的沉淀池底板、池壁和预应力的综合单价如何确定。根据案例背景，水池预制壁板变成了现浇无粘结预应力结构，但底板仍然是钢筋混凝土结构，这是合同中已有的约定。此外，池壁可以参照曝气池和进水泵房等现浇结构，而无粘结预应力则是工程中没有的，需要施工单位提出并经建设单位确认后执行。
>
> 本题第 2 小问是关于沉淀池施工的措施费项目如何调整。由于将装配式改成现浇水池，不再需要使用吊装设备安装预制壁板，因此原预制壁板的吊装费用需要进行核减。而现浇池壁需要使用模板、支架和脚手架等材料和设备，这些属于施工的措施费用，需要增加。此外，措施费用中还包括侧墙钢筋工程的梯子筋，因此在增加的措施费用中也应该考虑到这一项。

墙体"梯子筋"

4. 依据止水钢板安装大样图,写出地下水位与沉淀池运行水位关系,并说明理由。

参考答案:

(1) 本工程中水池的运行水位标高要高于池外的地下水位标高。

(2) 根据设计要求,止水钢板的开口应该朝向迎水面,而大样图上的开口朝向内部说明水池的内侧就是迎水面,即水池的运行水位标高要高于池外的地下水位标高。

> **解析:** 在地下结构的施工缝位置设置止水钢板时,需要注意开口的方向。如果地下结构是综合管廊、地铁车站等内部没有水的构筑物,那么止水钢板的开口应朝向外侧。然而,对于水池等有水的构筑物,就要根据具体情况而定。如果水池内侧的运行水位高于池外的地下水位,那么止水钢板的开口应朝向水池内侧。这样设计可以防止水从内侧渗漏到地下结构。然而,如果地下水位高于水池内的运行水位,那么止水钢板的开口应朝向外侧,以防止地下水渗入水池。因此,在设置地下结构底板与侧墙的施工缝位置时,需要根据具体情况确定止水钢板开口的方向。

5. 写出可与止水钢板组合应用的提高施工缝防水质量的止水措施。

参考答案:

采用遇水膨胀止水条、预埋注浆管、凹凸缝、背贴式止水带;施工缝凿毛、清理、湿润、铺浆。

> **解析:** 本题第1小问是图形改错,这种题目的难度系数不高,一般错误都会非常明显,止水钢板的作用就是止水,那么有开口方向自然应该朝向迎水面了。至于与止水钢板组合提高施工缝防水质量的措施应该从多个方向和角度罗列采分点,例如正常施工缝的凿毛、清理、湿润、铺浆,以及采用背贴式(外贴式)止水带、凹凸形施工缝、遇水膨胀止水条、预埋注浆管等措施均可提高防水质量。

6. 根据有关事故处理原则,继续张拉施工前还应做好哪些工作?

参考答案:

依据事故处理"四不放过"原则,继续张拉施工前还应做好如下工作:

(1) 对本次事故责任人进行处理。

(2) 对本次事故的相关人员进行教育。

(3) 制定切实可行的整改预防措施。

> **解析:** 本题考查的是安全事故处理内容,属于项目安全管理类考题。问题是"根据有关事故处理原则,继续张拉施工前还应做好哪些工作"。首先,需要明确该原则是指"四不放过"原则。"四不放过"原则主要包括:事故原因未查清不放过、责任人员未处理不放过、整改措施未落实不放过、有关人员未受到教育不放过。
>
> 根据案例背景中的描述,仅提到了查清事故原因后继续进行张拉施工,说明在"四不放过"原则中还有三项工作未完成。因此,在考试中,需要补充完成剩下的这三项工作,即确保责任人员受到处理、整改措施得到落实、有关人员接受必要的安全教育。